网络空间安全技术丛书

零信任安全

技术详解与应用实践

ZERO TRUST

Technical Details and Application Practice

蔡东赟 著

机械工业出版社
CHINA MACHINE PRESS

图书在版编目（CIP）数据

零信任安全：技术详解与应用实践 / 蔡东赟著. —北京：机械工业出版社，2024.3
（网络空间安全技术丛书）
ISBN 978-7-111-74669-0

Ⅰ. ①零… Ⅱ. ①蔡… Ⅲ. ①企业安全 Ⅳ. ① X931

中国国家版本馆 CIP 数据核字（2024）第 003486 号

机械工业出版社（北京市百万庄大街 22 号 邮政编码 100037）
策划编辑：杨福川 责任编辑：杨福川
责任校对：张亚楠 陈 越 责任印制：郜 敏
三河市宏达印刷有限公司印刷
2024 年 3 月第 1 版第 1 次印刷
186mm × 240mm · 14 印张 · 262 千字
标准书号：ISBN 978-7-111-74669-0
定价：89.00 元

电话服务
客服电话：010-88361066
010-88379833
010-68326294

网络服务
机 工 官 网：www.cmpbook.com
机 工 官 博：weibo.com/cmp1952
金 书 网：www.golden-book.com
机工教育服务网：www.cmpedu.com

Preface 前　言

为什么要写这本书

随着企业远程办公需求的增加及数字化转型的迅速发展，企业越发关注安全建设，零信任市场呈现火热态势。国内外各大型网络安全会议的召开，也使得零信任议题格外突出，大量与零信任相关的产品、论坛、词汇和概念频繁出现，许多人对这些概念及其关系感到困惑。业界各类角色，如客户、政府、厂商、研究机构，由于接触到的信息不同，也存在着各说各话、沟通不畅的问题。

随着零信任建设的推进，到2023年，已经出现了许多零信任架构标准、技术实现标准甚至评估标准。对于技术实现，不同角色有自己的考量，具体的实施方案因人而异。现在业界形成了多样化的方案，积累了丰富的落地实践经验。在开放性上，笔者以前所从事的界面开发框架、后台服务组件等领域能够通过开源方式促进技术的交流与发展，而在安全领域，开源受到制约，原因是：首先，产品进行开源确实会增加被攻击利用的风险；其次，客户也会对此有一些安全上的担忧。

在此背景下，笔者认为，撰写一本介绍零信任安全的书将有利于业界的技术交流，帮助更多从业者了解这一方向的方案和技术。此外，笔者曾主导或参与过一些零信任标准制定工作，认识到相关标准对于推动零信任落地的重要性，因此本书还介绍了国内和国际上的主要零信任标准。

无论企业还是研究机构，深入了解零信任，提升认知，更能达成广泛的共识，加速这个行业的发展。这也是笔者撰写本书的初衷。

读者对象

- 企业信息化建设人员
- 企业数字化转型人员
- 网络安全部门决策者
- 网络安全领域从业人员
- 其他对零信任安全感兴趣的人员

如果你是一位初学者，本书会是一本不错的入门工具书，可以帮你理顺并串联起分散于社区文档、博客文章和报告中的关于零信任的零散概念和前沿研究。

如果你是一位有经验或资深的从业者，本书会是一份实用的零信任建设指导手册，带你深入探索零信任的整体实施方案。

如何阅读本书

本书共 7 章内容。

第 1 章着重讲解数字化时代企业安全面临的挑战，包括：混合办公、业务上云的安全挑战，移动终端面临的威胁，内网边界被突破的威胁，数据安全的监管合规约束，身份安全的治理难点，用户访问场景安全的平衡性挑战。

第 2 章对零信任的核心概念、解决方案及标准进行介绍。首先，讲解零信任的理念和相关概念，以及重要的解决方案。其次，介绍国内外零信任相关标准的发展进程。

第 3 章对零信任体系结构进行讲解，包括 NIST（美国国家标准技术研究所）、SDP（软件定义边界）的零信任体系结构及通用的零信任体系结构，以及这些体系结构在不同场景的应用，最后介绍了零信任体系结构面临的相关威胁。

第 4 章主要分析用户访问服务场景及技术方案，包括场景分析、零信任网络接入的技术实现和扩展体系结构。其中技术实现部分分为有端和无端两种不同的接入场景，分别讲解了不同的实现方案，同时提供了容灾方案。而扩展体系结构部分则从身份安全、网络流量安全、终端设备安全、数据安全、企业安全建设路径等方面展开讲解，涉及具体安全能力和联动建议。

第 5 章主要讲解服务访问服务场景及技术方案。首先分析工作负载的安全需求和合规需求。然后着重介绍了微隔离的技术实现，包括跨平台统一管理、工作负载标签化管理、东西向连接可视化、东西向流量策略管理、策略自适应计算。接着讲解了云应用隔离的技术实现，包括 Service Mesh（服务网格）、PKI（公钥基础设施）等方面。

第 6 章首先讲解零信任体系规划，然后从安全团队建设、战略、建设价值、实施范围、业务场景的实现方案、实施过程管理等角度提供了完善的零信任建设方法论，并且通过零信任成熟度来合理评估建设结果。

第 7 章主要通过 9 个真实的企业案例来讲解零信任落地方案，这些案例覆盖通信、金融、能源、互联网等行业，其中有些来自央企 / 国企集团。

勘误和支持

由于笔者的水平有限，书中难免会出现一些错误或者不准确的地方，恳请读者批评指正。

如果读者有更多的宝贵意见，可以通过微信号 caidongyun23 与笔者联系，或者发送邮件至邮箱 dongyun_cai@163.com。想了解更多零信任安全内容，欢迎访问公众号“小东安全日记”（SecRecord）。

特别鸣谢 Special Thanks

感谢谢江、赵华等老师在整本书的写作过程中帮忙引入业务背景内容。

感谢黄超、陈妍、赵华、李程、刘海涛等老师在标准、概念方面提供帮助。

感谢茆正华、吴岳庭老师在用户访问服务相关内容上提供帮助。

国内做微隔离的企业不多，感谢蔷薇灵动的严雷老师提供了大量的微隔离材料，以及当前国内的实际情况。

感谢熊瑛、陈志杰、茆正华几位老师，正是与他们交流了国内外落地的服务器隔离方案，才能最终推进服务访问服务技术方案相关内容的写作。

感谢何艺、王冠楠等老师让零信任规划建设落地部分的内容得以顺利完成。

感谢张英涛、蔡晓萍等老师的协调，让我取得了各家企业零信任方案的素材。

感谢腾讯企业安全中心蔡晨、蒙俊伸、杨哲、徐亮、王森等领导及同事的指导与支持。

最后，特别感谢家人，为写作这本书，我牺牲了很多陪伴他们的时光，正因为有了他们的付出与支持，我才能坚持完成本书。

下面列出在写作过程中提供各类支持的朋友和企业的完整名单。

鸣谢下列朋友：

蔡　晨　蔡晓萍　陈铭霖　陈　妍　陈益民　陈志杰　仇瑞晋

代　威　翟　尤　何　艺　洪跃腾　胡启宇　黄　超　黄施宇

黄　湘　　金　明　　李　程　　李海宁　　李　俊　　刘海涛　　刘磊磊

刘　琦　　刘英戈　　茆正华　　梅述家　　蒙俊伸　　宋　磊　　孙方霆

田旭达　　王冠楠　　王　沐　　王　森　　吴雪山　　吴岳廷　　伍成祥

谢　江　　熊　瑛　　徐　亮　　薛逸钒　　严　雷　　杨　哲　　杨志刚

张英涛　　赵　华　　朱祁林

鸣谢下列组织机构：

北京持安科技有限公司

北京蔷薇灵动科技有限公司

北京信安世纪科技股份有限公司

长扬科技（北京）股份有限公司

公安部第三研究所

广东一知安全科技有限公司

国金证券股份有限公司

极氪汽车智能科技有限公司

江苏易安联网络技术有限公司

绿盟科技集团股份有限公司

上海观安信息技术股份有限公司

上海宁盾信息科技有限公司

上海派拉软件股份有限公司

深信服科技股份有限公司

深圳市腾讯计算机系统有限公司

深圳市网安计算机安全检测技术有限公司

数篷科技（深圳）有限公司

腾讯云计算（北京）有限责任公司

蔡东赟

2023 年 11 月

目录 *Contents*

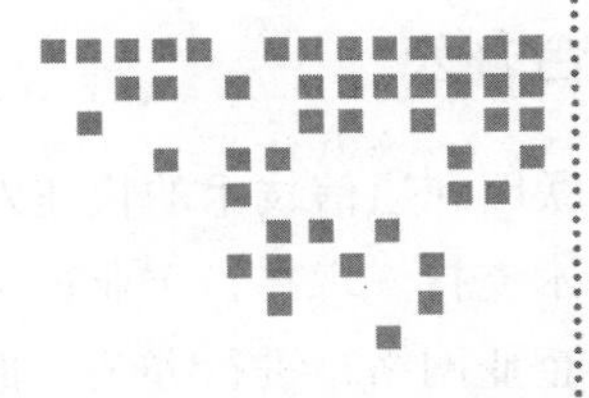

第1章 Chapter 1

企业安全面临的新挑战

随着云计算、人工智能、大数据、物联网等新一代信息技术的快速发展，全球都在加速迈向数字化时代，新技术、新业态、新模式正全面融入人类社会，渗透到经济、文化、生态文明建设等各领域的全过程，给人类的发展带来广泛而深刻的影响。当前，数字化已成为重组资源要素、重塑竞争格局的重要抓手。然而，数字化为人类带来便利的同时，也引发了日益严峻的安全问题。

1.1 混合办公、业务上云的安全挑战

传统的网络安全防护方式是基于物理位置划分网络边界的。企业通常在网络边界处部署安全设备，如防火墙、入侵防御系统（IPS）、防病毒网关、Web应用程序防火墙（WAF）等，以防御来自网络边界外部的各种攻击，构建企业内部的网络安全体系。这种方式通常被称为企业内网安全体系。

然而，随着混合办公、业务上云等新场景的兴起，传统的边界防护机制和措施已经无法满足企业的网络安全防护需求。

1.1.1 混合办公

随着互联网和通信技术的快速发展，公司办公和远程办公并存的混合办公场景得到了强大的技术支持。现在，企业员工不再受限于固定的办公地点，可以随时随地通过公共网络访问企业网络，进行办公。例如，员工可以使用自己的手机或笔记本电脑，在家里连接互联网，访问企业内部的OA系统来进行请假审批，或者访问公司的代码仓库和数据仓库进行开发工作。又如，在出差途中，员工可以使用公司提供的笔记本电脑连接酒店的WiFi，访问企业的开发环境并进行代码修改。

在这种混合办公场景下，员工可以使用各种设备，在任何地点、任意网络环境中访问企业的服务和资源来办公。然而，如果终端设备暴露在没有适当安全防护设施的公共网络等环境中，就会面临各种风险，如钓鱼攻击、恶意软件感染、社会工程攻击等。一旦终端设备被攻陷，其中的数据和企业内部的服务资源就会面临非法访问、窃取和破坏的风险。

1.1.2 业务上云

随着云计算、虚拟化等技术的广泛应用，大量的企业业务系统和数据资源存在公有云上并暴露在互联网中。企业的网络边界模糊化已经是一个普遍的趋势，很难以企业的数据中心或办公场所的物理位置来直接映射企业的网络边界。

企业的数据资产已经从传统的基于数据中心和办公场所的物理网络迁移到云上。一些新兴企业出于快速发展和成本考虑，将公司的人力资源、财务系统，以及核心代码、用户运营数据仓库等都部署在云服务上，这意味着企业的重要资产已经存放在云上。即使传统企业拥有自己的数据中心，也会采购和部署云服务。传统的基于地理位置的网络防御规划已经无法满足企业的安全需求。

企业在多云服务部署中面临着更多的安全挑战。一些企业出于业务发展的需要，将业务部署在不同的国家或地区；另一些企业为了避免单一云厂商的服务出现可用性问题，会采购多家厂商的云服务资源来提高服务的可用性，而这样一来，企业的数据资产或访问入口就分布在多个云服务上。传统的边界防护经验和措施已无法满足这种多云环境下企业数据使用场景的安全防护需求。

在混合办公场景下，员工可以随时随地访问企业内部的系统数据。当企业将资源转移到云上后，可以为内外部提供访问服务。因而，传统的基于物理位置边界的网络安全防御技术已经难以应对新的安全形势。为此，许多组织不得不重新审视安全防护策略，以提高整体的网络安全性。目前的安全思路已从依赖物理边界防护转向了由软件定义的安全防护范式。

1.2　移动终端面临的威胁

随着万物互联时代的到来，越来越多的设备会接入企业内部网络和服务，包括常见的台式电脑、笔记本电脑，以及个人的手机终端、平板电脑等。多类型设备的应用不仅带来了办公形式的创新，还导致了安全管理边界的无限延伸。现在的网络安全挑战已超出了企业内部的管控环境。在这种现状下，多类型设备接入和数据运行环境面临着复杂的安全问题。

1.2.1　移动终端存在安全隐患

移动终端安全是组织整体安全策略中的一个重大问题。移动终端（手机、平板电脑、笔记本电脑等）具备便携性、灵活性等特点，并在很多组织的部署实践中由个人所持有，这让移动终端穿透网络边界成为几乎不可避免的现象。特别是在移动终端广泛应用于政企工作流程并承载着大量应用与数据的背景下，移动终端安全成为一个不可忽视的问题。这是因为移动终端存储了大量的组织敏感数据，一旦泄露会带来难以预料的后果。

此外，移动终端经常存在一系列漏洞，攻击者可能利用这些漏洞使移动终端成为对组织内部网络发动攻击的跳板。通过感染移动终端设备，攻击者可以悄悄地将恶意软件横向传染给其他设备，给组织网络带来巨大的威胁。

各机构需要采取相关措施来提高移动终端的安全性，包括限制移动终端的使用方式或颁布相关法规和建议以指导移动安全实践。但是，在实际操作中，并不能保证所有用户都会启用这些安全控制措施。

常见的移动终端的安全问题举例如下。

- 移动终端往往不启用密码，因而无法通过密码手段来验证用户身份和控制用户对存储在设备上的数据的访问。
- 移动终端未进行双因素身份验证，无法保护在移动设备上进行的敏感交易。
- 移动终端未进行无线传输加密，在通信过程中不加密的移动设备发送的信息更容易被截获或窃取。

- 用户可能由于被诱导等，在移动设备中主动或被动地安装恶意软件。
- 系统的安全漏洞修复不及时，可能导致相关的漏洞被利用。
- 用户使用不安全的公共无线互联网络或 WiFi，导致攻击者可能连接到该设备并查看上面的敏感信息。
- 移动终端设备容易丢失，机密数据存在泄露风险。

1.2.2 跨团队协作更加频繁，员工主动泄密风险加大

移动办公使得企业内部数据转移到了移动终端，再加上远程办公、分支机构办公、内外部协同办公等方式的盛行，安全工作已经脱离了企业内部的绝对管控。无论有心还是无意，企业员工都可以很轻易地把内部数据转发给外部人员，使内部数据被无关人员查看，进而导致企业的敏感数据外泄。企业在开展移动、远程、分支机构、内外部协同办公时，需要确保这些内部数据在移动终端、企业外部也能得到与企业内部相同的保护水平。

1.2.3 业务混合云部署的安全风险加大

更多的企业愿意选择混合云方式部署自己的业务，这样做一方面能够充分利用公有云具有弹性和运维成本低的优势，另一方面能够进行私有云的强管控和深度定制。

但从安全管理的角度看，这种部署方式使企业的 IT 环境变得更加复杂。如果不能采取相应的措施来监测、管理混合云的使用情况，企业就失去了在该复杂环境下的安全可见性。

1.3 内网边界被突破的威胁

1.3.1 办公网络面临威胁

随着攻击手段与工具的发展，传统网络边界内的单一设备会不可避免地“沦陷”。通过社工钓鱼、IoT（物联网）入侵、员工失误或被收买等方式，企业内网单一终端被入侵的情况已经很普遍。入侵单一设备后，攻击者会进一步窃取、传播或者破坏企业内部数据。

传统的企业通过网段或者 VLAN 进行内部网络权限的隔离。内部会划分多个功能网络区域，区域之间通过防火墙或者其他网络设备进行权限的隔离。企业内部设备通过网络准入认证后，会被分配一个网络区域的 IP，而区域内部基本没有进一步的细化隔离。一旦一台设备沦陷，通过这台设备就可以获取此网段的所有设备或者服务资源的访问权限。如果开发网络中的一台机器被植入木马，就可以借助这台机器实现木马病毒在其他设备终端之间的传播，并且对内部开发资源（代码等）进行访问。例如，一旦内网中的一台设备被永恒之蓝勒索软件感染，同一网络区域内的其他终端只要是开放 445 端口的 Windows 机器，就会被利用传播。

对此，需要针对内部设备做进一步的持续安全监测，进行精细化的访问权限控制和服务保护。

1.3.2　数据中心内部流量管控难度加大

数据中心的建设解决了集中运维、管理的问题，同时节约了资源成本，但数据的集中也增加了数据泄露的风险。通过 Cyber Kill Chain（网络杀伤链）模型可以看到，现代化的攻击手段有一个显著特点：一旦数据中心边界的防线被攻破或绕过，攻击者就可以在数据中心内部横向移动，而中心内部基本没有安全控制的手段可以阻止该攻击。这也突出了传统安全的一个主要弱点，即复杂的安全策略、巨大的资金和技术都用于边界防护，而对内部没有进行同样的安全投入。

从目前的网络安全架构来看，为遏制病毒的入侵，多数在边界处部署了防毒墙、防火墙，以及进行内外网隔离。在此过程中，内部的主机设备多通过杀毒软件进行漏洞管理及病毒查杀。而考虑到服务器的稳定运行及性能，数据中心很少会部署杀毒软件，目前最常见的方式是通过划分 VLAN 的方式将数据中心内部的服务器划分为多个网段，网段之间通过防火墙策略隔离。应用这种安全管理策略，虽然边界关闭了无用端口、过滤了流量，但是内部服务工作负载部署的应用程序或者系统可能会被攻击者利用漏洞来远程植入恶意代码。一旦一个网段中的某台工作负载感染恶意代码，该恶意代码即可在边界内同一网段内部进行传播，如挖矿木马植入后会构建僵尸网络。因此，数据中心内部也需要建立安全防线，以保障工作负载之间的受控访问。

1.4 数据安全的监管合规约束

在数字化时代，数据已成为新型生产要素，是企业数字化、网络化、智能化的基础，融入了生产、分配、流通、消费和社会服务管理等各环节。为此，国家和各相关部门出台了众多关于数据安全的法律法规。数据泄露事件会造成直接的经济损失，对企业的声誉、客户满意度、市场占有量、股价等产生极其负面的影响。因此，企业的数据安全合规成为业务发展的生命线。

1.4.1 企业数据合规风险激增

2021 年 6 月，十三届全国人大常委会第二十九次会议表决通过了《中华人民共和国数据安全法》(以下简称《数据安全法》)。作为我国数据安全领域的基础性法律和国家安全领域的重要法律,《数据安全法》积极回应了当下国内外数据竞争和保护的关键问题，给企业数据经营合规以及进一步的数据资产化治理与发展提供了指引。2022 年 12 月,《中共中央 国务院关于构建数据基础制度更好发挥数据要素作用的意见》对外发布，强调数据基础制度建设事关国家发展和安全大局，要以维护国家数据安全，保护个人信息和商业秘密为前提，以促进数据合规高效流通使用、赋能实体经济为主线，以数据产权、流通交易、收益分配、安全治理为重点。

数据安全的法律体系完善的同时，企业也面临着新的监管趋势和合规挑战。以个人隐私数据保护为例，在现有的隐私数据保护法规尚待继续完善、隐私数据保护技术尚不成熟的条件下，针对网络中个人隐私泄露事件的管控难度高。如何管理好隐私数据，并且在保证数据使用效益的同时保护个人隐私，是数据安全面临的巨大挑战之一。

1.4.2 海量数据的分级分类访问控制面临新挑战

任何一个在企业内部工作的员工，或多或少都能够接触到企业内部各种类型的数据。如何有效地甄别不同数据的敏感度，如何对不同敏感度的数据实施差分保护，如何在不降低工作效率的前提下控制访问权限，如何保证数据访问和操作均具备可审计性，是数据安全防护建设需要重点考虑的内容。

同时，数据安全访问风险既可能来源于内部人员，也可能来源于如黑客、第三方合作伙伴等外部人员。业务合作需要共享数据，而下游合作厂商的数据保护意识或数据保护能力参差不齐，可能会导致数据泄露。这也是近年来攻击者更愿意从数据产业链的下游发起攻击从而窃取数据的原因。

1.4.3　企业内部人员泄密更加隐蔽和难以防范

波洛蒙研究所的调查结果显示，企业“内鬼”造成的数据外泄占数据泄露安全事件数量的 70%。无论是内部员工的人为失误，还是待离职员工故意复制机密数据或窃取数据资产后离职，都会对原有企业造成影响。

针对这类具备合法身份的访问，企业要加强特权账号管理、访问权限控制，增强设备软件、外设管控，加强内部用户的行为分析、回溯能力建设，从终端、流量、应用服务等方面建设预防和检测分析体系。这包括支持检测员工身份，阻断员工访问敏感服务资源，阻断员工通过外设、外传软件复制数据，加强用户数据外泄行为分析和检测等，以及时阻断泄露行为或出了问题能够回溯。

1.4.4　个人隐私保护面临挑战

在不同的国家和地区，个人隐私都有对应的法律法规保护，如欧盟的《通用数据保护条例》(GDPR)、我国的《中华人民共和国个人信息保护法》。

随着移动办公的快速发展，办公设备公私混用，同一终端设备上既有个人应用程序，也有企业数据和应用程序。个人应用可以随意访问企业数据，企业应用也会触及个人数据。如何在终端上明确区分和隔离企业、私人的数据及应用，禁止企业数据被个人应用非法上传、共享和泄露，以及禁止企业应用访问个人数据以在终端上保护隐私数据，已是不可避免需要解决的问题。

1.5　身份安全的治理难点

在网络环境下，一个实体的身份可以通过区别于其他实体的标识来确定，因此身份需要具备唯一性。随着协同办公、移动办公、云服务等场景和业态的发展，实体的内涵逐渐丰富，身份的治理也成为企业安全治理中的难点。

1.5.1 身份管理对象复杂

当前对身份的安全管理，已经从传统的只关注“人”的身份，走向关注“人”和“物”的身份。其中，“人”根据身份又可以细化为企业内部人员、外部合作伙伴人员、外包人员、访客人员等，“物”根据身份可以细化为普通终端设备、应用程序、服务器、API、系统、进程等。

1.5.2 身份统一管理的需求激增

随着企业信息系统的建设逐步完善，企业内已经建立了大量的应用系统、OA 系统、ERP 系统等，满足了企业开展业务的各种需求。但是分散的系统建设模式，造成每个系统都有自己的一套身份管理和认证机制。例如，企业员工需要在不同的应用系统中重复登录、重复认证身份的真实性和有效性，运维人员也因此面临着很大的工作量，因此急需把不同的系统身份管理统一起来。

1.5.3 权限治理的实时性挑战增大

在当下的经济社会中，一个员工一生很难只在一家企业工作，企业也需要通过优胜劣汰不断完成自身血液的更新，因此企业内部人员的变动就不可避免。同时，随着社会分工的细化，企业内不同岗位不同角色的员工需要的系统权限也不一样。而且，对于不同的人员、不同的角色、不同的员工身份有效性（在职、离职、休假等），需要有一种灵活、及时、便捷的权限管理机制，即不能只依靠人力，而需要有自动化的手段对权限进行精细化管理，及时收回人员的不必要权限，保障企业资源的安全访问。

从全球来看，大量的数据泄露事件都是由经济利益驱动或由商业间谍发起的。对于个人来说，若用户信息泄露、设备丢失，则用户身份信息面临被盗风险，个人隐私及财产安全难以保障；对于企业来说，数据泄露会导致其在公众中的威望和信任度下降，甚至会直接改变客户原有的选择倾向，使企业失去一大批潜在客户。从安全角度考虑，确保正确的人在正确的时间使用正确的终端访问正确的资源是非常重要的。比如，客服人员可以即时查询客户信息，运营人员可以查询产品的运营数据，研发人员可以查看有权限访问的代码。IT 部门需要保持对系统和数据访问的严格控制，从而保证只有经过授权的人、终端设备才能访问企业资源。但是面对庞大数量的员工、多类型的终端设备、不同应用的账户体系，为了实现对各应用的访问权限控制，IT 部门不但需要花费大量的人力来维护以上各种类型的人或者其他实体的身份，而且很容易在该过程中出现误操作，导致数据泄露。

1.6　用户访问场景安全的平衡性挑战

1.6.1　在不影响业务效率的情况下保障安全

在远程办公、混合办公、跨团队协作日益频繁的今天，企业的业务开展需要支持多种访问接入的需求和场景。如何平衡企业数据的安全访问和办公效率将成为挑战。如果维护一个安全的防护机制需要企业员工花费大量的时间和精力，并且明显影响其业务效率，那么这个机制就很难实施下去。

比如，终端设备上的安全检测软件因为功能设计不合理等，消耗了大量的终端 CPU 和内存等资源，造成员工使用业务软件时感受到明显的卡顿甚至死机。又如，员工分布在不同的地点或网络环境中，为保障网络安全需要进行通信加密、身份权限检查、终端安全性检查，如果安全设计不合理而影响员工访问企业资源的体验，或者忽略网络接入质量，导致员工连访问企业资源都有困难，那么这种安全方案也就无法落地实施和应用。

1.6.2　保证安全弹性，适应业务需求变化

面对不同用户的业务场景多样性，比如业务流量具有明显的高峰、低谷的波动性特点，或者大量员工需要居家办公时，企业内部的资源和服务可能会面临访问量突然爆发的情况。此时为了防止安全机制被突破，企业需要具有快速进行弹性扩充的安全能力。

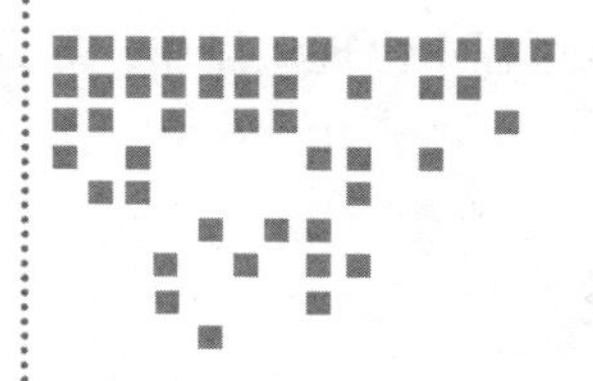

Chapter 2 第 2 章

零信任的核心概念、解决方案及标准

2010 年，时任 Forrester 市场咨询公司分析师的约翰·金德维格领衔撰写了一份报告“No More Chewy Centers:Introducing The Zero Trust Model Of Information Security”[㊀]。该报告首次提出了“零信任”(Zero Trust）的概念。

本章会探讨网络安全工程师常说的一组以“零信任”开头的热点概念以及它们之间的关系，包括零信任理念、零信任模型、零信任系统、零信任网络、零信任体系结构[㊁]等，并且提供有效的零信任解决方案和国内外主流的相关标准。

我们可以用一个生活中的例子来形象地表示传统的边界安全理念和零信任理念的大致区别。

传统的安全理念就像乡村环境中的生活。只要过了村口，村民就可以自由行动，每家每户都大门敞开，任何人都可以自由进出。这种方式缺乏严格的身份验证和授权机制以及实时的风险监测措施，容易受到内外部威胁的攻击和入侵。

㊀ 该报告为付费报告，见Forrester网站：https://www.forrester.com/report/No-More-Chewy-Centers-The-Zero-Trust-Model-Of-Information-Security/RES56682。该报告有一个不需要付费的公开版本，见Paloalto网站：https://media.paloaltonetworks.com/documents/Forrester-No-More-Chewy-Centers.pdf。

㊁ “体系结构”的英文为Architecture，在许多文献中也译为“架构”。本书参考《计算机科学技术名词》（第三版）、GB/T 5271《信息技术 词汇》中“计算机体系结构”“软件体系结构”等规范用词的表述方式，统一表述为“安全体系结构”“零信任体系结构”等。

以及实时的风险监测措施，容易受到内外部威胁的攻击和入侵。

而零信任理念就像居住在酒店里。房客需要办理入住手续（验证身份合法）后得到房卡，刷房卡才能进入电梯和房间，甚至有些房间需要房客进行多次身份验证，比如刷脸等，以确保只有授权过的人员才能进入。并且，在酒店的公共空间还有监控摄像头和巡逻保安等安保措施，以防止未经授权的人员进入或者进行破坏。每个人（房客、访客、安保人员、酒店前台、保洁人员等）所拥有的授权不同，在每个操作环节都需要进行安全校验，这样可以更好地保护酒店环境和房客的安全。同样，在零信任理念中，每个用户都需要进行身份验证和授权，并且网络流量需要进行实时的监测和分析，以确保网络安全。

2.1　零信任理念和相关概念

2.1.1　零信任理念

约翰·金德维格先生及其合作者们在报告中提出，传统的基于边界的网络安全体系结构存在缺陷，通常被认为“可信”的内部网络实际上充满了威胁，信任被滥用，导致“信任是安全的致命弱点”。基于这样的认知，他们在报告中提出了一个新的网络安全理念——Never Trust,Always Verify，即“从不信任，持续验证”。通过报告中引述的 3 个案例，我们可以更加深入地理解零信任这一概念的核心含义。

案例 1：A 国驱逐 B 国间谍

2010 年的某一天，在 A 国的某国际机场，一群看似普通的人登上了飞往某地的飞机。然而，这些人并不是普通的旅行者，而是 B 国的间谍，他们被 A 国当局发现并驱逐出境。与众所周知的间谍形象不同，这些间谍并不引人注意，在大众看来非常普通。他们的身份包括旅行代理商、咨询顾问、报纸专栏作家以及不动产经纪人，其中一名间谍甚至曾在一家跨国软件公司担任测试员。他们的普通身份掩盖了他们为 B 国情报机构工作的真实身份。据 A 国司法部门透露，这些间谍在 A 国长期潜伏，竭力掩盖与 B 国情报机构的任何联系。这个案例给了信息安全专业人员一些重要的启示。

首先，这些被驱逐的间谍在 A 国潜伏多年而未被发现，类似于今天的黑客，黑客也会采取极端的措施来避免被检测和怀疑。他们非常有耐心，其安全违规行为并不大胆，而是采取“低调而缓慢”的行动。这意味着他们可能持续数周、数月甚至数年以在网络中搜集有价值的信息。

其次，这些间谍的目标是特定的组织和个人，他们也有明确的任务，即在A国的政策决策圈中建立关系，并将情报传送回B国情报机构。同样，当今的信息/网络安全攻击也不再是黑客肆意妄为的行为。黑客经常专注于特定的公司和组织，甚至只攻击某些存储着他们所需信息的系统，如存储着用户个人信息、财务/金融数据或知识产权数据的系统。

案例2：网络罪犯C

网络罪犯C于1999年和2000年在某家公司的服务部门工作。该公司为多家征信机构提供软件。C拥有访问所有客户端密码和订阅代码的权限，因为他为该软件提供技术支持。在C工作期间，某犯罪集团的成员联系了C，对C支付报酬以使其为他们提供客户的信用报告。显然，这是违法的。

在这一案例中，信息/网络安全和风险专业人员应该关注犯罪活动的几个关键方面。

- C离职后，犯罪活动仍持续了多年。C利用技术自动从3个征信机构下载信用报告。这些犯罪活动发生在2000年至2002年，而最令人震惊的是实际上C在2000年已经离职，但是无论征信机构还是软件公司都没有发现这一违法行为。这表明信息安全违规行为变得“低调且缓慢”。
- 受害者并不知道网络犯罪分子已经渗透到他们的网络中，征信机构也从未发现这一犯罪活动，直到某汽车公司在2002年发现这一违规行为。该公司在审核合作方发来的信用记录及账单时，接到了众多遭受身份盗用和欺诈的受害者的投诉，由此发现了该犯罪活动。
- 这一犯罪行为造成了巨大的财务损失。该国政府估计，C和他的犯罪合伙人窃取了大约30 000份身份信息，造成了至少270万美元的直接财务损失。最终，C被判监禁14年并罚款100万美元，他的犯罪行为至今仍然是该国历史上最大的身份盗窃案。
- 显然，这一团伙的目标是特定的信息系统，其中承载着用户的个人身份信息，而不是随机选择存在漏洞的IT系统。

根据这一案例，安全从业者应更加警惕：团队中是否也存在这样一个C，他兼具技术能力与访问权限，但是我们并没有进行良好监督？

案例 3：网络罪犯 D 盗用身份

D 由于其职位，有权访问公司的人事记录，包括该公司前雇员的个人身份信息（姓名、身份号码等）和薪酬信息。D 在公司的数据系统中重新激活了十几名前雇员的雇佣状态，输入了虚假的信息条目，伪造了这些前雇员的工作状态，并对这些虚假员工支付薪水，再访问公司的薪资账户收集这些薪水。在 3 年的时间里，D 利用该方法侵吞了大约 300 000 美元。

上述案例的发生，有一个共同的本质原因，即"信任"被滥用。总结这些案例的教训，笔者认为，在网络安全领域，不应该天然地信任接入网络的人、设备、应用程序、数据等资源，而应该对其进行验证。

有记录显示，企业内部存在许多员工的恶意行为。其中每一个恶意的违规行为都代表着一个受信任的用户参与了犯罪活动或者故意采取危险行为。很明显，内部人员可以轻松地滥用"信任但要验证"这一方法，尤其是在企业信息安全方面存在漏洞的情况下。因此，"信任但要验证"已经不再是一个有效的理念了，在许多情况下，组织内的用户默认是受信任的，而对其行为并没有进行充分的验证。

许多安全专业人员可能口头上赞同"信任但要验证"的理念，但实际行动中却往往存在对人员、设备、应用程序、行为等过度的信任，而验证和核实的动作相对较少。通常情况下，由于验证过程复杂或困难，人们往往不愿意进行验证。此外，很多人对于这一理念的含义也存在着根本性的误解。

相比之下，零信任理念可以简洁地表达为"验证，永不信任"。这一理念的核心思想是，除非经过验证和核实，否则在生活、工作等网络领域，我们不应该默认信任任何资源，包括组织、个体、工具 / 设备、软件 / 应用程序、服务进程、数据、网络位置等。该理念强调了持续的验证和监测，以确保网络安全。

为了更形象地理解零信任理念，我们结合示意图来说明，如图 2-1 所示。

在图 2-1 中，图 a 是家庭房屋的模型，一个人通过一把钥匙打开房屋大门并进入后，这个人就默认是安全的，可以随机访问其中任意的房间。这种情况类似于传统的边界安全建设，例如，使用防火墙和网络准入设备，在经过一次认证检查后，就会允许一个网段内的服务资源被随意访问。图 b 则是酒店的模型，一个人进入酒店后先在前台做入住登记，这个人是默认不被信任的，进入电梯需要刷卡验证身份，进入房间同样需要刷卡，甚至接通房间电源也需要刷卡。这正体现了零信任的理念，即默认不信任，对最细粒度的访问都要持续进行安全检查。

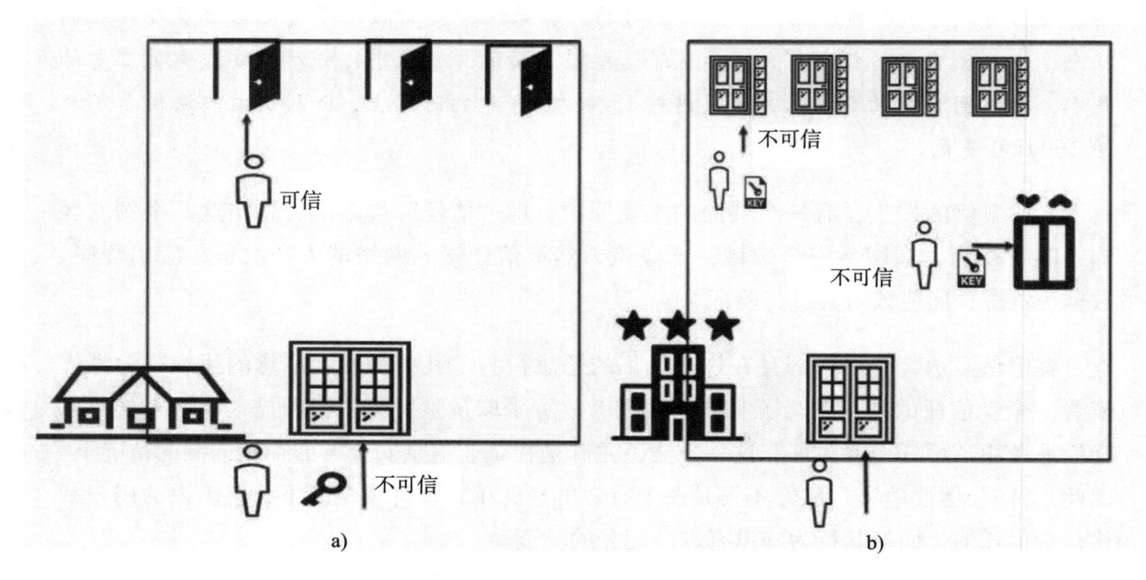

图 2-1　不同的安全模型

2.1.2　零信任模型

零信任模型是一种聚焦于保护组织资源，确保组织的资源和数据实现端到端安全的网络安全模式，其前提是信任永远不会被隐性授予，而必须通过持续评估获取。

传统的网络安全模型把不同的物理空间（区域）及业务系统的网络（或者同一区域及业务系统的网络的不同部分）划分为不同的安全区，即安全域。不同的安全域之间使用防火墙、网闸 / 单向网闸等访问控制措施进行隔离。每个安全域都被授予某些用户、设备或者应用以某种程度的信任，它决定了哪些网络资源允许被访问。这种传统的基于边界的网络安全模型提供了非常强大的纵深防御能力。比如，通过互联网可访问的 Web 站点等高风险的网络资源会被部署在特定的安全域（一般称为“隔离区”，即 DMZ），该区域的网络流量会被严密监控和控制。

这是一种常见的网络安全模型，如图 2-2 所示。

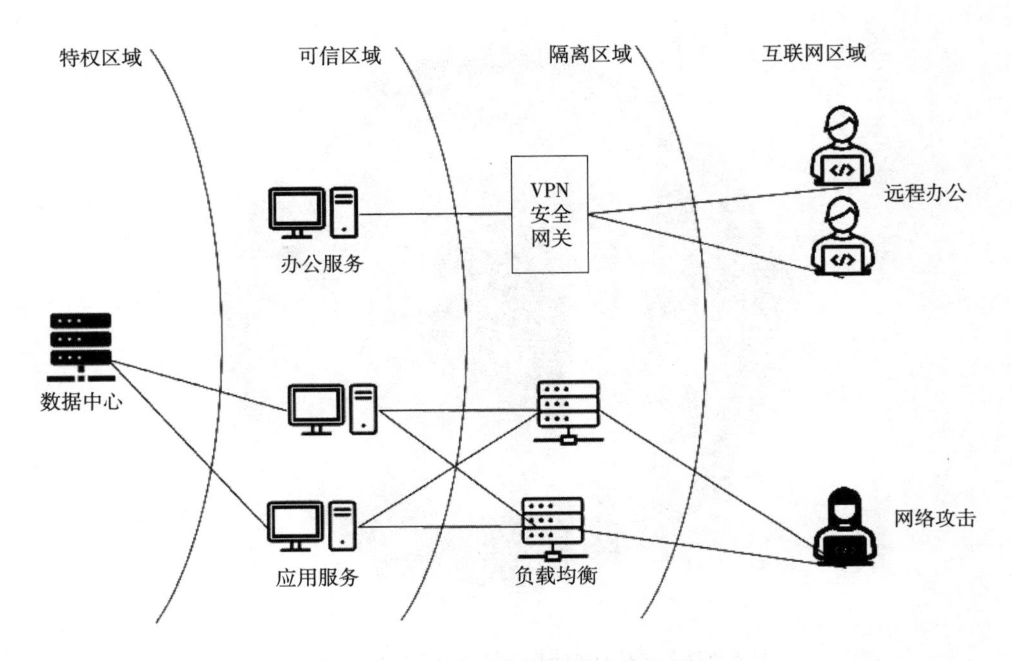

图 2-2　传统的基于边界的网络安全模型

基于对安全现状和原因的分析，约翰·金德维格先生及其合作者们认为，这种传统的基于边界的网络安全模型已经失效了。

他们进一步提出了一个新的网络安全模型。该模型不再假定组织边界（包括物理边界、网络边界、人员边界等）隔离是有效的安全措施。组织内部的安全专业人员必须消除可信网络与不可信网络的概念、内部网络比外部网络更安全以及内部人员比外部人员可信的观念，并且必须停止在网络中随意信任数据包，停止以位置为基础建立信任关系，反而需要建立所有的网络流量都不可信的新观念，必须验证和保护所有的资源，限制并严格执行访问控制，检查和记录所有的网络流量。这一模型即“零信任模型”。

零信任模型是信息 / 网络安全领域中众多网络安全模型中的一种，与传统的基于边界的网络安全模型有诸多不同。传统的网络安全模型以边界为分界面，将资源划分为“可信”与“不可信”两组，形成相对立的建模基础。零信任模型中，不再以边界为分界面，转而以身份为核心、以资源为中心构建网络的安全体系结构，涵盖人员安全、网络安全、应用安全、数据安全等各个方面，致力于构建一整套以数据为核心保护对象的安全策略模型，从而实现动态的、细粒度的访问控制，如图 2-3 所示。

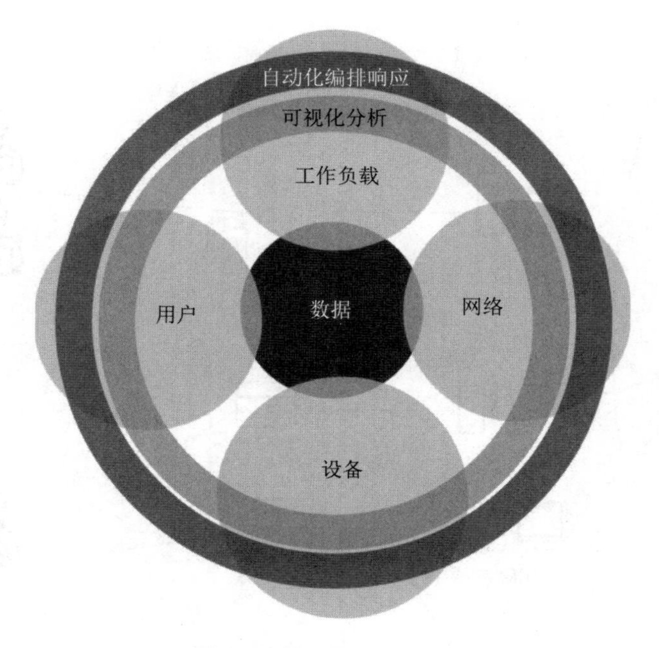

图 2-3 零信任模型（图片来源：Forrest 报告）

组织中有许多信息技术资产，包括设备、系统、数据等。组织基于这些资产持续不断地为不同的用户提供服务，包括组织内部和外部的用户，而内部用户进一步包括普通员工、中层管理者、高级管理者等。而基于这些资产所提供的服务多种多样，包括数据管理、信息传播、沟通交流、商贸交易、决策支持、生产控制等。零信任模型旨在统筹规划和协调这些资产，在网络中构建起“由正确的人以正确的方式执行正确的 IT 操作”的动态控制策略。

对零信任模型，总结如下 3 个核心方面。

- 确保所有资源都被安全访问，无关位置。
- 采用最小特权策略并严格执行访问控制。
- 检查并记录所有流量。

2.1.3 零信任系统

我们经常说“某某网络是零信任网络”，这个说法实际上是不严谨的，这其实是在说“某某系统（或者多个基于统一身份资源的系统）是零信任系统”。

零信任系统是组织构建的一个集成的、安全的信息系统（平台）。它能够根据身份数据、安全基础设施、风险分析数据等信息进行判断，进而触发组织制定的系统安全策略的动态执行。零信任模型，将传统的基于系统 / 组织边界的低效的网络安全模型，提升为以资源（设备、应用、数据）和身份（用户身份、设备身份、应用身份）为中心的高效的网络安全模型。这样做的好处就是，组织可以在一个动态变化的环境中进行更细粒度、更合理的访问控制，最终提升安全性、降低风险、简化运营操作、增加业务敏捷性。

零信任系统的概念建立在以下 5 个基本假设的前提之下。

- 系统（设备、应用、数据）始终处于存在潜在威胁的环境中。
- 系统始终面临来自外部组织（个人）、外部网络以及组织内部成员和内部网络的威胁。
- 不可仅依赖系统资产（设备、应用，或服务、数据）的位置来确定其可信度。
- 所有设备、应用、用户以及网络流量都必须经过认证和授权。
- 安全策略必须是动态的，并且应基于多源、多元的数据进行计算，以尽可能丰富的信息来源为基础。

从实施的角度而言，组织可以将各个独立的业务系统分别建设为零信任系统；但从经济效益、可行性及集约高效的角度而言，组织更适合将相关业务系统的安全目标进行整合，构建统一的零信任安全措施；从组织的角度而言，它们在同一个零信任体系结构之中。

2.1.4　零信任网络

对于“零信任网络”来说，顾名思义，其本质是不要轻易相信任何连接在网络上的要素，包括其组织和人员。

广义上说，当我们深入理解了零信任理念、零信任模型，开始考虑并逐步建成了一个又一个零信任计算机信息系统时，我们的网络自然会演进为一张零信任网络。此时接入网络的系统，都能够根据身份数据、安全基础设施、风险分析数据等信息进行判断，进而动态执行业务系统安全策略，从而稳健运行。

狭义上说，对于任何一个组织而言，当构建起以身份为核心、以资源为中心的网络保护体系结构时，也就意味着组织的网络演进到了零信任网络形态。

零信任网络访问（ZeroTrust Network Access，ZTNA）也可以理解为零信任网络接入，是指通过安全的网络通道接入服务器资源，并提供持续的访问控制、安全评估及阻断。

这一概念也来自 Gartner 公司，包括 BeyondCorp、SDP（Software Defined Perimeter，软件定义边界）等不同的网络接入模型。

- BeyondCorp 模型是由谷歌开发的一种基于云的安全架构模型。其核心理念是弃用传统的基于网络边界的网络安全策略，而建立一种基于用户、设备和应用的安全策略。这种模型通过细化身份验证、设备健康检查和细粒度访问控制等手段来保护企业网络和数据。用户不再需要连接传统的 VPN，而是直接通过云端应用进行访问和工作。
- SDP 模型是一种基于软件定义技术的新型网络安全架构，旨在通过建立一个可信边界来保护企业网络和资源。与传统的网络边界安全模型不同，SDP 创建了一种虚拟的安全边界，只允许特定用户和设备访问指定的应用及数据，从而减少了网络攻击的风险。此外，SDP 还通过数据加密和应用隔离等技术来加强数据安全性。

BeyondCorp 和 SDP 都是更加灵活、安全且适应性更强的网络接入安全模型，能够让用户更加方便地访问企业网络和资源，同时增强了企业网络的安全性。

2.1.5 零信任体系结构

零信任体系结构（Zero Trust Architecture，ZTA）是一种新型的网络安全架构和策略，它的基本原则是不信任任何人或设备，始终要求对请求进行验证和授权，并以最小特权访问原则为基础来控制访问。这是一种基于零信任理念、遵循零信任原则、采用零信任模型构建的，并且设计来避免数据泄露及限制攻击在内部横向移动的组织级信息系统和网络空间安全体系结构，涵盖身份（人和非人实体）、凭证、访问权限管理、操作行为、端点、驻宿或托管环境、互联基础设施等方面。

ZTA 不是孤立的，它包括一整套用于工作流和系统设计及运营的指导原则，可用于强化任何分类或敏感度级别的安全状态。任何组织将网络体系结构过渡到 ZTA 都需要评估此过程中的风险，不能简单地通过大规模更换技术来完成该过程。换句话说，当今许多组织在其基础设施中已经拥有 ZTA 的元素。组织应通过应用案例逐步实施零信任原则、流程变更和技术解决方案，以保护其数据资产和业务功能。大多数的组织在持续投资 IT 现代化计划并改进组织业务流程的同时，其基础设施将持续运行在“零信任 + 边界安全”的混合模式下。

实现零信任体系结构的网络，涉及零信任核心组件、多源决策数据及数据供给系统等方面。其中，零信任核心组件可被划分为两大部分：策略决策点（Policy Decision Point，PDP）、策略执行点（Policy Enforcement Point，PEP）。

其中，策略决策点可以进一步分解为两个逻辑组件：策略引擎（Policy Engine，PE）、策略管理器（Policy Administrator，PA）。而策略执行点，根据实际的部署实现差异存在多种模式，主要包括策略执行网关、设备端策略代理组件。

1. 策略引擎

策略引擎负责是一个决策运算模块，决定是否为给定的主体授予访问某个资源的权限。策略引擎使用组织给定的安全策略以及来自外部信息源（如日志系统、诊断系统、威胁情报系统等）的内容作为信任算法的输入，通过计算来授予、拒绝或撤销主体对资源的访问权限。策略引擎与策略管理器组件可以搭配使用，策略引擎负责做出决策并记录结果（如批准或拒绝），而策略管理器执行该决策结果。

2. 策略管理器

策略管理器是负责建立、关闭主体与资源之间通信路径的模块。其中通信路径是指通过发送命令给相关的策略执行点，针对客户端访问组织资源生成任何特定会话的身份认证行为（执行环节）和身份认证令牌或凭证。它与策略引擎密切相关，并依赖其最终做出的允许或拒绝会话的决策结果。如果会话已获得授权且请求已通过身份认证，则策略管理器会将策略执行点配置为允许会话；如果会话被拒绝（或之前的批准被收回 / 撤销），则策略管理器将向策略执行点发送信号以关闭连接。

3. 策略执行点

策略执行点是负责启用、监视并最终结束主体与某个资源之间的通信连接的模块。策略执行点与策略管理器通信以转发请求或接收来自策略管理器的策略更新。策略执行点是零信任体系结构中的单个逻辑组件，但也可以分为两个不同的组件，包括客户端代理组件（如笔记本电脑上的代理单元）和资源侧安全网关组件（如控制访问权限的网关）。

2.2　零信任解决方案

零信任解决方案是零信任系统落地实施的方法和措施的集合。要使零信任（计划）生效，组织需要确保全面的信息安全和弹性实践。当与现有的网络安全政策和指南、身份和访问权限管理措施、持续监控措施以及最佳实践平衡时，零信任解决方案便可以通过管理风险来防范普遍性的威胁，并改善组织的网络安全状态。

零信任解决方案最初的关注点应该是限制有访问需求的人员仅被授予执行任务所需的最小权限（如读、写、删除操作的权限）。一直以来，企业机构网络安全聚焦在边界防御。一旦进入内部网络，经过身份认证的主体就会被给予对广泛的资源集合的访问权限。因此，网络环境中未经批准的横向移动行为一直是组织面临的最大威胁之一。

2.2.1 微分区

将单独或成组的资源置于受网络安全组件保护的独立网络分区中。在这里，所谓的“资源”可以是一组计算机及其软件系统，也可以更具体地指单一设备或单一应用 / 服务。而提到的“网络安全组件”则可以是独立的网关设备，如智能交换机、路由器、下一代防火墙，或者用于保护端点资产的软件代理组件和防火墙。此外，更细粒度的安全分区也可以包括通过容器或沙箱技术创建的独立应用或服务，它们被视为独立的安全区域。

2.2.2 微隔离

微隔离是与微分区相对应的一个概念。将资源划分为不同的安全区域之后，如果它们之间没有采取隔离措施就没有意义。分区是目的，隔离是手段。微隔离采用相应的技术手段，使分区间的通信会话与数据互不影响、互相独立，并分别对其进行控制。沙箱和容器等技术手段都可以实现微隔离的目标。

2.2.3 软件定义边界

软件定义边界（SDP）也有其他不同的说法，如软件定义网络（SDN）、基于意图联网（IBN）等。其本质是通过分布式软件系统控制和配置网络控制器，并依据策略引擎做出的决策，不断地重新配置网络环境，达到建立或者关闭网络链路的目标，进而按需组网。网络边界由软件、算法、业务及安全参数等要素控制确定。

为了适应分布式云服务的场景，SDP 框架分成了控制平面和数据平面两个部分。

- 控制平面：用于传输网络控制命令、网络状态和安全监测数据的通信通道，具体包括策略引擎与策略管理器之间、策略管理器与策略执行点（包括客户端代理组件、资源前面的安全网关组件）的通信通道。

- 数据平面：用于实现主体及客户端的应用程序、服务与资源（设备、服务、数据等）的业务通信流量传输的通道，具体经过客户端应用程序、客户端代理组件、业务系统、安全网关、目标资源等部分。数据平面可以独立部署，为不同云服务提供通信通路。

2.3　国内外相关标准

标准在零信任理念传播、技术演进、应用场景挖掘、落地实践等方面的发展过程中起到了促进和支撑的关键作用。随着国内外诸多零信任相关标准相继制定、发布及实施，零信任解决方案及相关产品的研究设计和标准化得到了最终用户、安全厂商、研究机构、测评机构等各方的强烈关注和积极参与。尤其是几个有标志性意义的标准工作，在业界的影响非常深远。

2.3.1　标准化的原因及作用

每一项技术的发展都符合一般规律，咨询公司 Gartner 提出了技术发展规律周期模型，即技术成熟度曲线（Hype Cycle），用于预测与判断一项技术的演进过程及发展趋势。该模型将一项技术的发展划分为 5 个阶段，依次为技术萌芽期、期望膨胀期、泡沫破裂期、稳步爬升期和生产成熟期。

在本书中，我们把零信任相关技术和应用的发展简化分为 3 个阶段：早期、爬升期和应用成熟期。在早期，零信任相关概念被提出，经历市场宣传、试点验证；在爬升期，零信任相关技术不断成熟，业界出现了很多初步的商业化产品、一些积极的客户开始落地实践；在成熟应用期，相关技术越来越成熟和稳定，越来越多的商业化产品升级完善，并得了客户侧广泛接受和使用，更多的应用场景被挖掘和实践。

1. 早期：规范沟通的语言，提升业界交流效率

一个新的理念或技术通常需要经历从混乱到逐步统一的过程。“混乱”指的是当新的理念或技术首次提出时，可能会在业界的利益相关方中引发一系列问题，如概念混淆、解读差异、理解偏差、技术尚未成熟等。这些问题可能导致用户体验不佳，使用户产生不信任或质疑，从而不利于新理念的传播和新技术的发展。

标准化在这一过程中扮演着重要的角色，因为它能够让关注新技术的相关方之间使用统一的语言，减少对同一概念、对象或事物的理解或描述上的偏差，提高沟通和协作效率，推动技术的进步和演进。因此，当零信任理念及相关技术在业界广泛传播并具备一定的实践基础时，标准化对促进业界的语言统一和认知趋同非常有益。这也是为什么我们看到业界的第一批标准主要围绕术语、体系结构、框架等基本对象展开。这些标准有助于零信任的发展。

2. 爬升期：权威标准组织发布，促进技术演进和市场竞争

在信息通信运营技术（ICOT）领域，许多权威的技术标准化组织对新技术和产业的发展发挥着重要的推动作用。就像3GPP组织在移动通信技术标准方面的推动一样，在网络安全领域，一些国际级、国家级和行业团体级的标准化组织具有显著的影响力，它们通过推动和发布零信任标准，直接激励了企业在用户和技术开发方面的积极投入，有助于推广零信任的概念，促进技术供应商的研发和合作。

这些标准化组织包括国际组织，如国际标准化组织（ISO）、国际电工委员会（IEC）、国际电信联盟电信标准部门（ITU-T）、云安全联盟（CSA）等；美国的标准化组织，如美国国家标准技术研究所（NIST）和美国国防部（DoD）等；国内的标准化组织，如全国信息安全标准化技术委员会（TC260）、中国通信标准化协会（CCSA）、中国网络安全产业联盟（CCIA）等。这些组织制定的零信任标准在很大程度上促进了零信任相关技术的发展和应用，并通过相应标准来激发技术供应商之间的竞争活力。

3. 应用成熟期：规模化复制、降低技术门槛提升合作效率

在零信任应用成熟期，客户端的需求急剧增长，不同行业的应用场景也不断扩展和深化。各个厂商在早期积累了一些成功的落地实践案例、产品和技术，迫切想要在其他客户端规模化复制这些成果。技术标准可以为高效的零信任应用提供指导，并结合各种应用场景的需求提供实施指南，有助于零信任技术的快速推广和规模化应用。

与此同时，随着越来越多的网络安全厂商进入零信任技术领域，市场细分度也越来越高，各个厂商在其擅长领域推出了各种优秀的产品和解决方案，客户的认知也越来越深入和细致，不再希望受限于某个厂商，而是希望在各个安全能力点上使用业界最佳的技术和产品，以构建度身定制的企业解决方案。

因此，厂商之间的广泛合作在行业内变得更加常见。这涉及不同厂商的产品和技术

的兼容性与互操作性，以及相应的互联互通协议和接口。相关标准可以界定各家产品的边界，定义互联互通的协议和接口，从而大大降低客户使用最佳技术和产品的门槛，并提高厂商之间的对接和合作效率。目前，国内关于零信任的接口标准发展迅速，国外也有一些安全厂商在推动接口互联互通的标准化工作。

2.3.2　零信任国际标准进程

从技术标准的视角来看，零信任理念最早的标准化文件要论 CSA 发布的“SDP Specification 1.0”。该文件给出了 SDP 的体系结构和传输协议规范，并由此给出了一套实际上符合零信任理念的技术方案。CSA 大中华区的 SDP 工作组于 2019 年将该 1.0 版本的文件翻译为中文。时隔 3 年之后，2022 年 4 月，CSA 正式发布了“SDP Specification 2.0”，2.0 版本在 1.0 版的基础上进行了扩展和增强。2022 年 5 月，CSA 大中华区也正式发布了中文版的 2.0 版本。在这一版本中，我国自主研制的密码算法也作为推荐的密码算法首次写入了 SDP 规范中。

2.0 版本的 SDP 规范提供了动态的网络安全边界部署能力，可以灵活地在不安全的网络上对要保护的资源进行隔离。SDP 规范 2.0 版本提供了按需、动态、可隔离的可信逻辑层，并对未授权的实体隐藏被访问的资源对象，只有在访问实体建立信任后才允许连接和访问资源对象。

如图 2-4 所示，SDP 规范 2.0 版本将体系结构的核心组件分为 SDP 控制器（SDP Controller）、SDP 连接发起主机（SDP Intiating Host，SDP IH）和 SDP 连接接受主机（SDP Accepting Host，SDP AH）。

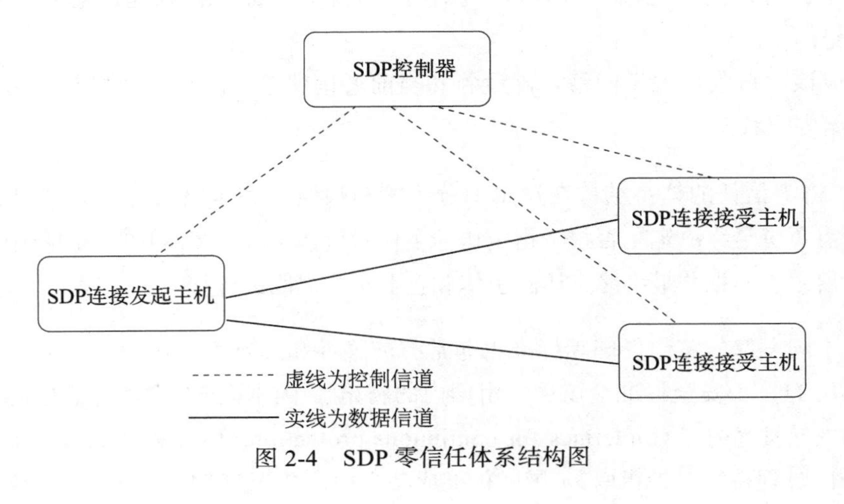

图 2-4　SDP 零信任体系结构图

SDP 控制器主要用于确定哪些 SDP 主机可以相互通信。为了执行这一任务，SDP 控制器可以与外部认证服务进行交互，以验证地理位置信息或身份验证信息。SDP 连接发起主机与 SDP 控制器通信，以请求可以连接的其他 SDP 连接接受主机的列表。在提供任何信息之前，SDP 控制器可以要求 SDP 连接发起主机提供诸如硬件或软件清单等信息。

SDP 连接接受主机会拒绝来自 SDP 控制器以外的所有主机的通信请求。只有在收到 SDP 控制器的明确指示后，SDP 连接接受主机才会接受来自 SDP 连接发起主机的连接请求。

业界常常提及和谈论的零信任规范，要论 2020 年 NIST 发布的《零信任架构》（“Zero Trust Architecture”，NIST SP 800-207）。该文件在业界第一次全面定义了零信任的技术架构、相关组件、部署场景等内容，比较全面地阐述了零信任理念的核心思想和基本原则。该文件在全球产生了广泛影响。

《零信任架构》提出了零信任的七大原则。

- 所有数据源和计算服务均被视为资源。
- 无论网络位置如何，所有通信都必须是安全的。
- 对资源的访问授权是基于每个连接的。
- 对资源的访问权限由动态策略决定，包括身份、应用和资源安全状态，也可能包括其他行为属性。
- 确保所有拥有和关联的设备都尽可能处于最高等级的安全状态，并监控设备资产以确保它们保持这样的安全状态。
- 在访问被允许之前，所有对资源访问的身份验证和授权是动态且严格强制实施的。
- 应该尽量收集关于网络基础设施和当前通信状态的信息，并将其应用于提高网络安全状态。

NIST 将零信任的体系结构在逻辑上分为策略决策点和策略执行点，如图 2-5 所示。策略决策点负责最终决定是否授予指定访问主体对资源（访问客体）的访问权限，策略执行点负责启用、监视并最终终止访问主体和企业资源之间的连接。

而由中国发起的零信任国际标准也非常有前瞻性和影响力。2019 年 9 月，在瑞士日内瓦举办的 ITU-T 安全标准会议中，由国内的腾讯、中国国家互联网应急中心和中国移动设计院主导发起的“Guidelines for continuous protection of the service access process”（《服务访问过程持续保护指南》）国际标准成功立项，并于 2021 年 10 月正式作为国际技术标准规范发布（编号为 ITU-T X.1011），成为三大国际标准化组织（ISO、IEC、ITU-T）发布的首个零信任技术标准。

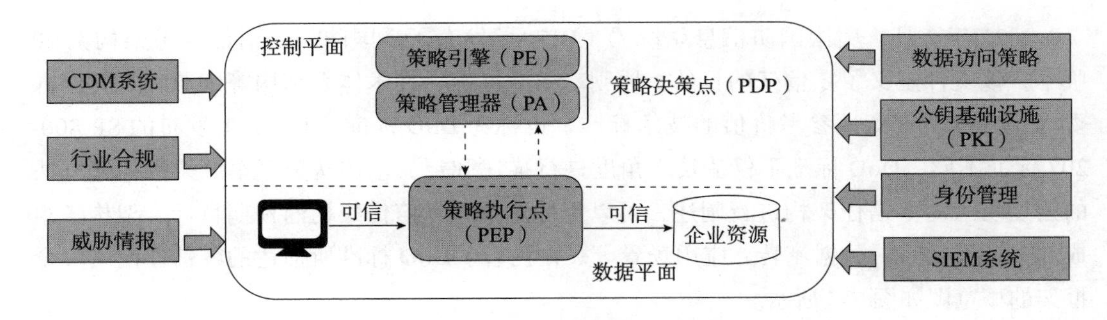

图 2-5　NIST 零信任体系结构图

该标准重点推动零信任的内涵从“永不信任，持续验证”向“持续保护”升级。相较于传统的“永不信任，持续验证”的安全理念，“持续保护”通过对身份认证、资源访问的持续控制，将安全的范围延展到了事前、事中、事后全过程，实现对全要素的安全保护。该标准提出了零信任安全技术参考框架的核心组成部分，重在持续识别企业用户在网络访问过程中受到的安全威胁，提供持续保护措施，包括持续监测关键对象的安全风险并进行动态的访问控制，以及对关键访问过程对象进行安全防护。ITU-T 零信任“持续保护”的逻辑框架图如图 2-6 所示。

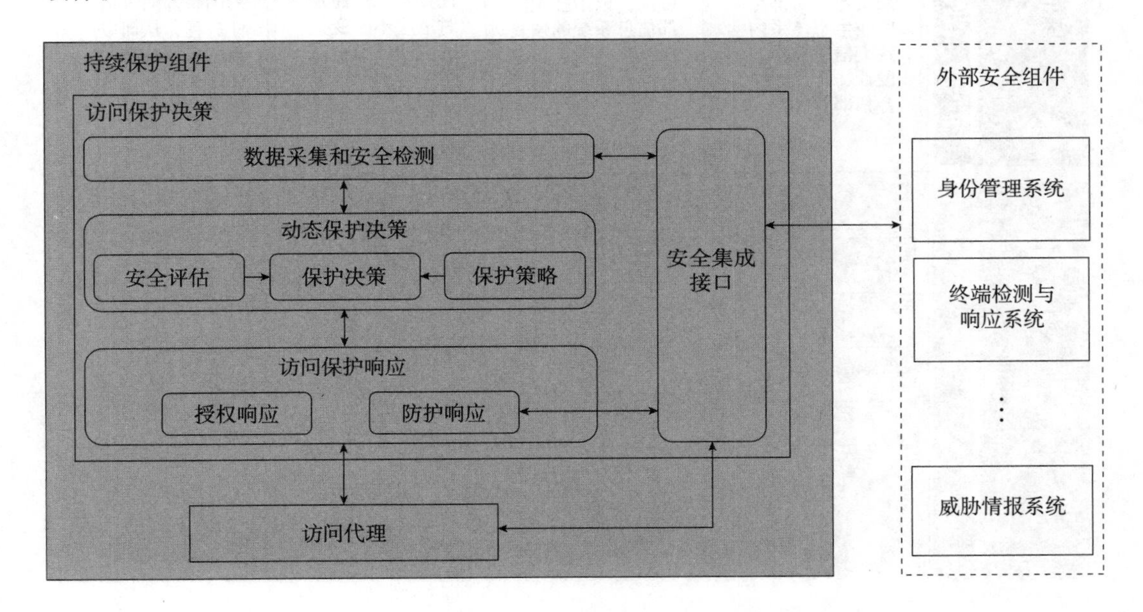

图 2-6　ITU-T 零信任“持续保护”的逻辑框架图

该标准的发布不仅代表着中国零信任的创新实践和技术范式走入了全球视野，还进一步驱动零信任理念在更多领域生根发芽，成为产业数字化转型的基石。

2021年2月，美国国防信息系统局（DISA）发布了《国防部零信任参考架构》1.0版本。该文件定义了零信任的目的、原则、关联标准、技术体系结构等细节，是美国部委级别的非常有落地参考价值的技术标准，也称为DoD标准。与NIST发布的SP 800-207标准不同，DoD标准不仅从技术角度进行描述和定义，还从美军军队架构描述方法的角度切入对零信任架构进行阐述，可以更好地解释零信任架构的预期目标、架构各组成部分及其关系、数据流转、应用场景等关键内容。DoD标准所描述的零信任网络安全框架的概览图如图2-7所示。

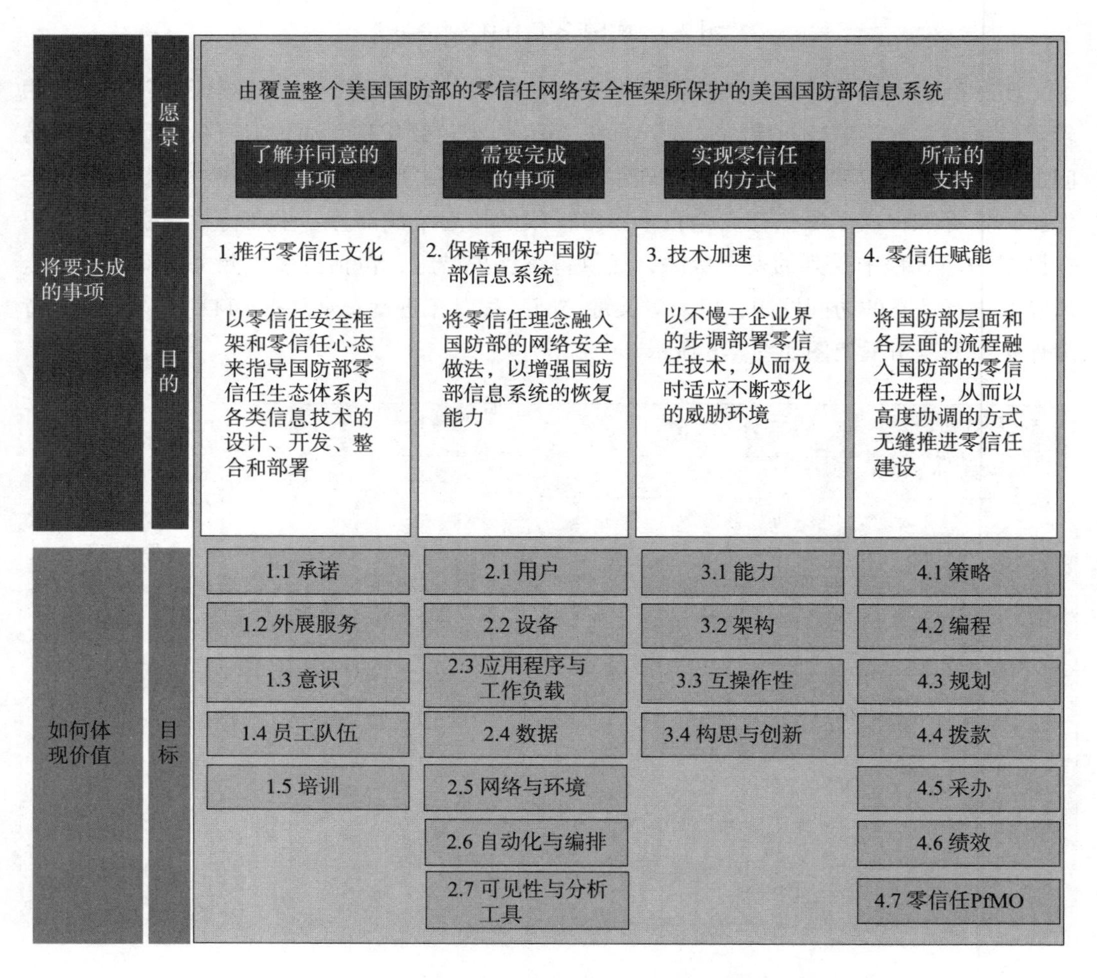

图2-7 DoD标准中的零信任网络安全框架概览图

DoD 标准开篇即提出美国国防部下一代网络安全体系结构将基于零信任原则、以数据为中心进行建设。该文件认为，实施零信任方案是保护基础设施、网络和数据的一次巨大的安全范式转变，即从信任网络、设备、人员、进程的观念转变为基于多属性分析、多检查点判定的信任级别授权，具备符合最小特权访问理念的身份验证和授权策略访问的能力。该参考架构采用了 DoDAF 美军军队架构描述方法。虽然零信任的基本原则看似简单，但其实际实现和操作层面却很复杂烦琐，涉及软件定义网络、数据打标、行为分析、访问控制、策略编排、加密、自动化等多个领域的工作。

在能力层面，DoD 标准提出零信任功能围绕七大支柱展开，即用户、设备、应用程序与工作负载、数据、网络与环境、自动化与编排、可见性与分析工具。

2.3.3　零信任国内标准进程

国内在零信任领域的标准化工作方面取得了重要进展。最早的一项标准是一部名为《零信任安全技术参考框架》的通信行业标准，该标准制定工作始于 2019 年 7 月，由腾讯联合多家机构在 CCSA 发起立项，于 2021 年底正式报批。这一标准在国内引起了广泛的关注，推动了业界对零信任理念、术语规范和参考体系结构的重视，使标准化工作得到了积极的反响和广泛参与。

另一项具有重要影响的标准名为《信息安全技术 零信任参考体系架构》，是 2020 年 8 月奇安信联合多家机构在 TC260 发起的，是国内首个零信任的国家标准项目。这个标准项目在国内标准组织中引起了广泛的研讨和关注，为零信任相关标准工作提供了宝贵的机会，推动了国内零信任技术标准的活跃发展。

截至目前，上述 CCSA 推进到报批阶段的行业标准以及 TC260 推进到征求意见阶段的国家标准，都还没有最终正式发布。

国内首个正式发布的零信任团体标准是由中国电子工业标准化技术协会（CESA）于 2021 年 6 月正式发布的 T/CESA 1165—2021《零信任系统技术规范》。该团体标准自 2021 年 7 月 1 日起生效。这一标准不仅在技术理念和技术体系结构方面具有重要意义，还将零信任标准工作的焦点从技术概念转向了系统功能和性能要求，为用户和安全厂商提供了更为详细的技术指南和参考。值得注意的是，该标准首次在业界明确将零信任的应用场景划分为用户访问资源和服务之间调用两种场景，为零信任应用的分类和抽象提供了有力的支持。这种场景划分方式得到了业界的广泛认可和传播，许多组织和机构在其发布的零信任技术文档、报告、白皮书和标准中都采纳了这一划分原则。此外，还有非常多的产业联盟组织、科研机构等发布了相关的标准。

此外，由中国产业互联网发展联盟（IDAC）发布的《零信任系统服务接口规范 用户认证接口》，由智慧城市产业生态圈发布的《智慧城市零信任技术规范》，由中国信息产业商会发布的《信息安全技术 零信任参考架构》等技术标准，在更加聚焦的方向衔接国内零信任生态的相关机构，在零信任的技术协作和产品兼容、应用场景落地方面发挥着积极作用。

国内的安全厂商推出了大量零信任解决方案，并在众多客户案例中积极落地实践，而国内的测评机构也积极发挥作用，牵头制定与零信任技术和应用成熟度相关的标准。这些标准可用于评估用户应用零信任技术的水平或者评估厂商的解决方案能力。例如，中国通信学会发布的《零信任能力成熟度模型》标准就是一个典型例子。这些标准有助于规范零信任领域的能力评估和应用实践。

2.3.4 国内实践在国际标准上的突围

到了 2019 年，零信任领域已经出现了许多创业公司、技术解决方案和商业应用案例。大型互联网公司，如谷歌、微软、腾讯等，也纷纷在自身的业务和安全产品中融入了零信任能力。此外，美国也崛起了一些零信任独角兽企业。国内企业也在技术打磨和应用实践方面积累了不少经验。国内零信任领域如果能够在技术标准方面占据领先地位，将有助于彰显国内零信任安全实力，并激励更多机构参与零信任技术的发展。因此，ITU-T X.1011 标准编制组专家们，基于腾讯等国内企业在自身业务中的规模化应用实践和自身的技术研究，将相关探索抽象成了标准化的语言和文字，积极推动这些技术标准走向国际舞台。然而，标准是否能够成功立项仍然要回归到技术讨论和能力认可的层面来看。中国企业要在国际零信任技术标准的建立中发挥主导作用，关键是要证明标准提案在技术上的前瞻性、合理性，以及是否能为全球零信任技术的发展带来价值。

这次国际标准提案将标准的范围从零信任最为关注的动态访问控制延伸到了事前、事中和事后的全过程、全要素的持续安全保护，并首次提出了“访问过程持续保护”的技术参考框架。这个框架的定义、零信任理念的演进路线和完整闭环的安全理念等方面的贡献，使得该标准具备了一定的前瞻性和引领性，最终获得了 ITU-T 专家们的认可。

总的来说，国内零信任技术标准工作正在积极推进，技术和实际应用方面也不逊于国外。然而，国内对技术标准化的认识尚应加强。期望未来能看到更多国内企业推动国际零信任技术标准的制定，为中国在国际舞台上发声，利用国内集体智慧和技术创新实力，逐步影响国际标准的制定方向和内容，避免将来的技术演进完全受制于国外机构，从而不断提升中国科技的影响力和话语权。

2.3.5　现状：零信任在标准中的定义

目前，有一些零信任技术标准组织给出了“零信任”这一术语的定义，便于业界的交流和理解。例如，美国的 NIST 标准和国内的 CESA 标准中对零信任提供了定义。

根据 NIST，零信任涵盖一系列安全概念和理念，在面对可能已被攻击的网络时，针对信息系统和服务的每一次访问请求，通过执行精细化的、基于最小特权访问原则的访问控制决策来使不确定性最小化。

根据 CESA，零信任是一组围绕资源访问控制展开的安全策略、技术与过程的统称。从对访问主体的不信任开始，通过持续的身份鉴别和监测评估、最小特权访问原则等，动态调整访问策略和权限，实施精细化的访问控制和安全防护。

可见，零信任的概念和思想已在业界形成了基本共识，零信任可以对所有网络资源（含数据）的访问过程进行安全防护。综上所述，近年来零信任的相关标准制定工作迅速推进，对产业和技术的发展起到了积极的推动作用，也为行业的共识和交流提供了基础平台。尤其是从 2019 年开始，零信任标准化工作进入了爆发阶段，也非常符合标准工作的逻辑。因为零信任理念已经经过了十多年的发展和落地实践，相关的技术和解决方案也逐渐成熟，非常适合通过标准来进行规范和定义，进一步进行规模化的推广和应用，从而助力零信任的发展。

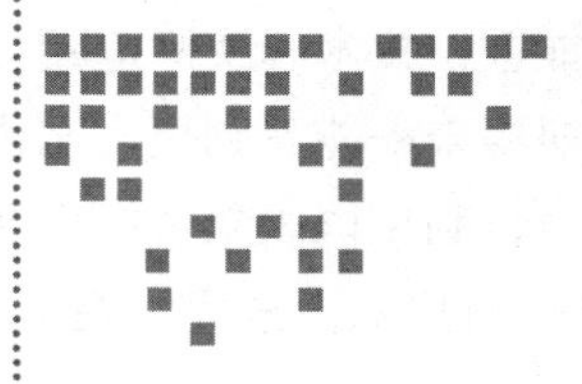

Chapter 3 第 3 章

零信任体系结构

3.1 零信任体系结构的定义

零信任代表了一种以保护数据资源为核心的网络安全范式，其体系结构建立的前提是从来不隐式授予信任，而必须持续地进行安全评估。零信任体系结构是一种新的安全访问控制模式，它在对数据和应用程序授予访问权限之前，对每个用户、设备和进程使用多层次精细的访问控制、强大的攻击检测和持续身份验证等安全机制。此体系结构是一种针对企业资源和数据安全的端到端方案，其中涉及的关键对象包括身份（人和非人的实体）、凭证、访问管理、操作、终端、主机环境和互联基础设施等。零信任体系结构初始的重点应该是将资源访问限制于有实际访问需求的主体并仅授予对应主体执行任务所需的最小权限（如读取、修改、删除等）。

基于零信任体系结构的安全产品和解决方案不应该仅在企业网络边界上进行粗颗粒度的访问控制，而应该对企业的人员、设备、业务应用、数据资产之间的所有访问请求进行细颗粒度的访问控制，并且访问控制策略需要基于对上下文的信任评估进行动态调整，是一种应对新型 IT 环境下已知和未知威胁的“内生安全”机制，具有更好的弹性和自适应性。

3.2 零信任体系结构的基本原则

参考 NIST 发布的 SP 800-207《零信任架构》标准和 CESA 发布的《零信任系统技术规范》标准，零信任体系结构应遵循以下基本原则。

- 访问主体在访问任何资源前，都应经过身份认证和授权，避免过度信任。网络位置并不意味着隐式信任，对于来自企业自有网络基础设施上的系统（如传统概念中的内网）的访问请求，其安全要求必须与来自任何其他非企业自有网络的访问请求和通信的安全要求相同。换言之，不应对企业自有网络基础设施上的设备、用户等自动授予任何信任。
- 访问主体对资源的访问权限是动态的（非静止不变的）。对资源的访问由动态策略决定，包括用户身份、应用与服务、请求资产的安全状态，可能还包括其他行为环境属性。
- 确保所有要保护的资源都处于尽可能安全的状态。所有通信应以最安全的方式进行（即经过加密和认证），过程中保护数据的机密性和完整性，并提供源身份认证，同时减少不必要的业务端口暴露或者进行端口隐身（如通过单包敲门等方式）。
- 对访问主体的权限分配遵循最小特权访问原则。在授予访问权限之前评估请求者（访问主体）的信任级别，资源访问限制于有实际访问需求的主体并仅授予对应主体执行任务所需的最小特权。

3.3 典型的零信任体系结构

在本节中，我们将参考 NIST 零信任体系结构和 SDP 两个体系结构。众所周知，传统的网络安全是基于防火墙的物理边界进行防御的，这就形成了我们所熟知的“内网”。然而，随着云计算、移动互联网、人工智能、大数据、物联网等新兴技术的兴起，传统的安全边界正逐步瓦解，企业 IT 架构正在从“有边界”向“无边界”转变。在过去，服务器资源和办公设备都在内网，但随着上云、移动办公、物联网等的普及，现在网络边界变得越来越模糊，业务应用场景也变得越来越复杂，传统的物理边界安全已无法满足企业数字化转型的需求。因此，更加灵活、更加安全的 SDP 零信任体系结构应运而生。

2020 年，NIST 发布了《零信任架构》标准草案第二版，较为全面、详细地介绍了零信任体系结构，包括部署模式、使用场景以及实现零信任体系结构的三大技术：软件定义边界、身份权限管理、微隔离技术。

该版本的《零信任架构》草案是第一份由研究组织发布的文档形式的针对零信任体系结构设计的详细指导，国内外众多安全厂商纷纷以此作为标准体系结构进行参考，并且开展零信任安全产品的开发设计。

基于以上两种体系结构对零信任行业产生了深远影响以及广泛被业界采纳的情况，我们对其进行展开说明。

3.3.1 NIST 零信任体系结构

1. NIST 零信任体系结构模型

NIST 零信任体系结构模型如图 3-1 所示。当主体访问企业资源时，系统需要通过策略决策点和相应的策略执行点授予访问权限。

图 3-1 NIST 零信任体系结构模型

2. NIST 零信任体系结构的组件

NIST 零信任体系结构的组件如图 3-2 所示。

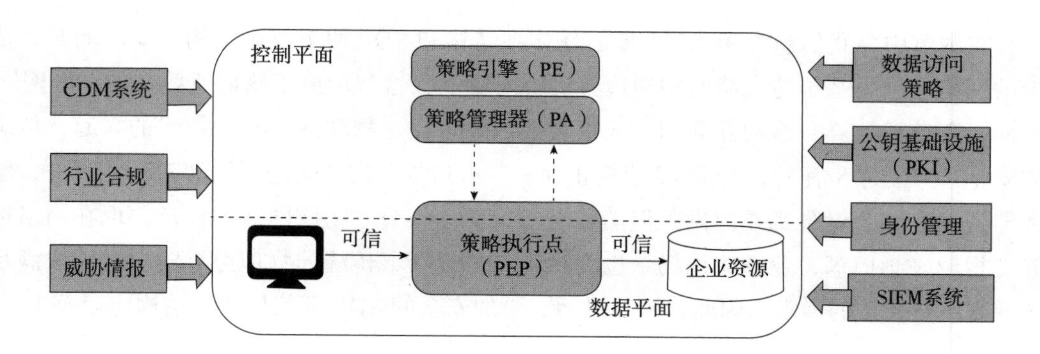

图 3-2 NIST 零信任体系结构的组件

策略引擎、策略管理器、策略执行点在第2章已经介绍过了，这里就不再详细介绍。

除了企业中实现ZTA策略的核心组件之外，还有一些数据源提供输入和策略规则，以供策略引擎在做出访问决策时使用。这些数据源包括本地数据源和外部（即非企业控制或创建的）数据源，具体来说，主要包括如下数据源。

（1）持续诊断和缓解系统（Continuous Diagnostics and Mitigation System）

该系统收集关于企业资产当前状态的信息，并对配置和软件组件应用进行更新。企业CDM系统向策略引擎提供关于发出访问请求的系统的信息，例如，它是否正在运行适当打过补丁的操作系统和应用程序，企业批准的软件组件是否完整或是否存在未经批准的组件，以及该资产是否存在任何已知的漏洞。CDM系统还负责对活跃在企业基础设施上的非企业设备进行识别并执行可能的子集策略。

（2）行业合规系统（Industry Compliance System）

该系统确保企业遵守其可能适用的任何监管制度，包括企业为确保合规性而制定的所有策略规则。

（3）威胁情报源（Threat Intelligence Feed）

该系统提供源自外部的信息，帮助策略引擎做出访问决策。该系统可以从多个外部源获取数据并提供关于新发现的攻击或漏洞的信息的多种服务，这些信息包括新发现的软件缺陷、DNS黑名单，新识别的恶意软件或策略引擎，拒绝从业企业系统访问的报告，以及对其他资产的攻击。

（4）数据访问策略（Data Access Policy）

这是一组由企业围绕着企业资源而创建的关于数据访问的属性、规则和策略。这组策略和规则可以通过管理界面进行编码，也可以由策略引擎动态生成。这些策略是授予对资源访问的权限的起点，因为它们为企业中的参与者、应用及服务提供了基本的访问特权。这些访问规则应基于用户角色和组织的任务需求而制定。

（5）公钥基础设施（Public Key Infrastructure，PKI）

此系统负责生成和记录企业给资源、主体、服务和应用程序签发的证书，并将其记录在案。这个过程还涉及全球CA生态系统和联邦PKI，它们可能与企业PKI集成。此系统可以是不基于X.509数字证书构建的PKI体系。

（6）身份管理系统（ID Management System）

该系统负责创建、存储和管理企业用户账户和身份记录（例如：轻量级目录访问协议服务器）。该系统包含必要的用户信息（如姓名、电子邮件地址、证书等）和其他企业特征（如角色、访问属性或分配的系统）。该系统可能是一个更大的联邦社区的一部分，可能包括非企业员工或连接到非企业资产进行协作。

（7）安全信息和事件管理系统（Security Information and Event Management System，SIEM）

这是一个聚合系统日志、网络流量、资源授权和其他事件信息的企业系统，会收集以安全为中心的信息供后续分析。这些数据可用于优化策略并预警对企业资产发起的可能的主动攻击。

3.3.2 SDP零信任体系结构

1. SDP零信任体系结构模型

SDP将物理安全设备替换为安全逻辑组件，这样组件无论部署在何处，都在企业的控制之下，从而最大限度地收缩边界。SDP执行零信任原则，即强制执行“最小特权访问”“假设已被入侵”以及“信任但验证”的原则，仅在认证和身份验证成功后，基于策略来授权对资源的访问等。SDP零信任体系结构模型如图3-3所示。

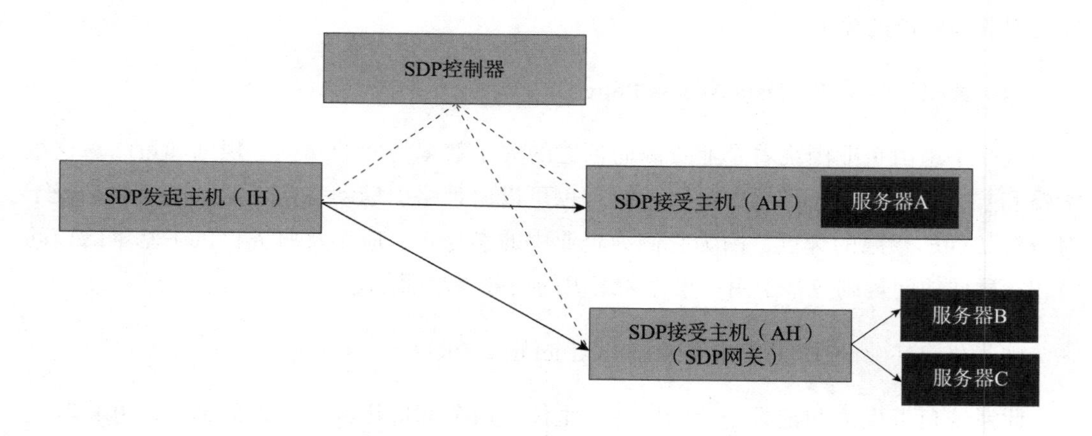

图3-3 SDP零信任体系结构模型

2. SDP 零信任体系结构的组件

（1）SDP 控制器（Controller）

管理所有身份验证和访问流程。SDP 控制器是整个解决方案的核心部分。它是一个关于策略定义、验证和决策的组件，充当了零信任体系结构中策略决策点的职能。SDP 控制器负责同企业身份验证方（如身份供应商、多因子身份验证服务）的通信，可以协调身份验证和授权分发。SDP 控制器是一个中央控制点，用于查看和审计所有被访问策略定义的合法连接。

（2）SDP 发起主机（IH）

这类访问实体可以是用户设备或 NPE（非个人实体），例如：硬件（如终端用户设备或服务器）、网络设备（用于网络连接）、软件应用程序和服务等。SDP 用户可以使用 SDP 客户端或浏览器来发起 SDP 连接。

（3）SDP 接受主机（AH）

AH 逻辑组件通常被放置在受 SDP 保护的应用程序、服务和资源的前端。AH 充当 NIST 零信任体系结构中策略执行点的职能，用于隐藏企业资源（或服务）以及实施基于身份的访问控制。AH 通常由具备 SDP 功能的软件或硬件实现。它根据 SDP 控制器的指令来执行是否允许网络流量发送到目标服务（可能是应用程序、轻量级服务或资源）。从逻辑上讲，AH 可以与目标服务部署在一起或者分布在不同网络（如私有云、公共云等）上。

3.4 通用的零信任体系结构

通过比较 SDP 和 NIST 提出的体系结构我们可以发现，SDP 控制器的功能与 NIST 零信任体系结构中的策略决策点相似，SDP 接受主机的功能与 NIST 零信任体系结构中的策略执行点相似。综合考虑 SDP、NIST 的零信任体系结构以及实践经验，我们认为目前业界对于零信任体系结构的理解正在趋于一致。根据 CESA《零信任系统技术规范》这一标准，我们总结了通用的零信任体系结构，如图 3-4 所示。

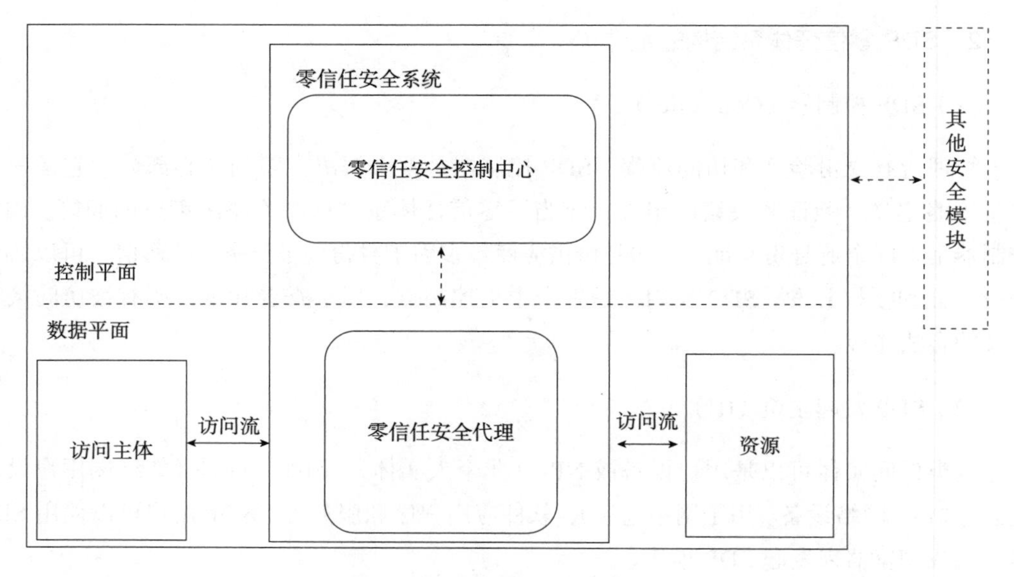

图 3-4　通用的零信任体系结构

其中，零信任安全控制中心组件作为 SDP 控制器，与 NIST 的策略决策点实现聚合；零信任安全代理组件作为 SDP 的接受组件，与 NIST 的策略执行点实现聚合。零信任安全控制中心的核心是实现对访问请求的授权决策，以及为决策而开展的身份认证或中继（两个交换中心之间的一条传输通路）到已有认证服务、安全监测、信任评估、策略管理、设备安全管理等功能。零信任安全代理的核心是实现对访问控制决策的执行，对访问主体的安全信息采集，以及对访问请求的转发、拦截等功能。

3.5　不同场景的零信任体系结构应用

3.5.1　用户访问资源场景

1. 用户访问资源场景的体系结构

用户访问资源场景的体系结构如图 3-5 所示。

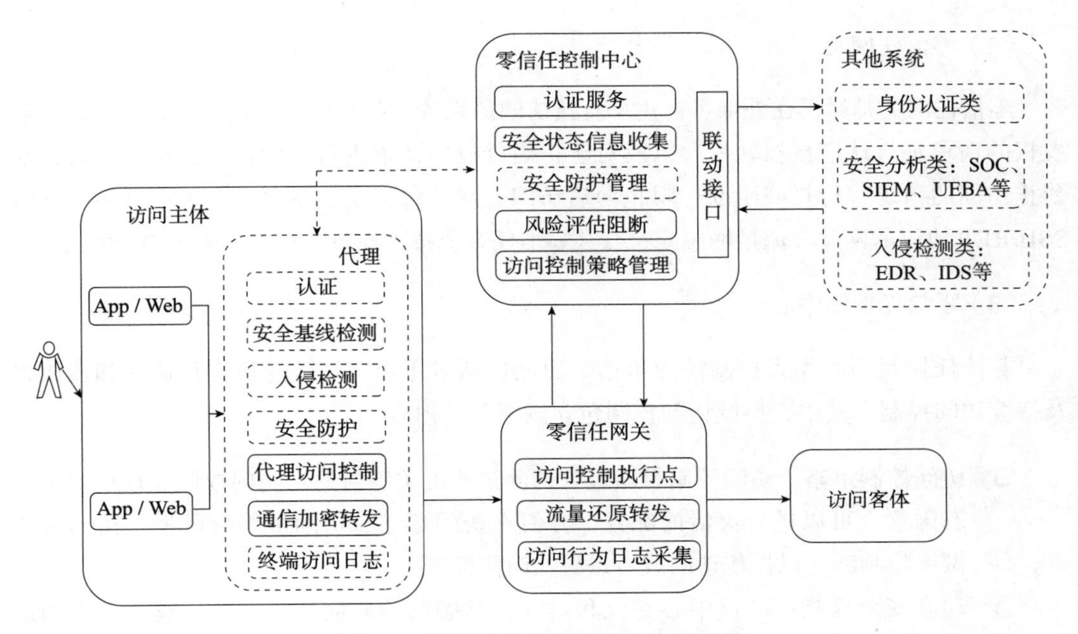

图 3-5　用户访问资源场景的体系结构

用户访问资源场景的体系结构主要包括 4 个逻辑组件。

- 访问主体，对应通用体系结构的访问主体。
- 零信任网关，对应通用体系结构的零信任安全代理。
- 零信任控制中心，对应通用体系结构的零信任安全控制中心。
- 访问客体，对应通用体系结构的资源。

其中访问主体为资源访问发起方，零信任网关提供对来访请求的转发和拦截功能，零信任控制中心提供对来访请求的认证和持续访问控制功能，访问客体提供被访问的资源。另外，系统还可以通过联动接口与身份认证、安全分析和入侵检测方面的其他系统进行对接。

2. 用户访问资源场景的体系结构组件

（1）访问主体

访问主体发起资源访问，可提供终端认证、访问授权、流量加密、安全检测、安全防护等功能。

（2）零信任网关

零信任网关是暴露在外部可被用户直接访问的系统，其功能主要包括：转发，对未经授权的请求进行认证授权转发，以及对已正确授权的请求进行资源访问转发；拦截，对禁止访问的请求进行拦截阻断，阻止向后访问。网关包括全流量网关、Web 网关、支持 SSH/RDP 协议的网关。流量网关应符合《零信任系统技术规范》标准中附录 B 的规定。

（3）零信任控制中心

零信任控制中心作为控制端的角色，功能包括对用户、终端身份进行认证和授权以及持续访问控制。其中，持续访问控制包含以下关键内容。

- 访问控制策略：访问控制策略包含访问过程的关键对象、访问权限、环境安全状态因素，可以进行灵活的配置，方便在访问建立、访问中等阶段根据访问策略做风险判断，以授权访问或者进行实时阻断。
- 动态安全检测：决策中心鉴权和对安全状态的检验应该是一个持续、动态的过程，即每次对资源访问都应该重新进行鉴权和检验，同时需要获取访问过程中关键对象、关键环境的安全状态，判定访问过程是否有风险。
- 动态防护响应：如果判定相关访问有风险，则应该及时采取降权、阻断等防护策略。

（4）访问客体

访问客体提供被访问的资源，如服务器、数据库、打印服务、网络等。

3.5.2 服务间访问场景

1. 服务间访问场景的体系结构

服务间访问场景的体系结构见图 3-6，主要包含两个逻辑组件。

- 策略决策点：对应通用体系结构的零信任安全控制中心。
- 策略执行点：对应通用体系结构中的零信任安全代理。

策略决策点负责鉴权和授权判断，并提供业务流的可视化能力。策略执行点用于执行访问控制决策，允许 / 拒绝通信或进行协商加密，有时也会将工作负载的相关信息同步给安全控制中心，从而辅助其进行控制。策略执行点有两种形态：一种是部署在工作负载上的服务端代理，另一种是运行在网络上的网关。

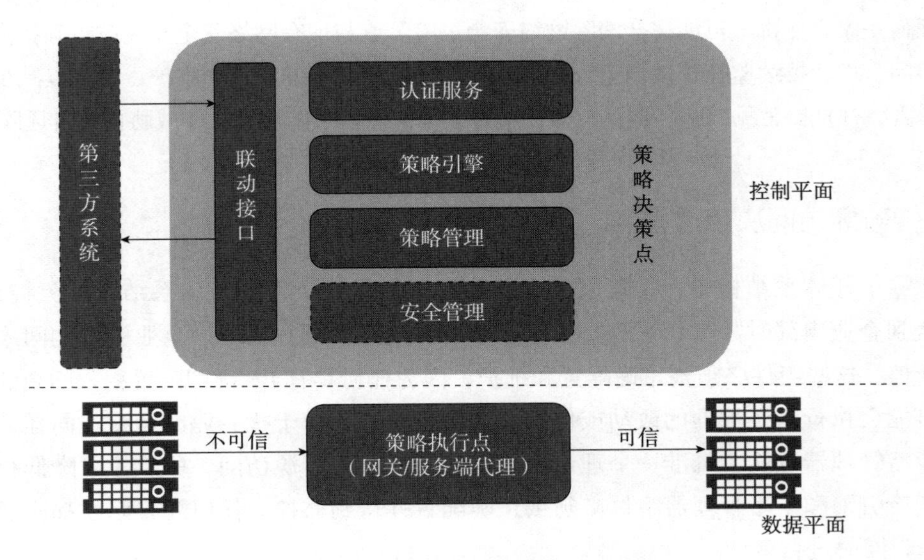

图 3-6　服务间访问场景的体系结构

2. 服务间访问场景的体系结构组件

（1）策略执行点：服务端代理

服务端代理对工作负载进行认证，接受并执行控制中心下发的策略，对工作负载进行访问授权，记录工作负载访问日志并加密上传至策略决策点，根据需要扩充安全检测、安全防护能力。

（2）策略执行点：网关

网关组件通过底层平台对接等方式对工作负载进行认证，在网络层接受并执行控制中心下发的策略，对工作负载进行访问授权，记录工作负载访问日志并加密上传至控制中心，根据需要扩充安全检测、安全防护能力。

（3）策略决策点

策略决策点作为控制端的角色，提供认证、访问授权、策略统一管理、策略动态调整、安全管理能力和其他系统联动管理等。

3.6 零信任体系结构的相关威胁

任何一家企业都不可能完全消除网络安全风险。若与现有网络安全相关政策和指南、身份和访问管理、持续监控相结合进行合理的零信任体系结构的实施和维护，则可以减少总体风险暴露，并抵御常见威胁。但是，即使部署了零信任体系结构，某些威胁也具有风险。

3.6.1 破坏访问决策过程

在零信任体系结构中，策略引擎和策略管理器是整个零信任体系结构的关键组件。在部署到企业内部时只有通过策略引擎和策略管理器的配置批准，企业资源之间才可以发生通信。这些组件必须被正确配置和维护，因为任何具有 PE 规则配置权限的企业管理员都可能会执行未经批准的改动或使配置出现错误，从而干扰企业的运营。同样，被攻陷的策略管理器可能会批准一个理论上不应该被许可的资源访问。所以为了降低相关风险，策略引擎和策略管理器组件必须被正确配置并得到监控，任何配置修改都应通过日志记录，同时进行审计。

企业对策略引擎所使用的基础设施、操作系统配置、应用服务软件的漏洞及网络访问攻击都要有对应的对抗手段，包括主机安全管理、网络攻击防御防火墙、入侵检测防御、网络通信加密保护等。

3.6.2 拒绝服务或网络中断

在 ZTA 中，策略管理器是资源访问的关键组件。企业资源未经 PA 的许可是无法相互连接的。如果攻击者破坏或阻断对策略执行点或策略管理器的访问（通过 DoS 攻击或路由劫持），可能会给企业运营造成不利影响。大多数企业可通过制定强制驻留在云中的策略来降低这种威胁所带来的风险，或按照网络弹性技术规范在多个位置进行备份来降低此风险。同时，可以通过端口隐藏、单包认证、抗拒绝服务攻击或者分布式加速网络等手段来处理这类威胁。

3.6.3 凭证被盗和内部威胁

正确实施 ZTA、信息安全和弹性策略以及采用最佳实践，可以降低攻击者通过窃取凭证或内部攻击而获得大规模访问权限的风险。零信任假定企业资产或用户不存在基于物理和网络位置的隐式信任，意味着攻击者需要入侵现有的账户或设备才可以接入企业网络。正确实施的 ZTA 应防止受攻击的账户或设备的资产访问超出正常的资源权限或访问模式的范围。这意味着具有攻击者感兴趣的资源访问权限的账户将是其主要目标。

在网络访问上实施多因素认证（MFA）还可以降低通过被盗账户访问资源的风险。但是，与传统企业一样，具有有效登录凭证的攻击者（或内部恶意人员）仍然可能访问已授予对应账户访问权限的资源。

ZTA 可以降低安全风险，并防止任何账户或资源被盗后横向移动攻击整个网络。如果泄露的凭证未授权访问特定资源，那么它们将无法访问该资源。此外，基于上下文的信任算法（TA）可以比传统网络更容易检测到此类攻击并快速响应。基于上下文的信任算法可以检测出异常行为的访问模式，并拒绝被入侵的账户（或内部威胁）访问敏感资源。

3.6.4 网络攻击威胁

ZTA 需要检查并记录网络上的所有流量，并对其进行分析，以识别和应对针对企业的潜在攻击。然而，企业网络上的一些（可能是大多数）流量对网络分析工具来说可能是不透明的。此流量可能来自非企业拥有的设备资产（如外包服务人员使用企业网络访问互联网）或一些拒绝网络流量监控的应用程序。对于企业无法执行深度包检测（DPI）或检查加密的流量，必须使用其他方法评估网络上可能存在的威胁。企业可以收集有关加密流量的元数据（如源地址和目的地址等），并用它来检测攻击者或可能在网络上通信的恶意软件。机器学习技术也可用于分析无法解密和检查的流量，企业可以通过机器学习方法将流量分类为有效的及可能无效并需要补救的。企业需要具备对流量威胁进行监控并提供可视化的能力，以辅助分析人员进行分析和自动化检测。

3.6.5 系统存储网络访问信息

企业网络流量的相关威胁可能来源于零信任的分析组件本身。如果网络流量和元数据被存储，用于构建上下文策略、取证或进一步分析，那么该数据将成为攻击者的目标。与网络拓扑、配置文件等其他各种网络架构文档一样，这些资源也应该受到保护。如果攻击者能够成功地访问存储的流量信息，则他们可能能够深入了解网络架构并识别资产以进行进一步的侦察和攻击。

部署零信任体系结构的企业中，攻击者的另一个侦察信息来源是用于编辑访问策略的管理工具。与存储的流量一样，此组件包含对资源的访问策略，可以向攻击者提供最有价值的账户信息（如可以访问相应数据资源的账户信息）。与所有有价值的企业数据一样，企业对此应提供足够的保护，以防止未经授权的访问。这些资源对安全至关重要，因此它们应该具有最严格的访问策略，并且只能从指定（或专用）管理员账户进行访问。

企业需要对存储服务和服务所在工作负载进行严格的网络访问控制，对服务身份、网络物理信息等鉴权，提供主机安全加固和反入侵甚至存储加密等能力。

3.6.6　依赖专有的数据格式或解决方案

ZTA 依赖多个不同的数据源来做出访问决策，包括关于请求用户的信息、使用的系统资产、企业内部和外部情报以及威胁分析信息等。通常，用于存储及处理这些信息的系统在如何交互和交换信息方面没有一个通用的开放式标准。这可能导致企业在实际场景中由于操作性问题被个别供应商锁定。如果某个供应商有安全性问题或者突然中断访问，则企业可能无法及时迁移到新的厂商，除非付出高昂的成本（如更换其中多方面资产），或经历一个长期过渡计划（如将策略规则从一个专有格式转换到另一个专有格式）。与 DoS 攻击一样，这种风险并非 ZTA 独有，但由于 ZTA 严重依赖信息的动态访问（涉及企业和服务提供商双方），访问中断可能会影响企业的核心业务正常进行。

为降低相关风险，企业应对供应商进行综合评估，除了考虑其服务的性能、稳定性等比较典型的因素外，还要考虑供应商的安全控制、企业转换成本、供应链风险管理等因素。

3.6.7　体系结构管理中非个人实体的使用

人工智能和其他软件代理正在被用来管理企业网络上的安全性问题。这些组件需要与 ZTA 的管理组件（如 PE、PA 等）交互，有时甚至代替了人工管理员。这些组件如何在实施 ZTA 策略的企业中对自己进行身份验证是一个仍未解决的问题。

相关的风险是攻击者将能够诱导或强制非个人实体执行某些攻击者无权执行的任务。与人类用户相比，终端软件代理可能具有较低的认证标准（如 API 密钥与 MFA）去执行管理或安全相关任务。如果攻击者能够与代理进行交互，理论上他们可以诱使代理允许自身获得更大的访问权限或令其代表攻击者执行某些任务。同时，攻击者还有可能获得软件代理凭证的访问权限，并在执行任务时冒充软件代理来实施攻击行为。

假设大多数自动化技术系统在调用 API 资源时都将以某些方式进行身份验证。在使用自动化技术进行配置时，最大的风险就是可能出现误报（即将正常操作误认为攻击）和漏报（将攻击认为是正常操作）。这种情况可以通过定期调整分析策略、纠正错误的决策来改善。

企业应加强访问日志审计，进行策略合理性判断、相似角色 / 策略的访问流量对比等，以及时发现异常提权行为和终端或者身份。同时对终端软件代理进行自我保护，包括进程加载检查、软件目录磁盘操作控制，使访问凭据动态化并控制访问时效，避免被盗用。

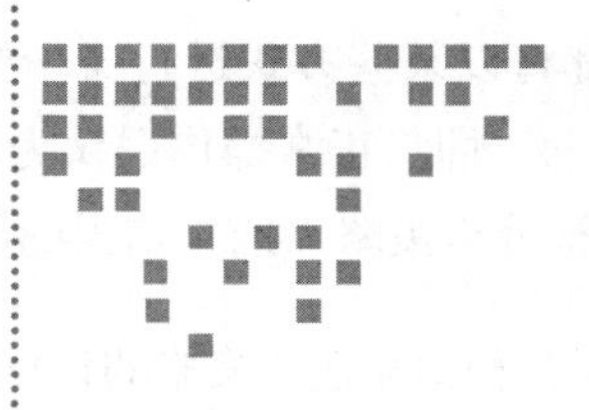

Chapter 4 第 4 章

用户访问服务场景及技术方案

本章主要介绍用户访问服务场景下，有端和无端的主要业务场景及对应的技术实现框架、方案，包含控制中心、网关、终端流量劫持、单包授权 SPA、安全风险评估和动态访问控制等。同时介绍扩展框架的业务点和技术实现，包含身份安全、网络流量安全、终端设备安全、数据安全等。

4.1 场景概述

4.1.1 主流办公场景分析

随着整个社会的信息化程度、移动化程度不断提高，企业内部业务系统逐步成为组织的核心资产，员工随时随地处理企业内部业务系统的信息变得越来越普遍和重要。企业员工有职场内（公司场所）、职场外（远程）灵活办公的需求。

对于职场外远程办公的业务需求，例如，员工需临时在家办公，或长期出差在外，以及外部伙伴企业因业务合作需要访问企业内部系统进行协作开发运维等，多数企业会采用 VPN 的方案，但 VPN 方案已经越来越无法满足当前安全和效率的要求。

- 无法判断来源系统环境的安全性。终端暴露在更加复杂的网络环境下面，面临木马、蠕虫、爆破、社工、钓鱼攻击的风险，若没有基础边界网络设备防护，威胁形势就变得更加严峻，存在攻击者以终端为跳板攻击企业内网的风险，也存在从终端窃取企业办公数据的风险。
- 无法进行精细化、动态化的权限控制。在粗放的网络策略下，攻击者控制一个端就能获得一个网段的网络权限，攻击面暴露过大。
- 缺乏整体安全感知能力，无法及时发现风险并阻断存在安全风险的访问。
- 扩展能力较差，无法应对大规模的远程办公突发需求。

在这种业务变化场景下，企业如何在保障远程办公安全的同时兼顾效率也成为一个越来越严峻的问题和挑战。

职场内，安全工作以防止企业内部威胁为主。传统边界防护设施大部分是基于网络连接和设备的，如防火墙、终端网络准入。这种防护方式已被论证无法阻止物理社工、钓鱼、APT 等入侵手段，攻击者一旦获得内网一个终端就可以获取企业内部大的网段的网络权限，并进行进一步的渗透攻击、数据窃取等。

4.1.2 政策合规场景分析

在信息安全领域，往往会由政府主导通过法律法规的形式明确提出安全要求，因此“等保”“关保”“分保”“密评”等安全需求是绕不开的话题。在《中华人民共和国密码法》《中华人民共和国网络安全法》颁布后，为了落实法律要求，前述安全需求进一步加强。在零信任概念变得火热之前，这些安全法律法规已经存在，且通过传统的安全技术手段得到了较好的落实。在零信任的技术体系下，如何满足这些安全需求，或更进一步地满足这些安全需求，是需要在零信任实践中解决的问题。

下面对上述安全需求按照定义、目标对象、法律法规依据、技术要求等方面分别进行描述。

1. “等保”需求场景

“等保”即信息安全等级保护，是指对国家秘密信息、法人和其他组织、公民的专有信息与公开信息，以及储存、传输、处理这些信息的信息系统实行分等级安全保护，对信息系统中使用的信息安全产品实行分等级管理，并且对信息系统中发生的信息安全事件实行分等级响应、处置。信息安全等级保护工作开展较早，且一直在持续进行并得到不断的细化和推广。等保工作具体的相关法规、标准时间轴如图 4-1 所示。

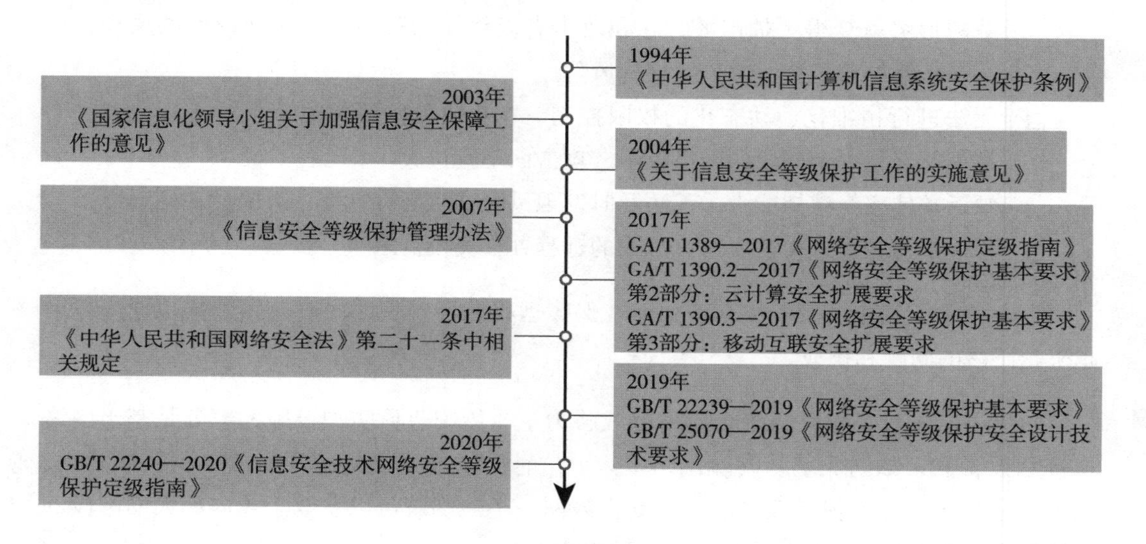

图 4-1 “等保”相关法规、标准时间轴

GB/T 25070—2019《网络安全等级保护安全设计技术要求》中，对等级保护的建设提出了详细的技术要求，主要分为基本要求和扩展要求，按层次划分如图 4-2 所示。

在等级保护 2.0 的基本要求中，以“第三级”为例，零信任需要解决如下要求。

- 在 8.1.2 节“安全通信网络”、8.1.3 节“安全区域边界”、8.1.4 节“安全计算环境”中，都提出了“可信验证”的要求，即“可基于可信根对通信设备的系统引导程序、系统程序、重要配置参数和通信应用程序等进行可信验证，并在应用程序的关键执行环节进行动态可信验证”。
- 在 8.1.3 节“安全区域边界”的“安全计算环境”部分中，提出了“访问控制”的要求。零信任需要解决的主要有：应授予访问用户所需的最小权限，实现管理用户的权限分离；应由授权主体配置访问控制策略、访问控制规则以规定主体对客体的访问规则；应在网络边界或区域之间根据访问控制策略设置访问控制规则，除允许的通信外受控接口默认拒绝所有通信；应对原地址、目的地址、源端口、目的端口和协议进行检查，以允许 / 拒绝数据包进出；应能根据会话状态信息为进出数据流提供明确的允许 / 拒绝访问的能力；应对进出网络的数据流实现基于应用协议和应用内容的访问控制。

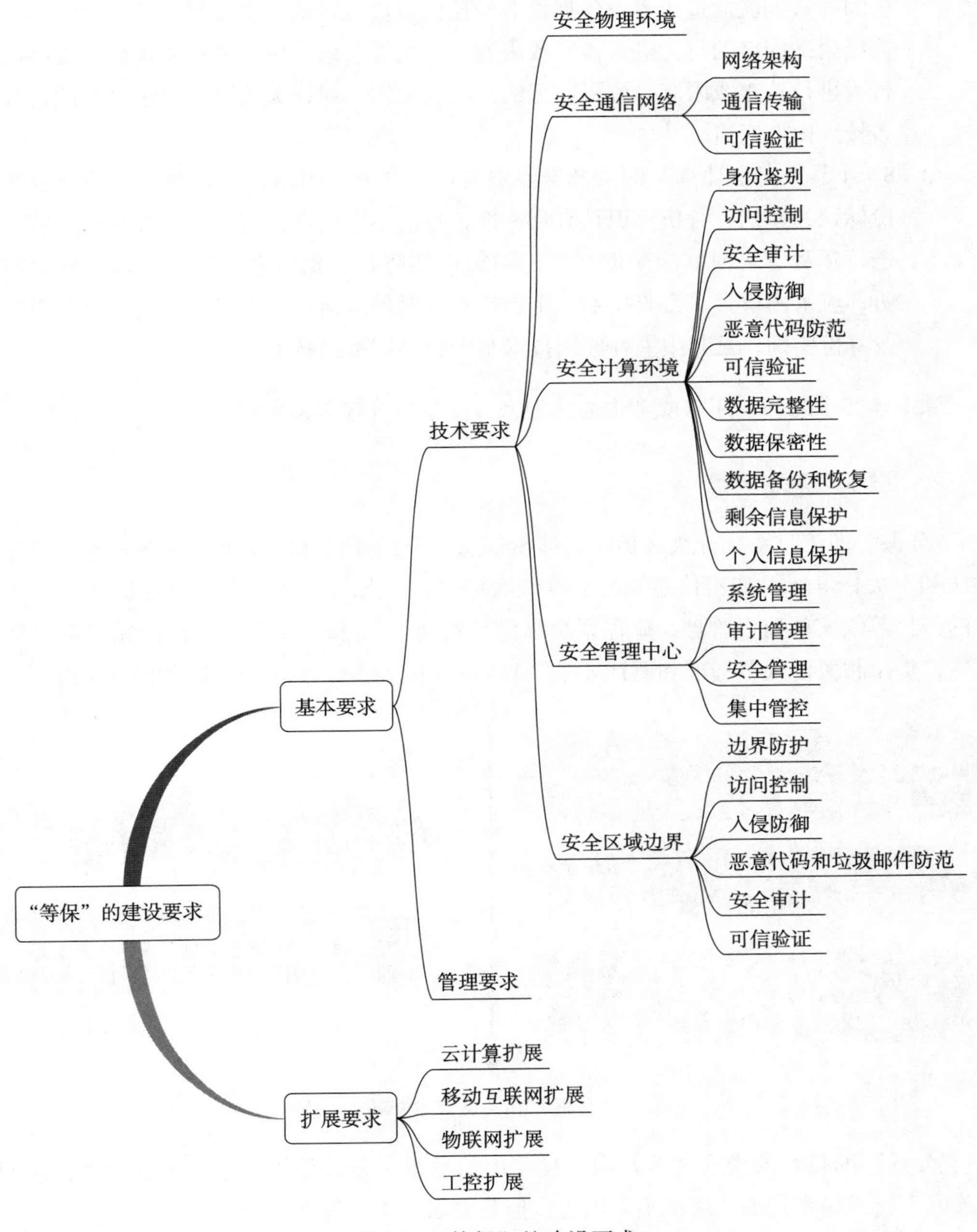

"等保"的建设要求
基本要求
技术要求
安全物理环境
安全通信网络
网络架构
通信传输
可信验证
安全计算环境
身份鉴别
访问控制
安全审计
入侵防御
恶意代码防范
可信验证
数据完整性
数据保密性
数据备份和恢复
剩余信息保护
个人信息保护
安全管理中心
系统管理
审计管理
安全管理
集中管控
安全区域边界
边界防护
访问控制
入侵防御
恶意代码和垃圾邮件防范
安全审计
可信验证
管理要求
扩展要求
云计算扩展
移动互联网扩展
物联网扩展
工控扩展

图 4-2　"等保"的建设要求

- 8.1.3 节“安全区域边界”的“边界防护要求”部分中提出，应保证跨越边界的访问和数据流通过边界设备提供的受控接口进行通信；应能够对非授权设备私自连接内部网络的行为进行检查或限制；应能够对内部用户非授权连到外部网络的行为进行检查或限制；应限制无线网络的使用，保证无线网络通过受控的边界设备接入内部网络。
- 8.1.4 节“安全计算”的“身份鉴别要求”部分中提出，应对登录的用户进行身份标识和鉴别，身份标识具有唯一性，身份鉴别信息具有复杂度并定期更换；当进行远程管理时，应采取必要的防护措施防止鉴别信息在网络传输过程中被窃听；应采用口令、密码技术、生物技术等两种或两种以上组合鉴别技术对用户进行身份鉴别，且其中一种鉴别技术至少应使用密码技术实现。

除上述要求之外，还需要考虑通信加密、安全审计等方面的要求。

2. “分保”需求场景

“分保”即信息系统分级保护，指涉密信息系统的建设和使用单位根据分级保护管理办法和有关标准，对涉密信息系统分等级实施保护，各级保密工作部门根据涉密信息系统的保护等级实施监督管理，确保系统和信息安全。“分保”工作主要由国家保密局牵头负责，提出相关的规范标准和测评要求。具体的相关法规、标准时间轴如图 4-3 所示。

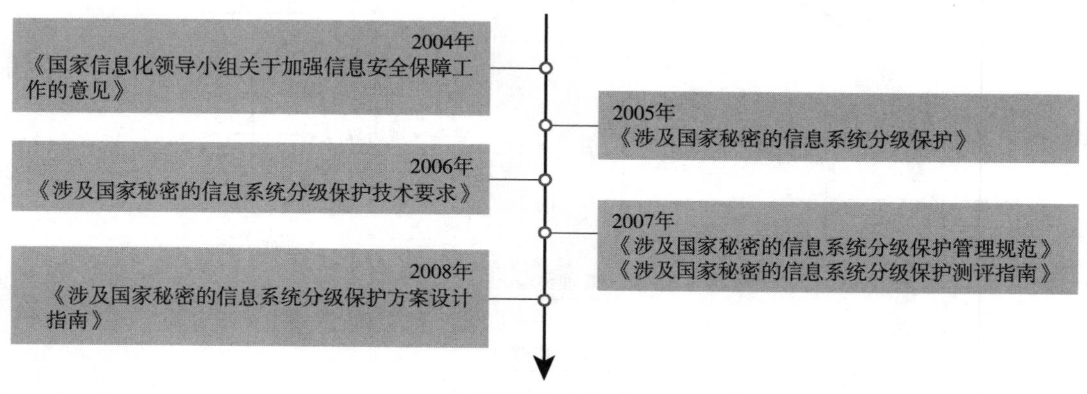

图 4-3 “分保”相关法规、标准时间轴

“分保”的技术要求在《涉及国家秘密的信息系统分级保护技术要求》中进行说明，相关内容属于保密范围，这里不予阐述，但其要求高于“等保”的需求场景。

3. “关保”需求场景

“关保”，即保障关键信息基础设施安全，维护网络安全是在网络安全等级保护制度的基础上，针对关键信息基础设施安全实行重点保护。其中“关键信息基础设施”指公共通信和信息服务、能源、交通、水利、金融、公共服务、电子政务、国防科技工业等重要行业和领域的，以及其他一旦遭到破坏、丧失功能或者数据泄露就可能严重危害国家安全、国计民生、公共利益的重要网络设施、信息系统等。

2017 年以来，全国信息安全标准化技术委员会针对“关保”进行立项的标准有《关键信息基础设施网络安全框架》《关键信息基础设施网络安全保护基本要求》《关键信息基础设施安全控制措施》《关键信息基础设施安全检查评估指南》《关键信息基础设施安全保障指标体系》。2021 年 7 月，国务院根据《中华人民共和国网络安全法》公布《关键信息基础设施安全保护条例》以指导关键信息基础设施安全保护工作。

“关保”的技术要求在“等保三级”的基础上增加了一些额外要求，这些技术要求如图 4-4 所示。

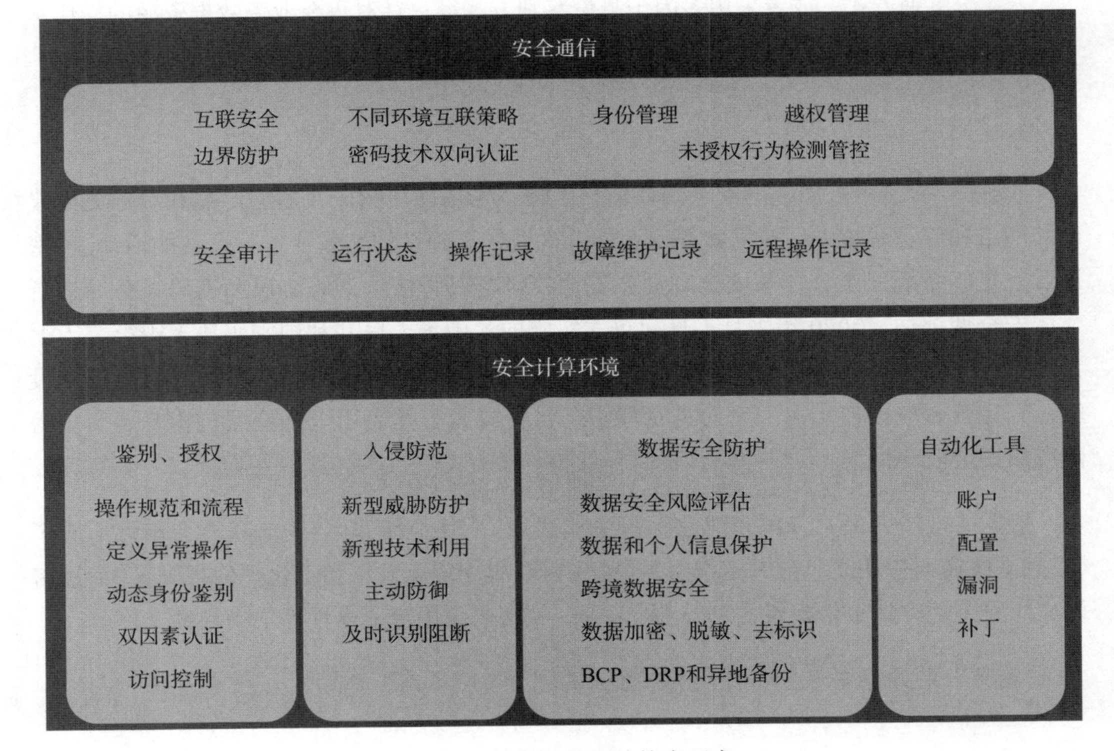

图 4-4 “关保”的相关技术要求

“关保”对网络通信加密、身份鉴别、授权、访问控制等方面做了进一步要求。其中明确提到身份鉴别时建立动态的身份鉴别方式，具体要求如下。

- 7.5.1 节“互联安全”部分中提出，运营者应该保持相同用户的用户身份、安全标记、访问控制策略等在不同等级系统、不同业务系统、不同区域中的一致性。例如，可以使用统一身份与授权管理系统 / 平台，在不同局域网之间远程通信时采取安全防护措施，或者在通信前基于密码技术对通信的双方进行验证或认证。
- 7.5 节“安全通信网络”的“安全防护”部分中提出，运营者应该对不同网络安全等级系统、不同业务系统、不同区域之间的互操作、数据交换和信息流向进行严格控制。例如，采取措施限制数据从高网络安全等级系统流向低网络安全等级系统，应对未授权设备进行动态检测及管控，只允许通过运营者自身授权和安全评估的软硬件运行。
- 7.6 节“安全计算环境”的“鉴别与授权”部分中提出，对设备、用户、服务或应用、数据进行安全管控；对于重要业务操作或异常用户操作行为建立动态的身份鉴别方式，或者采用多因子身份鉴别方式等；针对重要业务数据资源的操作基于安全标记等技术实现访问控制。

4.“密评”需求场景

“密评”即商用密码应用安全性评估，是指在采用商用密码技术、产品和服务集成建设的网络和信息系统中，对其密码应用的合规性、正确性和有效性进行评估的活动。“密评”立足于系统安全、体系安全和动态安全，对密码算法、密码协议和密码设备等进行整体安全性评估。2020 年 1 月 1 日起正式实施的《中华人民共和国密码法》中第二十七条规定，法律、行政法规和国家有关规定要求使用商用密码进行保护的关键信息基础设施，其运营者应当使用商用密码进行保护，自行或者委托商用密码检测机构开展商用密码应用安全性评估。

依据《中华人民共和国密码法》等法律法规，中国密码学会密评联委会修订形成了《信息系统密码应用高风险判定指引》《商用密码应用安全性评估量化评估规则》《商用密码应用安全性评估报告模板（2021 版）》等 3 项密码应用与安全性评估指导性文件。

“密评”的评测要求主要有几个方面，如图 4-5 所示。

零信任需要考虑密评的要求，对网络传输进行加密、对关键敏感数据进行加密存储及脱敏处理、对身份鉴别采用密钥技术、对日记进行完整性保护等，而涉及的所有密码算法需要采用国密算法。

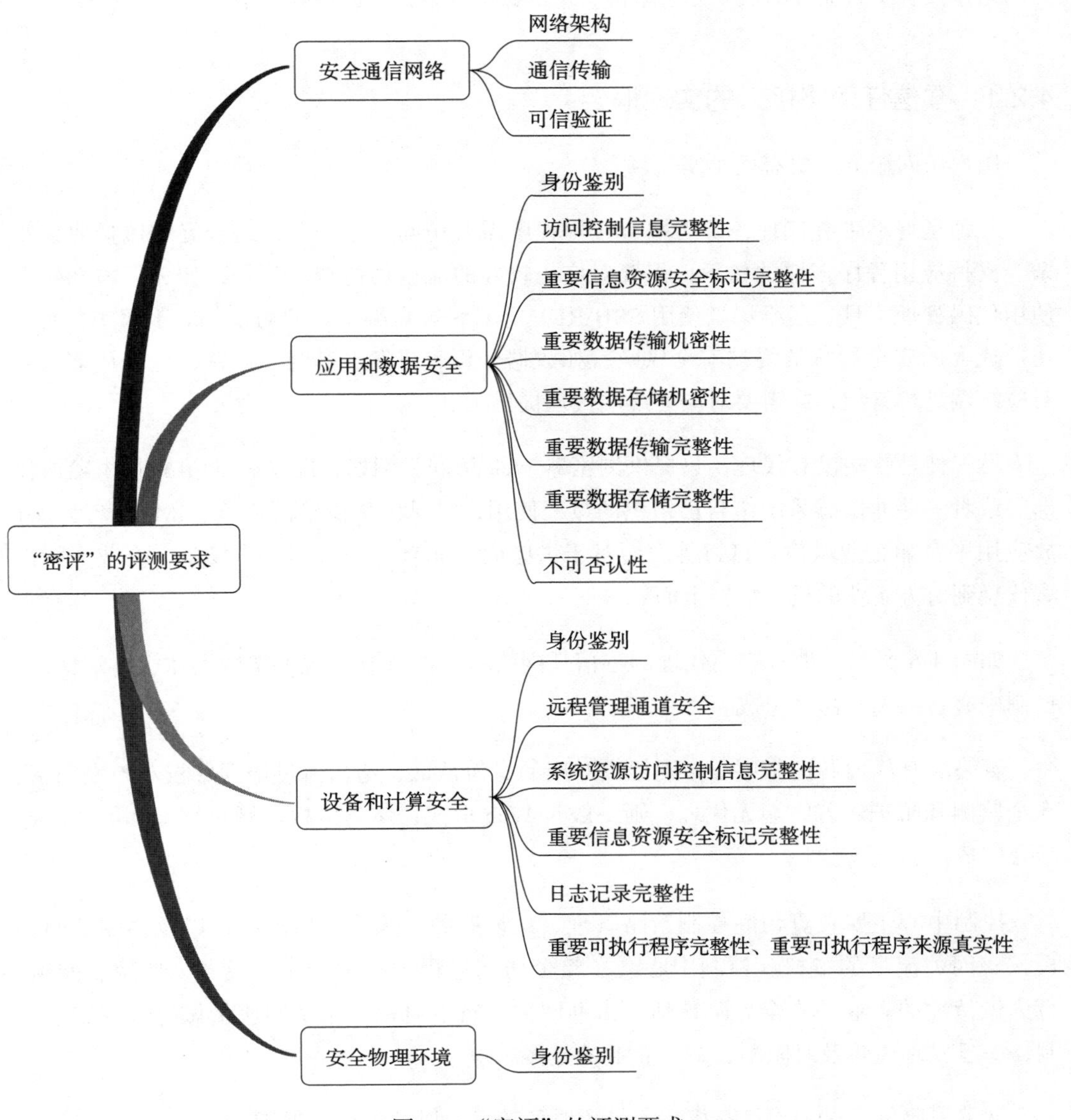

图 4-5 "密评"的评测要求

4.2 零信任网络接入

本节主要介绍零信任网络接入的实现框架，有端无端的业务需求及实现技术技术方案。目的是让读者了解业务的设计方案结构、技术实现方案，能够很好地用于指导产品研发。

4.2.1 零信任网络接入的实现框架

用户访问服务主要有两个实现场景。

一种是终端带有代理，即终端有应用程序需要访问企业资源，适合终端流量协议复杂、支持应用程序多样的场景，需要对应比较好的流量劫持转发工具，如公司内部研发使用代码管理工具、运维场景使用 SSH\RDP 等 C/S 客户端工具的场景。对于那些会对公司造成大的安全影响的终端安全风险，如数据分析、研发、运维、运营、生产环节需要对应终端进行管控，或需要对应的终端代理提供承载。

另一种是终端没有代理，只提供浏览器 Web 访问。例如，以 Web 的方式提供给协作部门或者一些非敏感系统给自己组织的员工使用，常见的提供给浏览器、IM 类产品的开放应用平台如企业微信、钉钉等。而对于供应商而非自身企业的协作场景，企业不能部署代理到对方企业的员工机器上面。

如图 4-6 所示，带有终端代理的零信任网络接入的基础实现框架的主体由终端代理、控制中心、网关三部分组成。

若终端有代理和控制中心，则提供对应的身份认证、通信流量访问鉴权和转发加密、安全监测和防护。若终端无代理，则一般是 Web 形式，然后鉴权在网页终端和网关一起配合完成。

控制中心主要负责访问控制策略管理、认证服务、风险评估阻断，以及终端访问的授权、网关流量的鉴权。控制中心会在整个访问过程中根据身份、设备、应用、网络、行为做持续的企业的安全风险评估，借助网关执行点对每一个访问流量做持续的鉴别控制，一旦发现风险及时阻断，减少企业的整体风险。

网关主要负责提供流量鉴权、流量还原和转发，以及入口的保护。

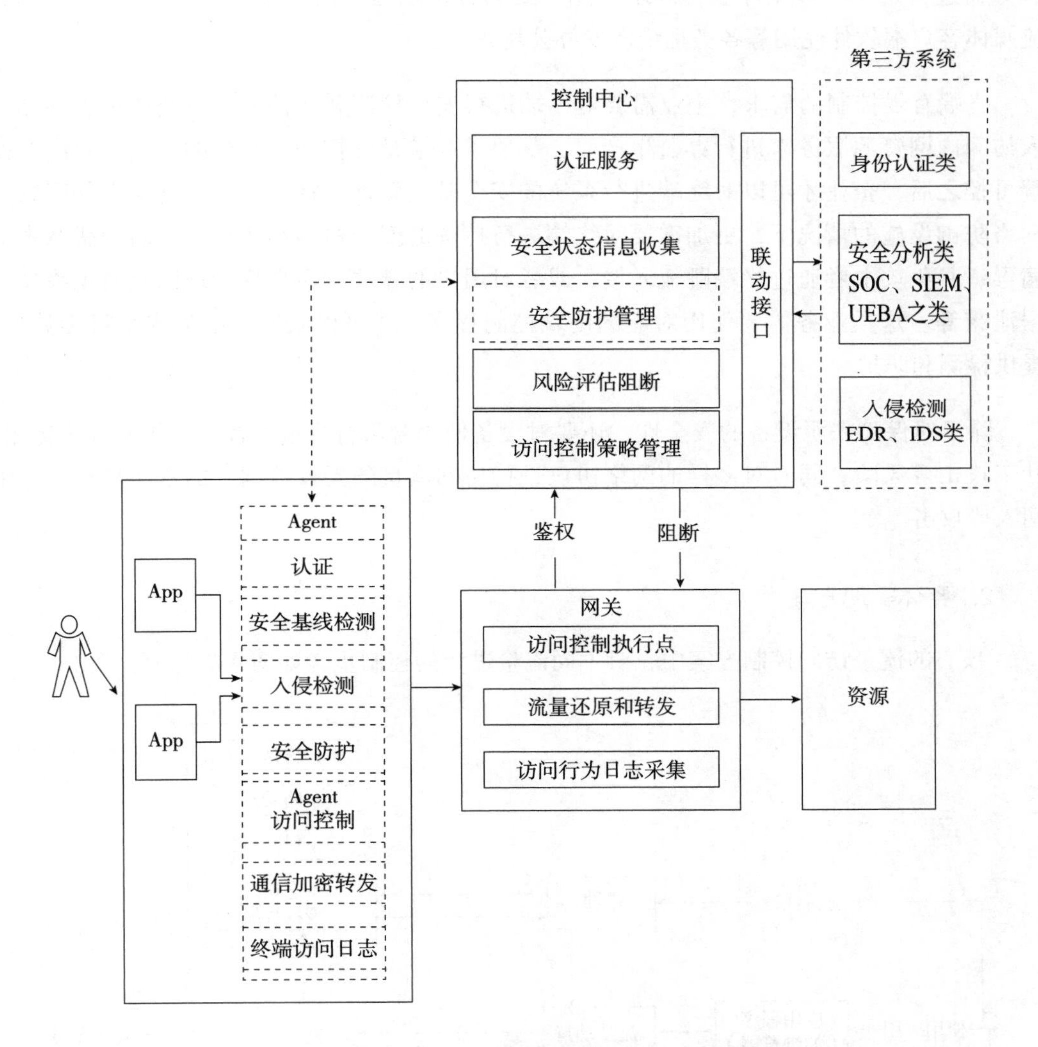

图 4-6　带有终端代理的零信任网络接入的基础实现框架

4.2.2　有端接入场景和实现方案

1. 业务场景

用户访问服务有端接入的场景，一般是在公司内部办公、移动远程办公，工作内容涉及文档报表、数据分析、运维、研发等日常使用终端的作业，具体如 SSH 客户端访问服务器进行运维、数据库软件终端使用、代码客户端程序向服务器提交请求下载代码、流媒体客户端软件使用等各类运维研发办公场景。

终端有强控制的需求，企业需要对终端进行安全检测和防护。一般企业员工终端接入访问内网资源服务来进行办公生产时，都要求终端是受控的、合规的，满足对应的终端可控之后，企业才可以对终端进行系统的安全基线管理，特别是一些终端在外网缺少网络防御设施的情况下，更加需要对终端进行持续的安全检测和防护，如防止恶意木马病毒、避免攻击者通过终端跳板入侵，或者对用户的异常行为进行管理以及避免终端数据泄露等。这类业务需要使用对应的终端控制程序，才可以获取终端的安全行为数据，提供检测和防护。

除了对保障来源设备的安全性，还要对设备使用身份行为进行校验，规避社工盗用、社工攻击等风险。同时对多样的网络协议进行访问流量的授权控制、加密保护，防止中间人等攻击。

2. 整体实现方案

核心的流量访问控制方案中，对不同流量进程的控制步骤如图 4-7 所示。

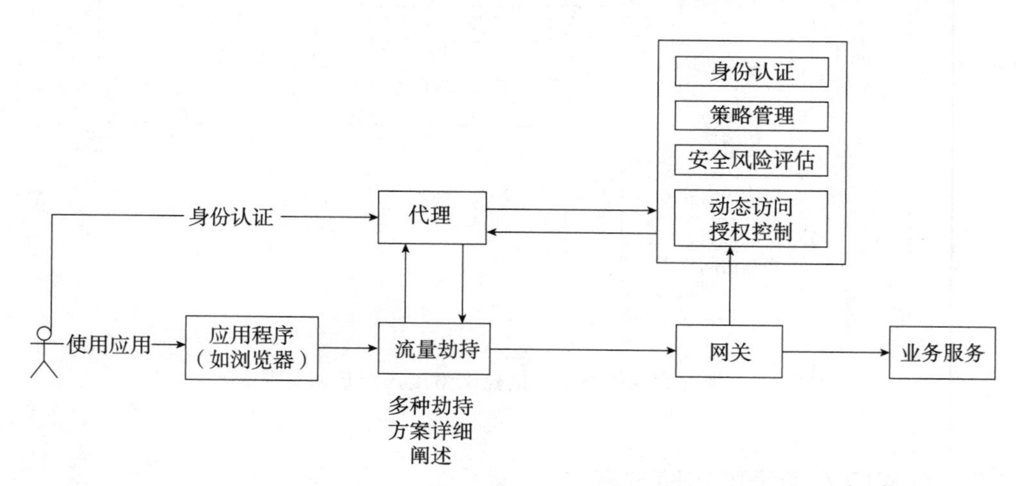

图 4-7 带终端代理的零信任网络接入的整体实现方案

1）身份认证。终端通过控制中心进行身份认证，认证成功才可以访问企业资源业务服务。

2）访问流量劫持，判断是否允许访问并进行授权。终端访问发起的时候就会被劫持，经过代理和服务器的访问策略和安全评估判断，权限和安全状态符合设定风险要求，就获得一个访问授权凭据，否则不提供阻止访问。

3）流量转化，链路加密。获得凭据授权的访问，对流量进行加密并附上授权转发到网关。

4）网关流量二次认证，网关向控制器要求授权，流量还原访问目标服务器。网关将授权提交控制中心做二次授权鉴别，如果通过则把流量原始状态转发给目标服务。

5）安全风险评估。安全分析评估模块会对整个访问过程中环境的安全性进行评估，包括关键身份、设备、应用程序、网络、行为的安全状态检查和风险分析，一旦发现有风险，就通过策略网关执行策略进行动态授权控制，实时调整访问身份或者设备的权限，包括阻断或者修改访问权限等。

3. 控制中心

控制中心实现对零信任网络的配置管理，提供对端和网关的检测和授权能力。它主要负责策略管理、身份认证管理、动态访问控制授权、持续的安全风险评估以及其他必要的运维管理能力等。

（1）策略管理

帮助管理员进行访问策略的管理，支持各种访问规则配置，包括配置不同身份的不同访问规则。访问规则包括各种访问条件属性，不同因素对应不同的资源访问权限，包括不同组架构、不同时间段、不同风险状态、不同访问服务资源等。例如，某组织架构的人员需要在白天时间且设备安全状态为低风险时才可以访问代码管理服务。

（2）身份认证管理

提供对终端的身份认证能力，现在行业产品都支持多因素认证，如软 Token、扫码、短信认证之类，也支持多种不同的认证协议对接第三方认证系统。当然，对于一些身份管理组架构、员工不同属性等方面进行管理的功能，如果一些访问策略需要的话也可以提供，如什么角色对应什么访问权限之类的。

（3）动态访问控制授权

为终端访问建立提供授权控制以及为网关进行流量鉴权等服务。对于访问建立和访问过程中的流量，依据访问控制策略和持续的安全风险评估结果进行动态的控制策略调整，如授权、阻断、身份挑战等控制，保障整个零信任网络接入过程的安全。访问控制策略主要提供一些访问规则，包括定义一些常见的合法条件，如时间、网络位置、基础设备基线风险、组织架构、资源敏感情况等，再加上风险评估信息，在整个访问生命周期里利用快速响应策略降低安全风险。

（4）持续的安全风险评估

对零信任网络接入过程的关键对象和环境进行风险评估，如对设备、应用程序、网络、身份、行为等异常进行对应的评估和判断，然后提供给动态访问控制授权模块做授权和及时的风险阻断。其核心是为了防止网络接入给企业服务系统资源等带来安全风险。模块自身需要收集零信任网络接入系统框架关键对象的数据，如一些简单的登录异常、设备安全基线状态变化、用户行为异常、数据泄露行为、入侵行为等，也可以对接第三方的检测信息，如终端设备操作系统应用数据、网关访问流量数据等，通过分析数据进行安全评估，然后将其传递给动态访问控制授权模块进行访问控制。

（5）其他

包括网关管理、网络加速、路由优化、自身提供的一些基础安全检查模块、第三方对接能力等，这里就不细化讲解。

4. 网关

网关可以是任何网络流量控制执行点，这里讲一些常用的网关流量代理的实现。网关的主要任务就是进行终端流量的接收，对流量的访问合法性和安全性进行鉴权，然后做对应的解密，并将其路由到具体的实际业务系统里。行业中有多种网关流量代理的实现方式，如 Web 网关、支持 TCP\UDP 流量的网关、支持垂直领域流量的网关 SSH\RDP 等。

下面列举这几种常见网关的方案思路。

1）Web 网关如图 4-8 所示。

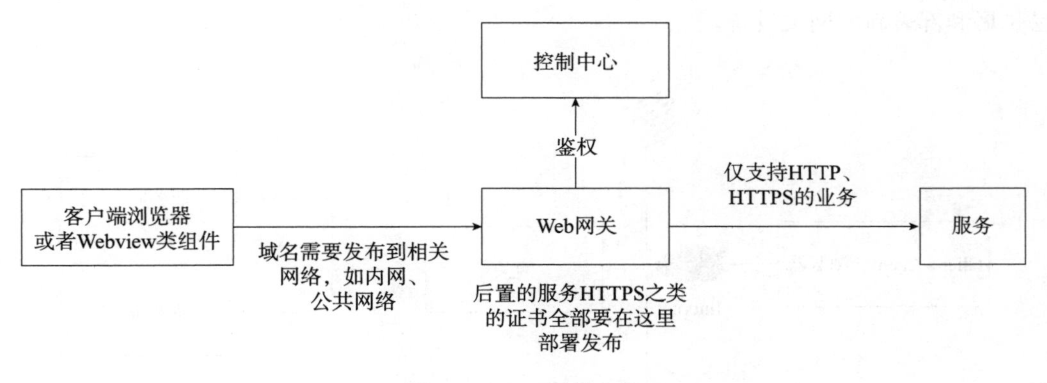

图 4-8　Web 网关方案

2）支持 TCP\UDP 流量的网关如图 4-9 所示。

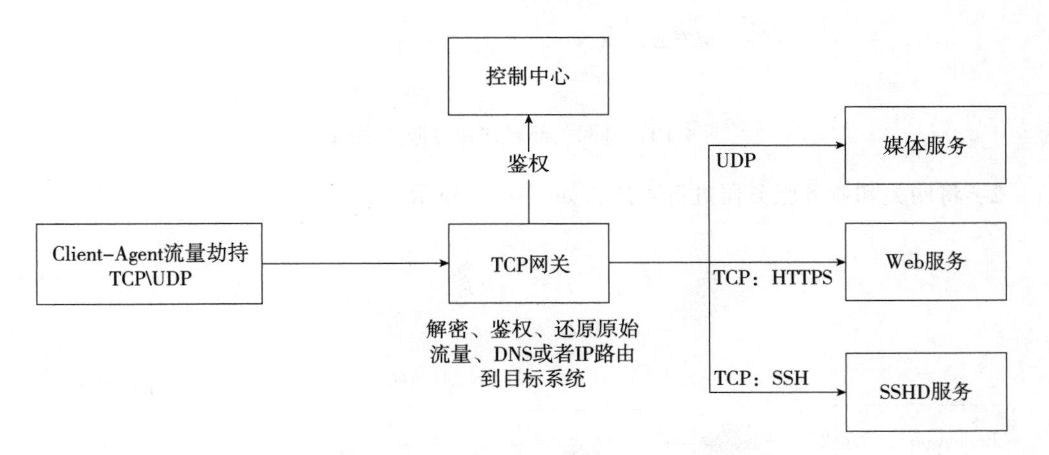

图 4-9　支持 TCP\UDP 流量的网关方案

常见的网关部署方式如下。

1）将机房或者数据中心入口前置，如图 4-10 所示。这种结构的实践通常是将网关设备放置在业务系统之前，用于向外部网络提供服务。无论是在物理上连接到内部网络还是连接到公共互联网，这种部署方式都意味着网关设备可能会受到扫描工具的扫描，并且可能会面临进一步的入侵风险，尤其是在公共互联网上。为了应对这些风险，通常需要对网关服务进行加固和安全防护，可能包括入口设备上的流量安全保护措施，如抗 DDoS（分布式拒绝服务）入口流量保护设备或服务，以及流量入侵检测设备或服务。此外，还可以采用低成本的方法，如隐藏网关或使用 SPA（Single Packet Authorization，单包认证）等技术来减少类似攻击的风险。这种部署方式的优势在于成本较低，同时更容易扩展和部署新的网关设备。

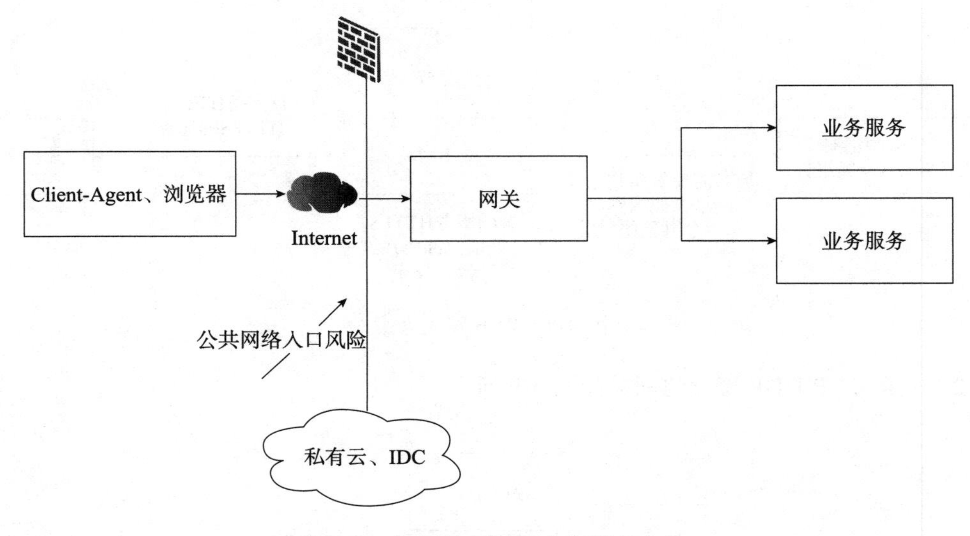

图 4-10　将网关部署在业务服务之前

2）将网关和业务服务器进行隔离，如图 4-11 所示。

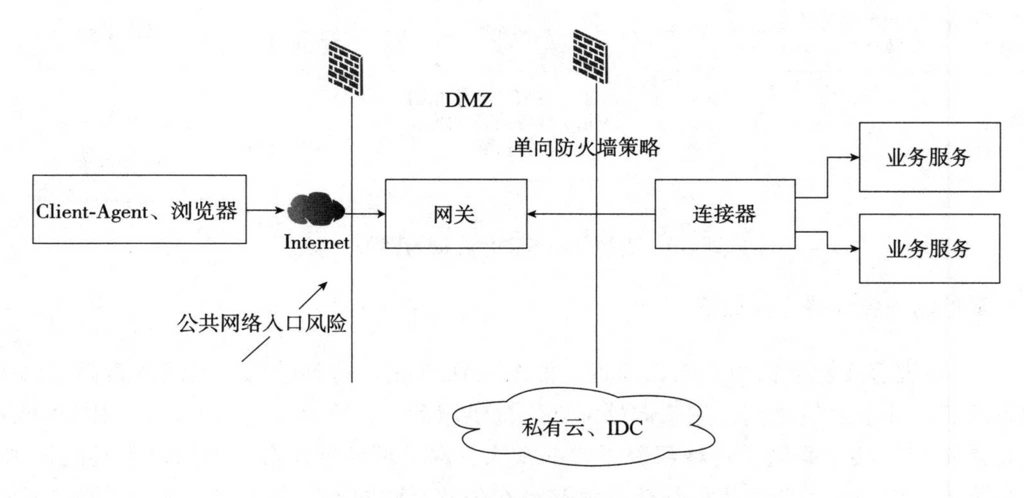

图 4-11　将网关部署在隔离区

3）DMZ 和连接器单向防火墙隔离，如图 4-12 所示。

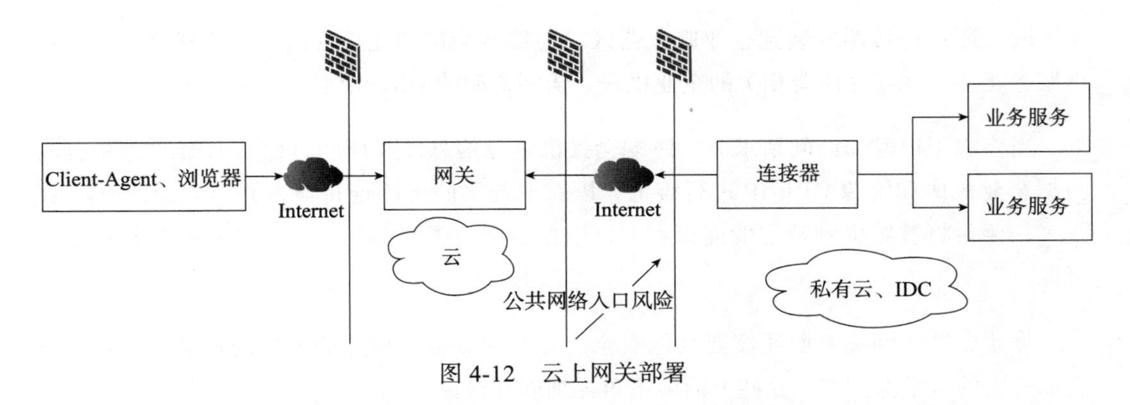

图 4-12　云上网关部署

在云环境、私有云或专用数据中心中，可以通过连接器来降低业务服务器区域的入侵风险，这一做法依赖于提供单向防火墙策略的连接器。

如图 4-13 所示，这种部署架构在网关之后引入了几个连接器，用于在网关和业务服务器区域之间实现网络防火墙的直接隔离。这个连接器仅仅提供了从业务服务器区域到网关建立连接的网络单向策略，这意味着来自网关侧的网络无法直接建立连接并访问业务服务器区域。这种部署方式的目的是防止网关服务被快速攻破而访问业务服务。

要注意的是，网关入口的防御仍然是有必要的，不管是云部署的网关入口还是 DMZ 区域，都需要提供流量防护设备和主机安全设备。相对而言，云上的网关防护可能在成本上更具竞争力。

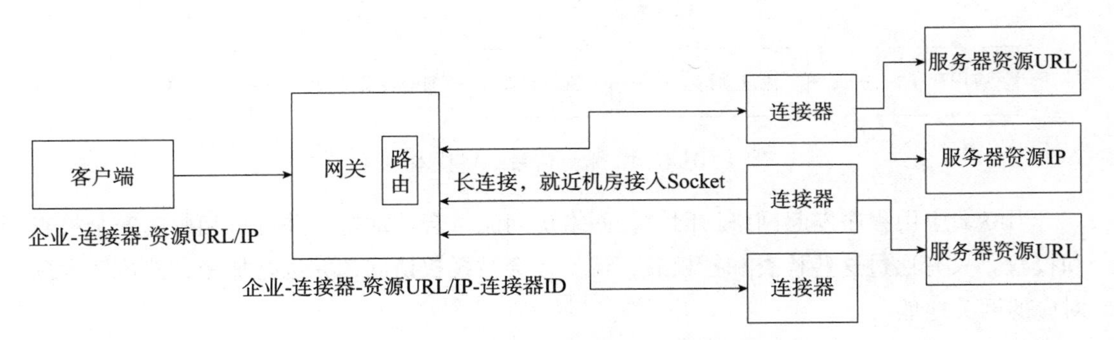

图 4-13　多机房多云网关路由部署方案

虽然连接器的原理相对简单，但它在整个架构中起到了重要作用。网关部分提供了策略路由，通过建立统一的路由上下文，管理多个连接器、接入点、企业信息和资源 URL/IP 的组合关系，以便更好地管理访问路由。因此客户端的访问流量可以被正确路由到相应的企业资源连接器上，从而实现了访问控制和管理。

网关通过连接器安装到企业服务器区，连接器会启动连接通道，将连接器与网关路由服务相连，并同时注册相关的企业机房、访问资源的 URL/IP 信息。

当终端用户发起访问请求时，终端会提供企业信息以及访问目标的 URL。路由器将根据企业机房和资源 URL/IP 进行查询，以获取与之匹配的连接器，并建立会话 ID。接下来，流量将被路由到特定的连接器，该连接器将负责将流量还原并传送给目标服务器资源。

除此之外，网关方面还需要其他安全能力，如流量入口点的流量防护和一些需要安全加解密的流量保护等。这些方面就不再详细展开讨论。

5. 终端流量劫持

无论是终端还是服务器端的访问流量，在进行授权控制和加密之前，首先需要劫持流量以便进行授权控制和指定网关的转发。同时，流量也需要进行加密保护，在这方面硬件设备和网络侧的流量劫持技术方案有很多，但不在本章的讨论范围之内。常见流量劫持技术如图 4-14 所示。

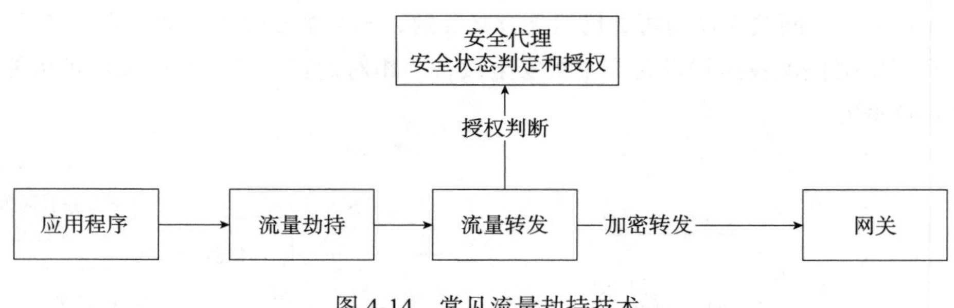

图 4-14 常见流量劫持技术

当终端应用程序发起网络访问时，网络访问流量会被劫持，并进行相应的安全检查和授权。只有通过这些检查和授权后，流量才会被授权访问，并进行加密，然后转发到对应的网关地址。

常见的流量劫持方式包括应用程序代理、浏览器代理或者系统代理，虚拟网卡劫持、内核驱动劫持等。下面会对不同的劫持技术进行讲解。

（1）应用程序代理、浏览器代理或者系统代理

应用程序通过对应的网络代理设置来提供流量转发。例如，浏览器 Internet 代理设

置，或者一些系统环境变量设置代理，或者类似 macOS 系统代理等，都可以作为劫持的配置点。

如图 4-15 所示，配置代理到本地的代理服务器，在这个本地的代理服务器中完成对访问流量的控制授权，以及进行流量加密转发到服务器网关，并且将其还原为原始流量来访问目标业务服务。

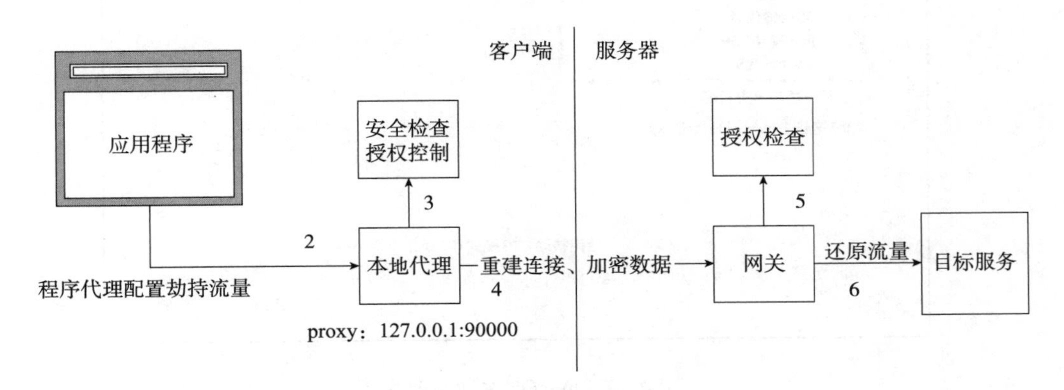

图 4-15　本地代理流量劫持实现访问控制

Windows 和 macOS 系统的代理配置示例分别如图 4-16、图 4-17 所示。

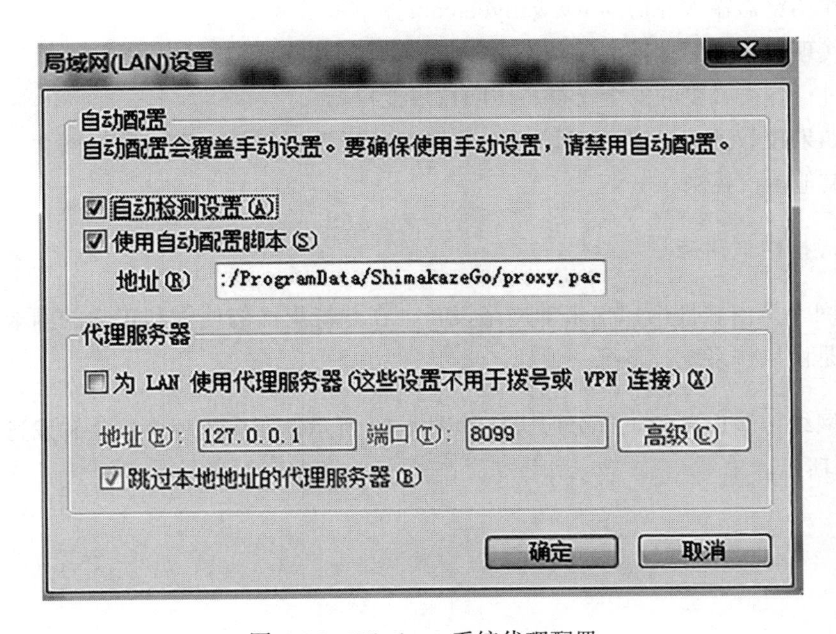

图 4-16　Windows 系统代理配置

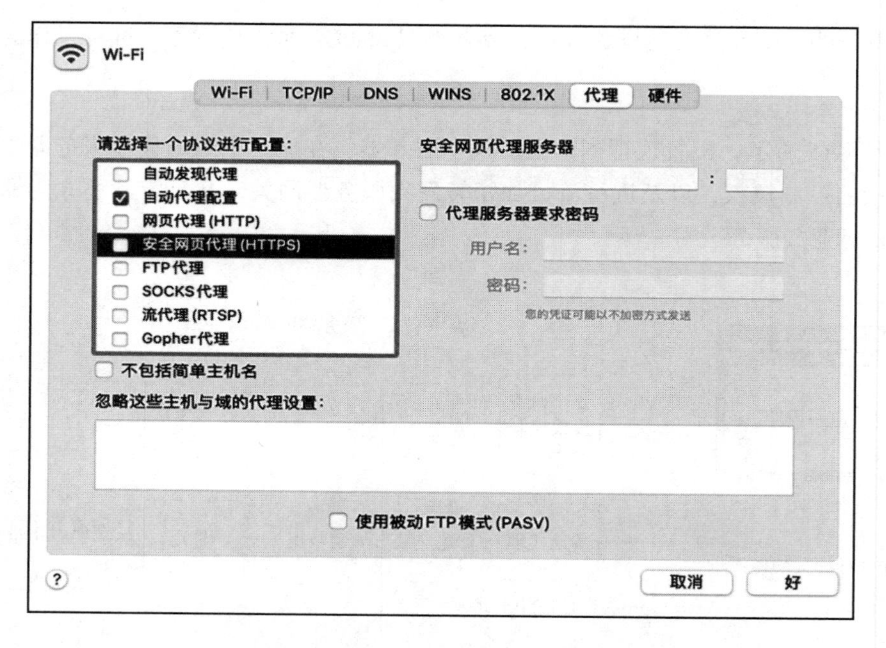

图 4-17　macOS 系统代理配置

举例来说，访问一个 www.myoa.com 的内网地址，步骤如下。

- 在浏览器输入并访问 www.myoa.com。
- 代理配置转到本地的 127.0.0.1:9000 端口的代理授权服务。
- 进行各类必要的安全检查，访问权限授权。
- 如果授权通过，则针对访问的数据进行授权染色、加密转发到网关，或者进行其他授权控制。

（2）虚拟网卡劫持

虚拟网卡是由软件虚拟出来的网络设备，在系统里面的使用和正常的网卡设备没有不同，都是由操作系统设备统一管理。

正常网络传输设备的工作分层大概如图 4-18 所示，而应用程序接收和发送网络数据如图 4-19 所示。

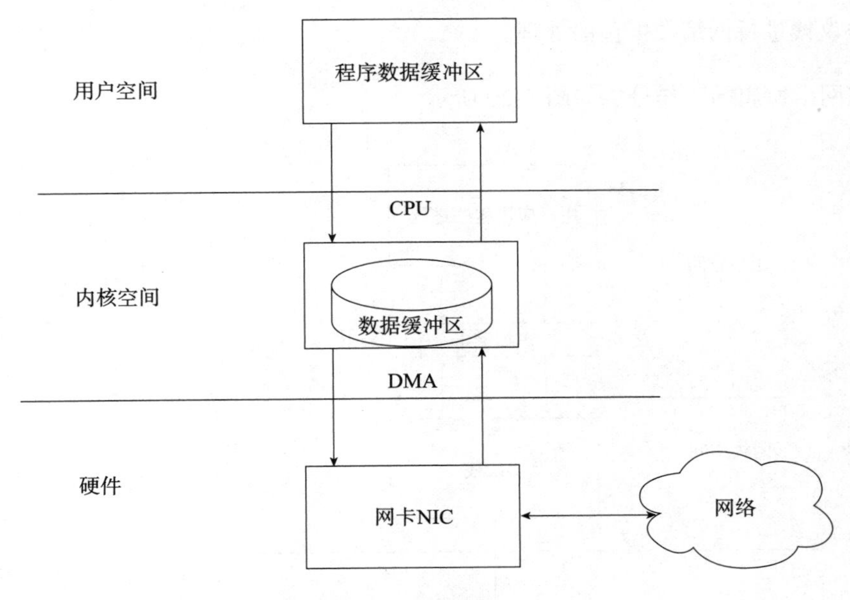

图 4-18　网络传输工作分层

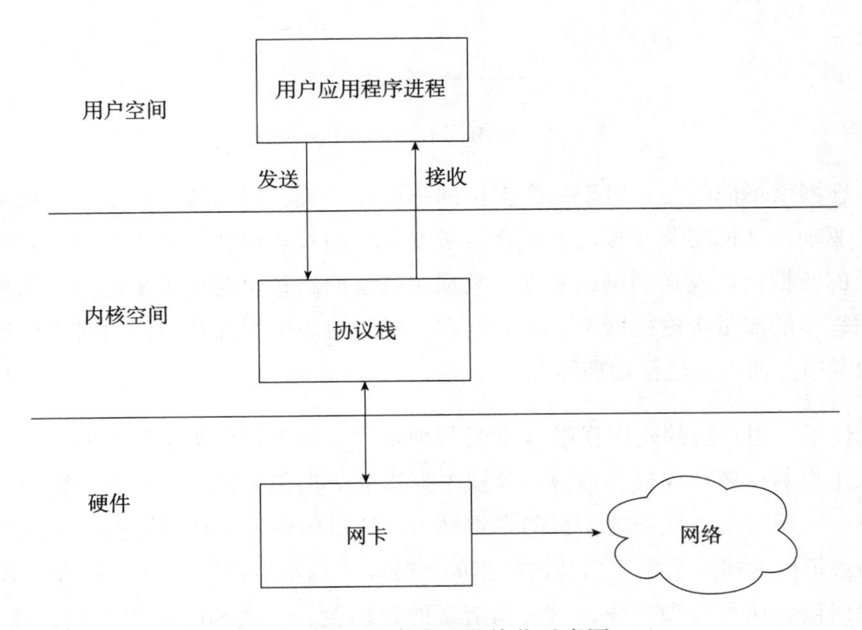

图 4-19　程序发送和接收示意图

物理网卡两端分别连接机器内核协议栈和外部物理网络，从内核协议栈接收到的数据会经过物理网卡发往物理网络。同样地，通过物理网络接收的外部数据会被转发到机器内核协议栈进行网络数据包的处理。

虚拟网卡所属的工作分层如图 4-20 所示。

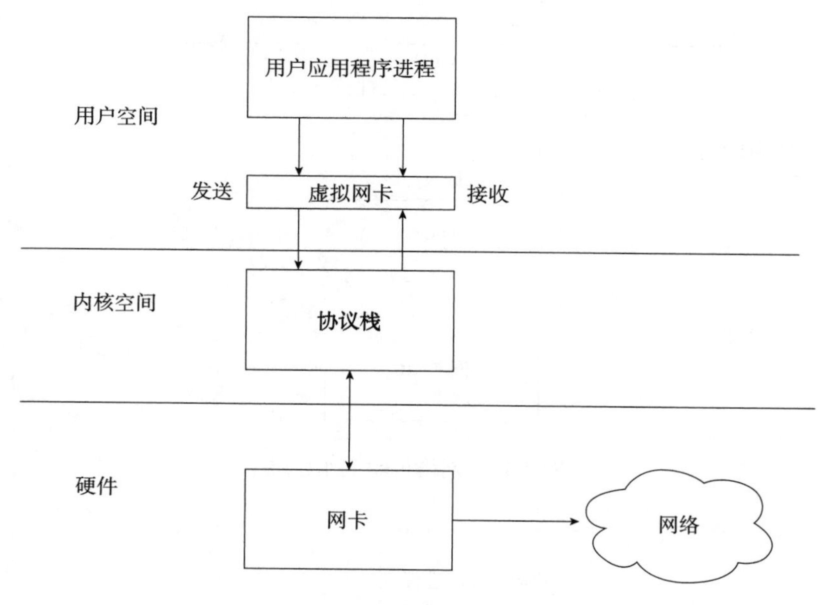

图 4-20　虚拟网卡工作分层示意图

与物理网卡不同的是，对于一个虚拟网络设备来说，它的两端分别是内核协议栈和网络设备驱动，从网络驱动接收的数据会被发送到内核协议栈，应用程序从内核协议栈发送过来的数据会被发送到网络驱动。数据包转发的路径由路由表来控制，如果需要使某个应用程序的流量走虚拟网卡，只需要在主机路由表中添加路由使得对应的流量发送到虚拟网卡中，而不是送往物理网卡。

举个例子。用户层的应用程序 A 向目标地址发送一个网络数据包，Socket 将数据包发送给该主机的内核协议栈，内核协议栈根据当前数据包的目的地址查找路由，发现数据包的下一次跳转地址应该为本机的虚拟网卡，所以内核协议栈将数据包发送给虚拟网卡设备，虚拟网卡接收数据之后从内核空间将数据发送给运行在用户空间的应用程序 B。B 收到数据包后执行处理操作，然后构造新的数据包，通过 Socket 发送给内核协议栈。这个新的数据包的目的地址变成了外部地址，源地址变成了物理网卡的地址。内核协议栈通过查找路由表之后发现找不到相应的目的地址，就会将数据包通过物理网卡发送给网关，物理网卡接收数据之后会将数据包发送到和物理网卡的外部设备。

虚拟网卡的流量劫持方案如图 4-21 所示。

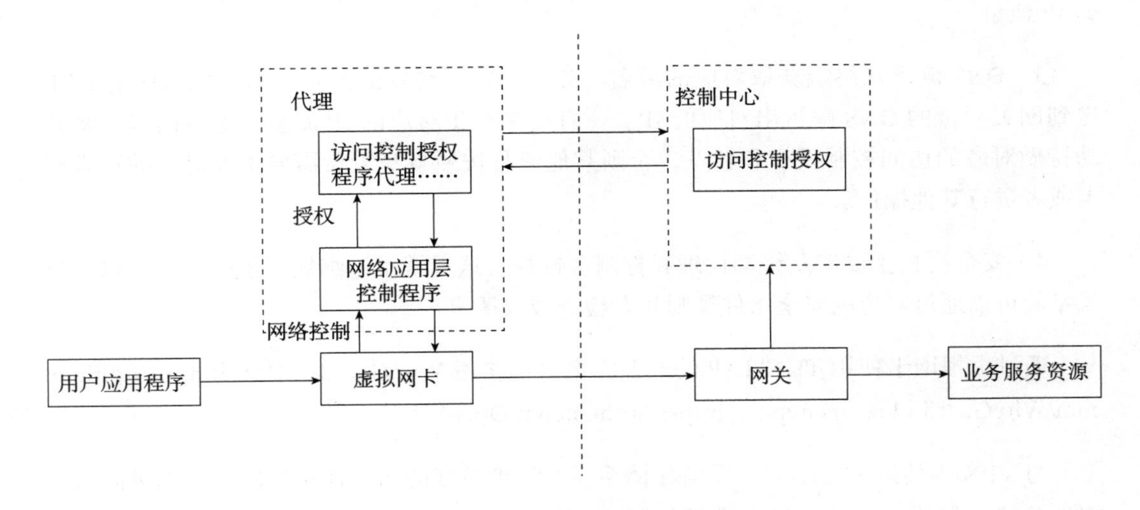

图 4-21　虚拟网卡流量劫持方案示意图

1）通过虚拟网络劫持流量，在应用层获取控制需要劫持控制的 IP 信息或者域名 URL 信息，通过虚拟网卡劫持做对应的控制授权（这里不详细讲安全授权相关的内容）。虚拟网卡流量劫持详情如图 4-22 所示。

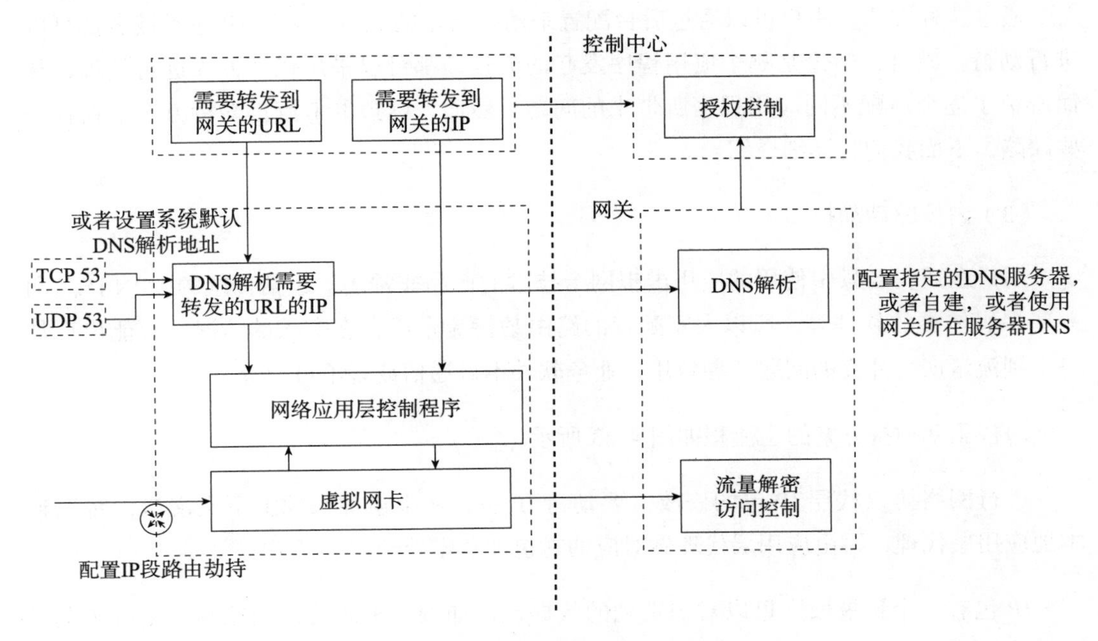

图 4-22　虚拟网卡流量劫持详情

2）由于虚拟网卡只能够控制 IP 访问的流量，所以增加 DNS 劫持解析需要转发控制的 IP 流量。

3）DNS 流量从终端获取对应的域名。如果是需要转发的流量，那么把对应的 URL 送到网关后台的 DNS 解析出对应的 IP。一旦终端产生对应的 IP 流量，虚拟网卡就将其劫持做对应的访问控制授权和转发，否则其他流量按照自身策略需要直连对应的物理网卡或者进行其他操作。

4）安全授权主要涉及终端代理和控制台授权，这里就不详细展开了。一旦可以劫持流量就可以通过对应的安全条件规则状态检查授权情况。

通过虚拟网卡使用 TUN\TAP 的开源方案可以参考 WireGuard，地址为 https://github.com/WireGuard 以及 openvpn ：https://github.com/OpenVPN。

与 VPN 等传统方案不同，零信任体系强调最细粒度的访问连接控制，不提供内部虚拟地址或对网络虚拟地址赋予内部权限，且每个访问请求都必须经过安全检测和授权。与传统授权方式不同，零信任方案无法一次性建立通道并持续使用。此外，使用开源代码时需要注意自身的安全性，因为开源代码在白盒攻击方面具有潜在风险，同时必须符合相关的开源协议和法规要求。

通过这种方式，用户可以通过后台配置来劫持指定的流量，无论 IP 还是域名都可以进行劫持。并且，不论是哪个应用程序发起的流量，都可以采用代理方式进行处理，从而避免了逐个适配不同应用程序所带来的问题。然而，虚拟网卡流量劫持方案也存在一些缺陷，下面我们将详细介绍。

（3）内核驱动劫持

用户在现实场景中使用的应用虚拟网卡技术的产品非常多，包括传统的 VPN 产品和一些多媒体类的软件等，所以大家配置的路由劫持流量段存在交叉的情况，可能出现劫持不到流量产生冲突的问题，导致用户业务软件不可通信或者不可用等。

内核驱动劫持方案的主流程如图 4-23 所示。

进行网络协议栈层 IP 包的修改需要劫持 IP 包，从中追加来源上下文端口，转发到本地应用层代理，再由应用层代理做对应的封包加解密处理。

IP 包有一个扩展段，可以对识别到的数据包追加端口来源的访问控制，然后转发到上层协议转化程序，再经过正常系统发包流程。这个过程中，内核层要对应用层流量代理的流量劫持进行例外处理，通过对应进程端口实现例外控制。

对于劫持策略经常配置的 URL，通过 DNS 解析成为 IP，并提供给内核做劫持判断。对此，可以使用与上述方案类似的方案，也可以考虑在内核层面简单地过滤 53 端口的数据包，直接快速解析或者转发到应用层解析，然后缓存到内核实现对应的 IP 访问控制。

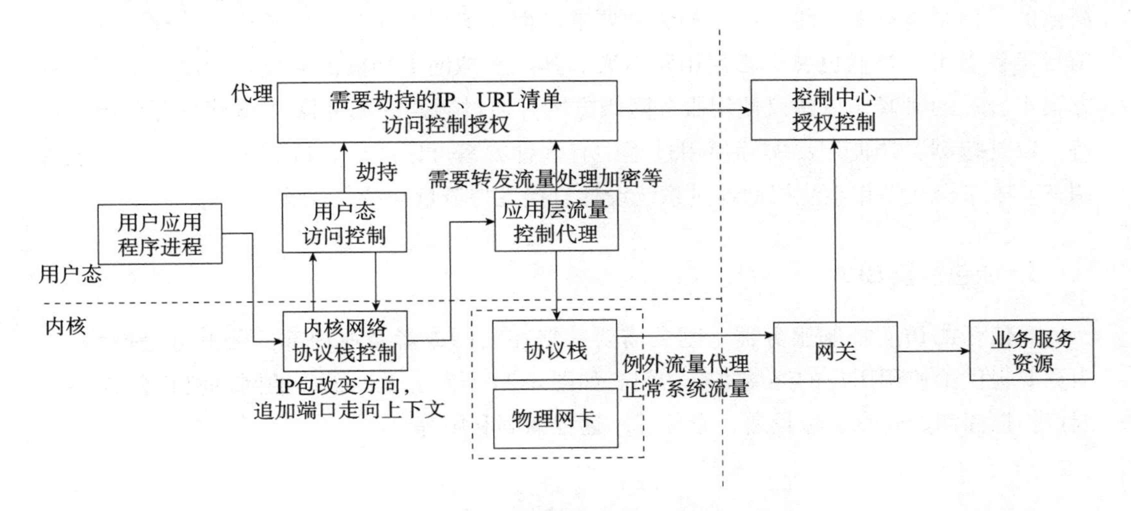

图 4-23　内核驱动劫持流量方案示意图

该方案的好处如下。

- 可以方便地执行任意进程流量劫持。
- 管理段可以随意配置任意 TCP、UDP 或者上层其他协议所使用的流量。
- 方便适配任意终端应用程序。

与基于 TUN/TAP 虚拟网卡、使用系统路由表进行流量导入技术不同的是，通过内核驱动实现的精准引流无须安装虚拟网卡，无须修改系统路由表、本地 DNS 配置与其他软件可能的冲突操作，因此可以避免某些版本的系统或特定环境的终端中存在难以解决的兼容性问题。通过在驱动层提供内核组件且与应用层控制进程交互，由应用层控制进程决定需要引流的流量，不需要引流的流量由系统原路径输出，而需要引流的流量则自动进入应用层控制进程的数据处理入口。稳定性方面，对系统没有全局性的配置，稳定性和兼容性会有较大提升；性能提升方面，没有额外的其他资源初始化过程，引流驱动瞬间启动并工作；驱动引流后，网络访问策略外的业务通过系统原有出口，不受引流的影响。相比于 TUN/TAP 结合主机路由表实现的全流量劫持方案，本方案所提出的引流方式在稳定性和兼容性方面有较大提升。

总结一下，劫持技术有多种，除了上面实际应用的以外还有多 DNS 修改解析地址、CNAME 流量劫持域名解析转发等方案，以及没有终端的 Web 流量访问的一些方案，这里就不细说。

在有端的几种劫持技术中驱动方案完成得最彻底，操作方便，使用配置等都是比较简洁的，但是也有对应维护技术相关的要求。而虚拟网卡劫持比较常见，并有一些开源项目可供参考，当然也要面临使用路由表和其他虚拟网卡冲突的问题。当出现上面两种方案不合适的时候，也建议使用服务降级方案，通过额外的浏览器 Web 代理服务配置劫持，以支持浏览器使用。实际使用过程中有多种方案可以考虑，按照实际用户场景进行调整。未来会在操作系统层面通过系统设计直接支持流量劫持，体验会更好。

6. 单包授权 SPA

零信任的访问控制服务器、网关需要部署在公网或者企业内部的公共办公网络上，毕竟要提供给使用用户的终端进行访问。如图 4-24 所示，此时面临的网络威胁有 DDoS、端口扫描探测、恶意流量投递、服务程序远程漏洞利用等。

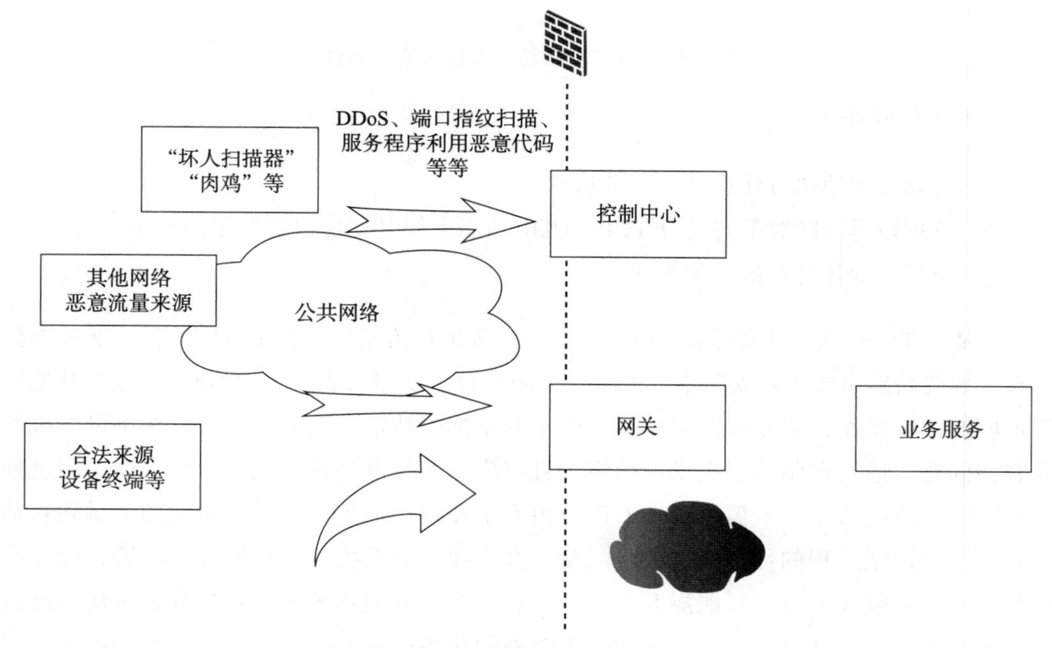

图 4-24　服务开放到公网面临的风险

目前大多数企业和用户使用服务器、硬件、软件等多种方式实现的虚拟专用网络 VPN 访问企业内站点。VPN 通过在公用网络上建立专用网络，进行加密隧道通信。VPN 隧道连通后，容易暴露企业内网的数据资产，同时由于服务端暴露了大量敏感端口，导致业务服务器容易受到多种形式的漏洞攻击，如 SQL 注入、XSS、DDoS 等。

如图 4-25 所示，DDoS 利用 TCP 服务器回复确认的等待消耗资源的缺陷，伪造假来源 IP 的 SYN 包发给服务器，服务器接收后发出回包 SYN/ACK，同时分配对应的服务器资源等待回包。但是来源 IP 是假的，每个回包的等待超时时间是 30 ~ 120s，在此期间攻击者发出大量的伪造包请求，服务器不断分配资源，导致 CPU 和内存耗尽，无法提供服务。

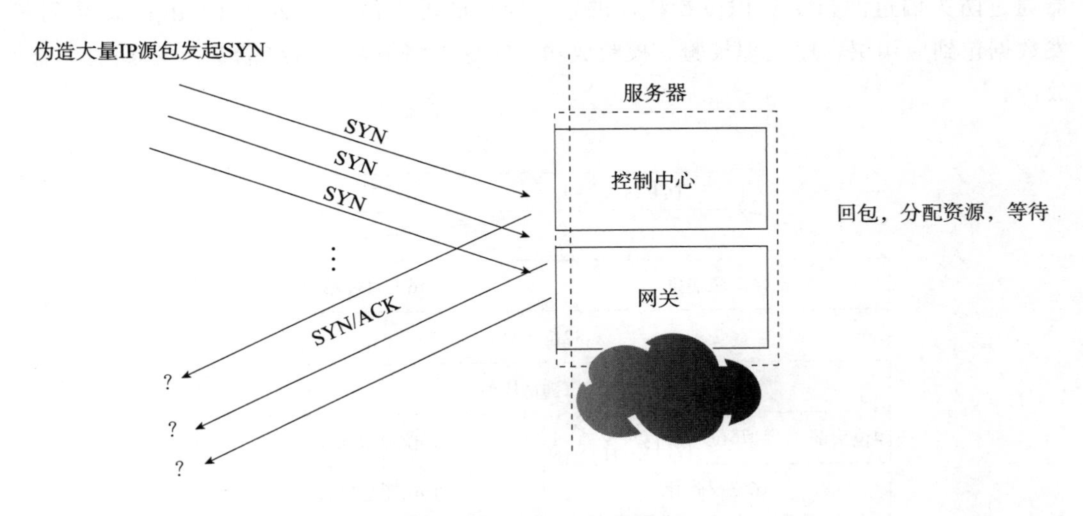

图 4-25　DDoS 风险

SPA 是一种能够解决这种场景问题的比较便宜的方案，就是在发 SYN 包的时候增加校验信息，校验成功才会分配服务资源，然后向客户端发送回包。这种方法的优点在于可以有效防御 DDoS 攻击，因为只有合法的终端才能建立有效的 TCP 连接，并降低恶意扫描攻击和投递恶意流量的可能性。

单包认证技术主要通过校验向可信的访问者开放端口，对未知使用者不回复校验包。在校验过程中主要借助 TCP、UDP 等包的扩展字段追加校验信息。以太网数据包结构如图 4-26 所示。

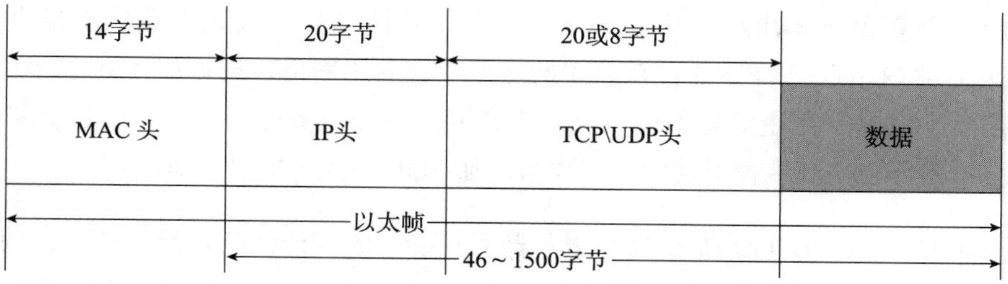

图 4-26　以太网数据包结构

例如，在图 4-27 中，TCP 头的选项部分追加校验的哈希特征信息，由服务器进行校验。客户端不同平台可以发送原始网络套接字来写入校验信息，校验信息尽量短。服务器通过防火墙过滤指定标识位置特征的包，简单的可以借助 iptables 的 nfqueue 队列转发数据包到应用层程序处理校验。校验成功才实施网络策略，待终端重新发起访问自动放行。

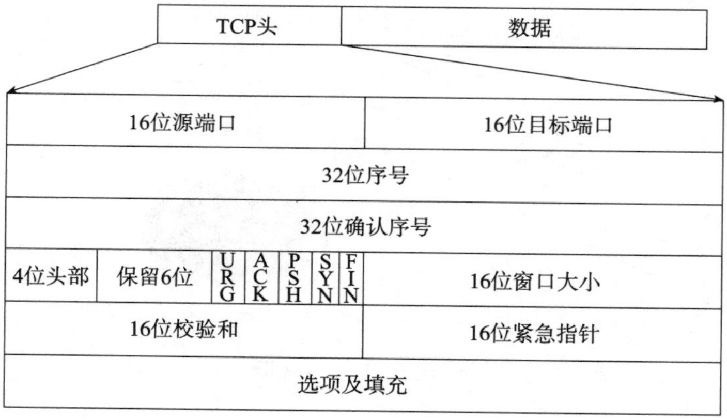

图 4-27　TCP 头结构

可以采用 Linux 操作系统 iptables 的扩展工具 ipset 来控制 IP 放行。ipset 是 Linux 内核的一个内部框架，是 iptables 的扩展，允许用户创建匹配整个地址集合的规则。与 iptables 对地址进行线性的存储和过滤不同，ipset 将地址集合存储在带索引的数据结构中，这种集合可以进行高效的地址查找，我们通过操作 ipset 的规则就可以对对应来源 IP 进行控制。

当然，除了上面的方案，在 Linux 中还可以用其他扩展方案，而其他操作系统的实现思路与之类似。

SPA 实现的核心逻辑流程是敲门验证建立连接，如图 4-28 所示。

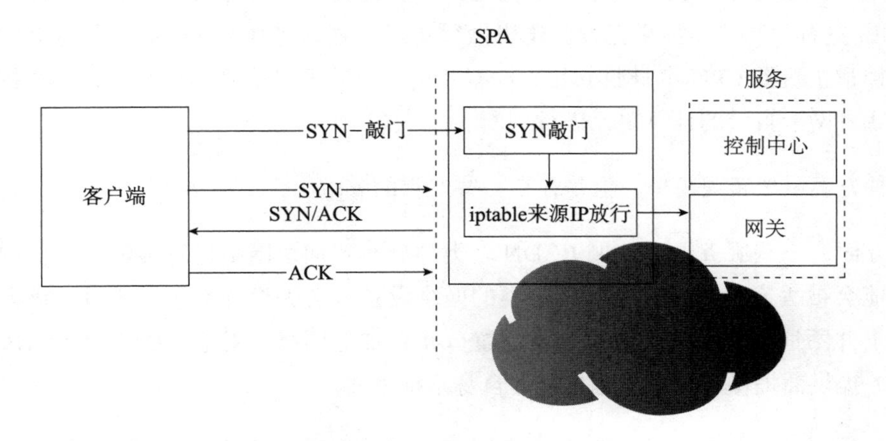

图 4-28　敲门验证建立连接

整体的单包授权的流程介绍如下。

- 用户登录认证。由安全终端发起用户的登录认证操作，终端上安装的安全产品主服务会首先占用一个本地端口，同时向服务端发送 UDP 敲门包、TCP SYN 敲门包以及 ICMP 敲门包。
- 服务器针对各协议的敲门包进行接收和处理。针对 UDP 敲门包的处理过程：服务器收到 UDP 敲门包后，验证 UDP 敲门数据包中的 payload 字段，对 UDP 敲门包的源 IP 进行放白操作。针对 TCP SYN 敲门包的处理过程：服务器收到 TCP SYN 敲门包后，验证 TCP SYN 敲门数据包中的 payload 字段（options，选项），对 TCP SYN 包的源 IP 和源端口号放白。针对 ICMP 敲门包的处理过程：服务器收到 ICMP 敲门包后，验证 ICMP 敲门数据包中的 payload 字段，对 ICMP 数据包的源 IP 放白。
- 终端的单包授权模块完成敲门操作后，返回占用的端口给安全客户端的具体业务使用。
- 网络链接建立后进行正常的业务校验访问流程。

初级的实现可以参考 https://github.com/mrash/fwknop。在特定环境中，如果服务器操作版本允许，则可以使用 eBPF 之类方便的扩展开发组件。

使用这种网络策略放行的是一个来源 IP，而同一 IP 来源可能有很多机器。需要强调的是这种方案只是缩小了网络攻击面，避免了公网随意扫描和攻击的风险，但它同样有机器开销，只不过小一些。通过实际优化，可以将机器原始访问业务增加的性能损耗控制在10%左右。当然，如果把校验逻辑做得更好，可以将其嵌入带有协处理器的网卡上面，这样宿主机器CPU本身服务几乎没有开销。校验可以依靠算法验证，离线提供给协处理器或者网卡自带的计算单元进行判断。

这种方案虽然实现简单，但是存在一些严重的弊端。

一方面，一些服务通过公网ECDN之类的分布式加速网络进行传输，对应的包校验信息可能会被丢弃，同理，一些安全类的网络设备也会丢弃这类包。所以，该方案在这种场景下并不适用。当然，对于这类前置分布式加速网络，对应DDoS之类的风险对抗是由服务提供商提供的，不考虑在这套自身系统里面。

另一方面，基于iptables和ipset实现IP放白的方案只能针对源IP进行加白。对于NAT组网环境，多个终端只有一个出口IP地址。一旦放白这个出口IP，执行该出口IP的所有设备均能发现隐藏的后端服务器端口。例如，同一个小区，由于NAT组网技术，其出口IP可能只能几个，一旦这个小区有用户成功访问业务系统，则该小区的其余未授权用户也能够访问该业务系统对应的隐藏的网络服务端口。当然NAT如果绑定端口在一定时间内放行加上来源端口，也是能在一定时间窗口内对应一个终端，但是这个取决于来源网络的出口设备。最好的方式是结合七层应用层协议增加内容数据上面身份票据的校验，满足分布式网络还有这种软件层面的网络校验需求，实际应用也是两种一起提供看实际场景提供给用户服务。

使用SPA做入口安全风险保护的同时，七层协议流量鉴权方案依然要保留，满足如NAT网络、分布式网络等场景，SPA作为七层验证流量额外的一层安全增强，作为企业安全投资预算有限的一个补充方案。

7. 持续安全风险评估与动态访问控制

为什么要持续做安全风险评估和动态访问控制？

访问控制是比较常见的安全隔离技术，我们这里主要讲网络访问控制，其他文件存储读取访问等也是类似的。传统的访问技术主要强调访问前对一些属性、特征、状态进行检查，通过则放行访问，对应设备就拥有了固定的网络访问授权。例如，用户在网络访问前进行身份验证、设备检查等，通过就给该用户账号或设备授权，然后这个账号或设备就可以一直对目标资源进行访问。又如，终端网络身份和合规检查后就进入一个物理内网，这解决了接入时的安全检查，但是设备接入之后可能被入侵，而这个接入设备依然拥有对对应网络和网络资源的访问权限，让企业面临更大的安全风险。

举例来说，传统的 VPN 接入的流程如图 4-29 所示。

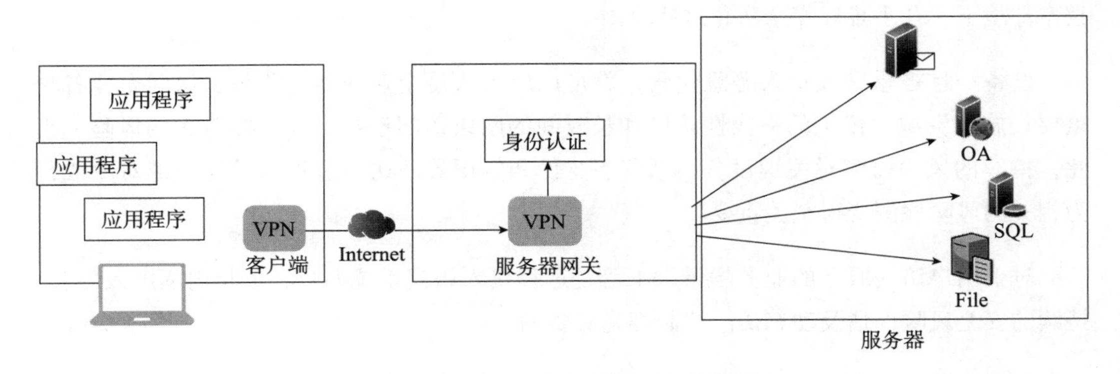

图 4-29 传统的 VPN 接入流程

在 VPN 身份认证之后，就获得了基于内网的网络划分权限，也就是说，一旦经过 VPN 身份认证就可以访问内部一个对应网段，尽管现在也有一些 VPN 做了细分的目标元访问控制，但是依然存在风险。现在的终端在外网的日常使用中，总会遇到身份盗用、设备丢失、钓鱼、社工等攻击。恶意代码或者伪装成合法接入的终端，可以借助已经建立的 VPN 通道对内部网段内的服务系统进行扫描，投递持续恶意流量木马，进一步窃取内部数据或者破坏内部系统。

VPN 认证接入后，特别是个人设备处在公网中时，需要对存在的风险进行持续的安全监测和保护，以防被滥用成为入侵企业网络的关键入口。身份认证和安全检查之后，建立授信连接，复用访问权限，提供终端所有的访问服务。终端被入侵后，VPN 一般会通过虚拟 IP 得到一个内网的网段权限，并将其作为入侵跳板和内网通道。这里存在的风险包括携带恶意软件（如后门应用）、不安全的设备（如被植入木马等）、不安全的访问行为（非权限内的异常扫描、访问流量异常等）、异常的数据泄露行为（内网系统数据下载后泄露等）。在设备接入网络之后，对异常行为、恶意代码的检测防护等工作都变得必要，否则无法确保设备安全，应避免设备或者网络成为入侵企业内部网络的通道。

在传统的场景（如传统的内网物理网络准入、传统内网设备接入网络）中，设备需要进行身份验证和基础的设备安全合规检查，检查通过后才被允许进入内网，并分配到相应的 VLAN 下。由于企业内网通常规模较大，网络防火墙策略通常不会过于详细，否则会难以维护。一旦设备被准入，它就具备了相应内网网段的访问权限，其身份类似于位于同一 VLAN 下的其他服务器或办公网设备。然而，在这种情况下，设备容易受到各种攻击，如邮件和即时消息钓鱼、人为传播恶意软件、社工学伪装身份等。在当前的黑客技术环境下，几乎难以完全防止这些攻击。

设备一旦被感染或植入恶意代码，就可以成为入侵企业网络的跳板，访问企业各种重要设施和资源。传统的一次性认证和长时间的网络访问授权方式存在巨大的风险。因此，持续的风险监测对关键设备、系统、身份和应用等的访问过程以及与关键对象或行为相关的风险检测变得至关重要。

对于用户访问服务的业务场景，不管是远程接入访问系统办公，还是内网准入办公，持续的安全风险评估及动态访问控制都是必要的。

安全风险分析评估的主要目标是识别可能导致数据泄密、生产中断或存在其他潜在威胁的行为，并进行及时的权限调整（如阻断访问等），其核心工作围绕保护企业资产、维持企业运作连续性而展开。

对于访问过程中的关键对象，存在风险的因素有很多，包括身份、设备、操作系统、应用程序、网络、访问行为等方面，如图 4-30 所示。这些风险后面会进行详细解释，这里先讲一下安全风险评估与动态访问控制的落地方案。

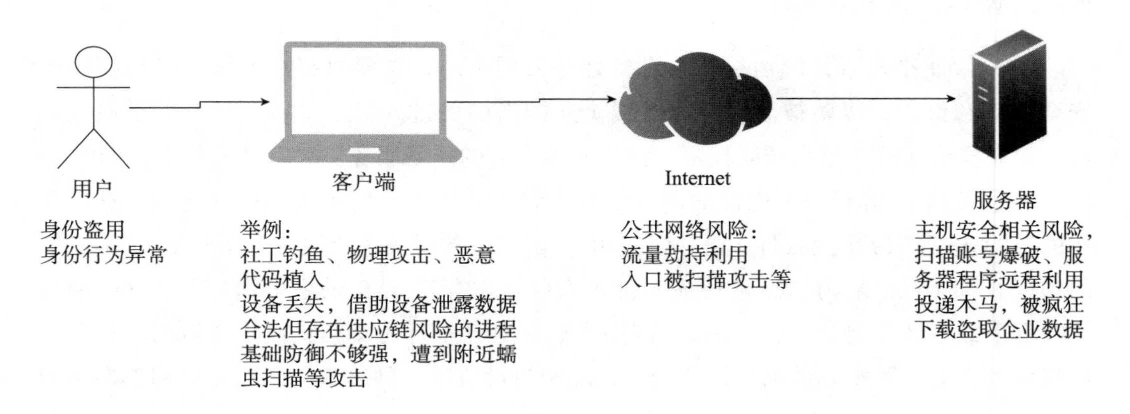

图 4-30　用户访问过程的风险示例

方案思路如图 4-31 所示。

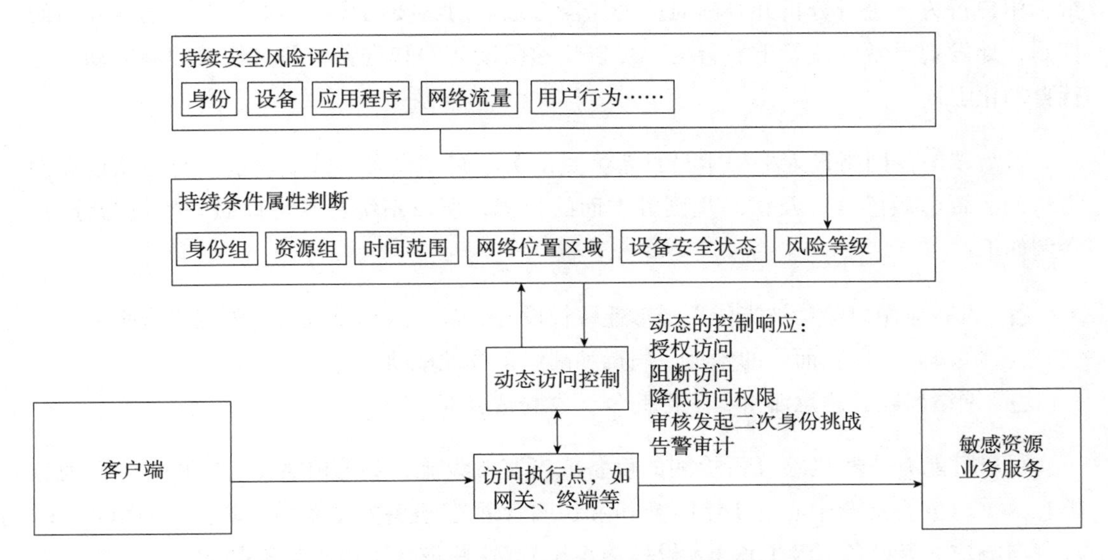

图 4-31　安全风险评估与动态访问控制的方案思路

该方案能够建立动态的访问控制框架，包含实时、持续的条件属性判断，和异步的安全风险评估，覆盖整个访问生命周期。

当访问建立的时候，当前行业粒度可以做到每一次访问建立进行对应的条件属性判断，常见的包括用户身份组是否符合，对应服务资源访问权限是否调整，来源网络位置是否符合策略规则条件，是否符合访问的时间范围规则，是否符合设备安全基线状态策略的需求，以及当前其他访问的风险状态（等级或者分数）。对此，如果符合则授权访问，如果不符合则阻断访问，或者将其他存在风险不大的访问降权，仅能访问低敏感资源，或者经过二次身份挑战后再授权访问对应的资源。有些业务场景比较特殊，每隔一定时间访问就要再经过一次身份挑战，避免敏感数据被访问。

常见业务场景的安全需求如下。

- 访问敏感业务需要二次认证。
- 不同网络区域不同组织架构的人，所能访问的敏感资源不同。
- 用户网络环境变化，需要强制进行二次身份挑战才能访问。
- 用户终端设备安全基线变化不满足要求，而阻断访问。

……

访问过程中，通过持续的风险分析模块，对关键的身份、设备、应用程序、网络流量、用户行为等进行分析并判断对应的风险等级。对必要的风险等级设置自动触发访问控制，如发现异常大流量下载行为，可以快速阻断访问和告警，并对相关的响应动作进行自动化配置。

因为零信任网络接入框架本身具备大量的关于终端设备、控制功能、身份认证和网络访问、资源敏感度以及访问规则等方面的数据，所以系统自身可以做一些行为分析，举例如下。

- 设备应用风险：被当作入侵渗透跳板设备、被注入恶意代码、外接设备带来的潜在风险，以及面临的木马、病毒和高级持续性威胁。
- 网络风险：恶意流量、附件钓鱼、收割站点等。

用户可能有一些风险分析检测的设备或者基础设施，如 UEBA（用户和实体行为分析）、SOC（安全运营中心）、IAM（身份和访问管理）、设备安全和病毒防护、EDR（终端检测与响应）等设备以及 IDS（入侵检测系统）。这些设备可以提供额外的风险信息，有助于综合分析和评估网络安全状况。这些设备设施需要靠对应的接口联动设计，我们在应用时应关注风险检测和访问过程中关键对象的关系，以便更好地评估和处置。

风险分析方案的要求如下。

- 实时请求授权判断：能够快速进行条件检查、安全状态评估、实时规则判断以及对应的授权控制，支持实时返回。
- 动态访问权限调整：对访问过程中的关键对象进行风险分析以及对应的动态访问权限调整。这需要通过安全评估的方式来评估所有异常情况，完成近实时的安全风险分析，并快速作用于动态访问控制引擎，对相应的新建或者已经建立的访问进行降权阻断之类的操作。
- 第三方检测系统联动：可以通过与已存在的风险分析系统集成，获取其结果，并将风险处置的一部分任务委托给第三方系统，以实现更全面的风险管理和响应。

综上所述，安全风险评估与动态访问控制的实现方案如图 4-32 所示。

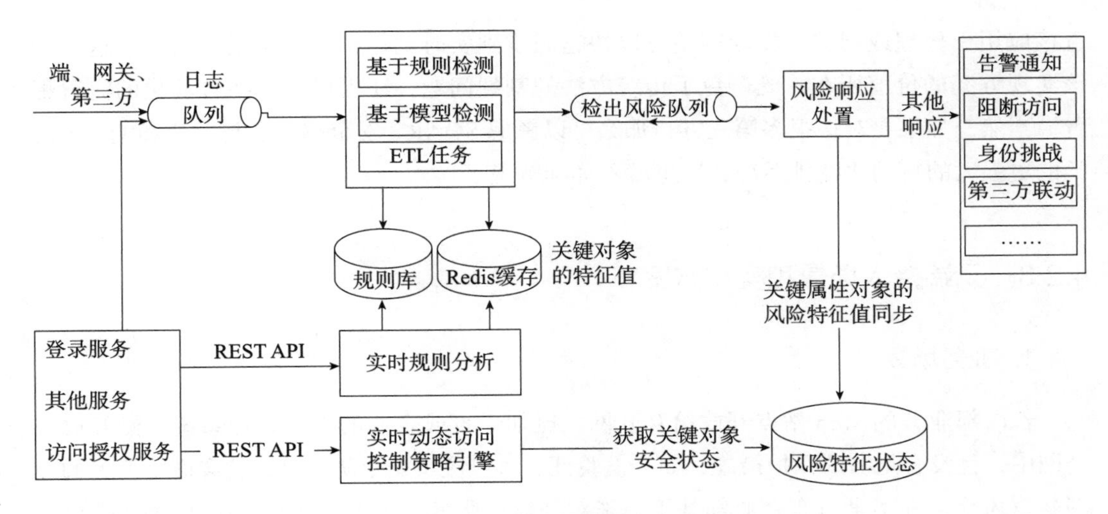

图 4-32　安全风险评估与动态访问控制的实现方案

该实现方案中的重点部分如下。

实时动态访问控制策略引擎的关键作用在于，在访问建立或者请求授权的时候快速计算规则条件，如时间、组织架构、网络位置、资源敏感度等之类的组合规则，并结合各类风险特征状态，包括身份风险、设备状态、最新的检测结果等进行综合计算，以决定是否授权终端访问，并采取适当的响应措施。

而风险评估的重点之一是实时规则分析，即通过实时接口提供对简单规则的实时检测，解决类似登录异常的问题，以通过简单统计就可以判断异常，对此可以考虑使用属性规则判断引擎。另一部分则涉及维度丰富的异步分析检测能力，包括一些上下文关系比较多的规则、基于基线判断以及基于模型分析的规则，如登录行为异常、访问系统行为异常之类，对此考虑使用流式规则检测和批处理分析引擎。

对于属性规则判断引擎，有许多开源和可选择的选项，适用于不同的编程语言和框架。对于流式规则检测和批处理分析引擎，像 Flink 和 Spark 等框架都是可行的选择，它们支持流式和批处理任务分析，并且支持各种机器学习检测库，技术生态丰富。除了列举的这些比较常见和成熟的工具，还可以使用其他的系统设计和实现方式。

至于风险响应处置部分，主要是在检测到风险之后快速更新一些关键属性的特征，提供给实时引擎做判断和控制，并且进行告警、阻断、权限调整、身份验证、输出给第三方进行保护处理等处置，以及根据需要提供一些系统内部闭环的能力。前面所说的处置就基本可以在零信任网络接入的系统框架内部闭环实现，比如，阻断或身份验证可以直接应用于代理或网关，权限调整可以快速同步到实时动态访问控制策略引擎。这正是该实现方案的价值所在，既避免了传统方法的割裂问题，还提供了一些自动化的完善配置。当然，如果要对接很多第三方，那么可以考虑 SOAR（安全编排、自动化和响应）之类的更强大的自动化编排系统，这里就不详细解说了。

4.2.3 无端接入场景和实现方案

1. 业务场景

若内部业务的 Web 站点开放给互联网，比如学校或企业的内部管理系统突然开放到公网中，且没有足够的保护措施，如身份验证、入口流量安全防护等，就会面临巨大的外网暴露风险。并不是所有企业都基于端来对外提供服务，很多企业都是基于 Web 提供服务的，特别是一些供应商使用的协作系统。一些采购系统供应商的录入信息可能涉及外部用户，该用户不归属于供应商的管理范围，因此供应商不希望部署安装终端到这类用户端，以避免数据泄露。此外，还有一些业务系统是以 Web 形式发布到 IM 平台的，如企业运维监控看板的 Web 站点会发布到企业微信、钉钉之类的平台上给自己员工使用。

2. 整体实现方案

无端接入的整体实现方案如图 4-33 所示。

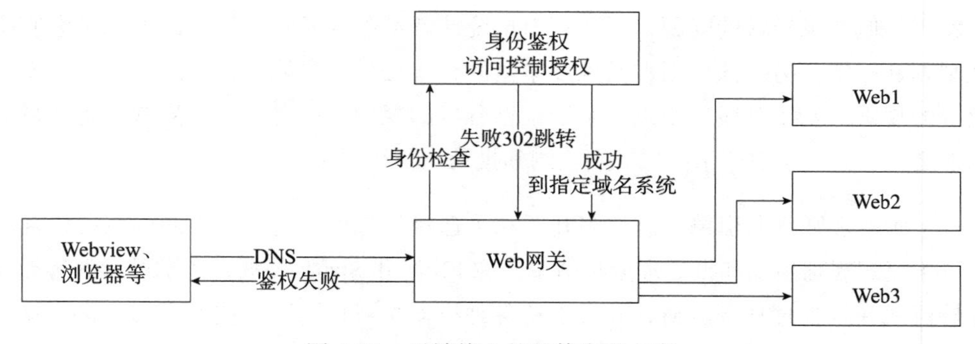

图 4-33 无端接入的整体实现方案

无端接入的场景中可以通过部署一个前置网关来实现访问控制，该网关位于所有内部 Web 应用程序前面。这个网关可以劫持域名，将所有后置域名的请求重定向到 Web 网关作为入口，从而实施公网发布和入口保护。此外，还可以在网关上进行身份鉴权，如果鉴权成功，就将请求代理到后置指定域名对应的系统。

行业在这种访问控制方面进行了安全增强，通过收集更多来自 Web 端的信息和访问行为进行风险分析和阻断控制。此外，一些国外厂商还提供了 Web 下载限制和数据内容过滤的功能，以降低企业数据泄露的风险。这一方法参考了安全风险评估和动态访问控制的框架。不过需要注意的是，它仅能收集到有限的以 Web 流量访问、登录为主的数据。

4.2.4　部署容灾方案

为了满足业务场景的扩容需求，系统需要支持快速扩容、满足业务流量的高峰、实现远程办公需要、支持突发的内部多媒体业务（如企业内部直播之类）。

用户访问业务场景通常包括全员终端办公的场景，因此对于服务部署来说，发生故障也不应该影响员工办公连续性。如果办公需要长时间访问内部系统，那么服务中断的成本等同于员工在故障期间需要的工资。当然，如果其工作涉及与生产相关的访问，那么故障将会直接影响生产安全。

总之，业务扩容会影响企业的日常工作和生产，因此部署容灾方案需要确保其连续性，包括满足对信任网络接入的故障容忍需求以及快速逃生和恢复的需求。部署方案如图 4-34 所示。

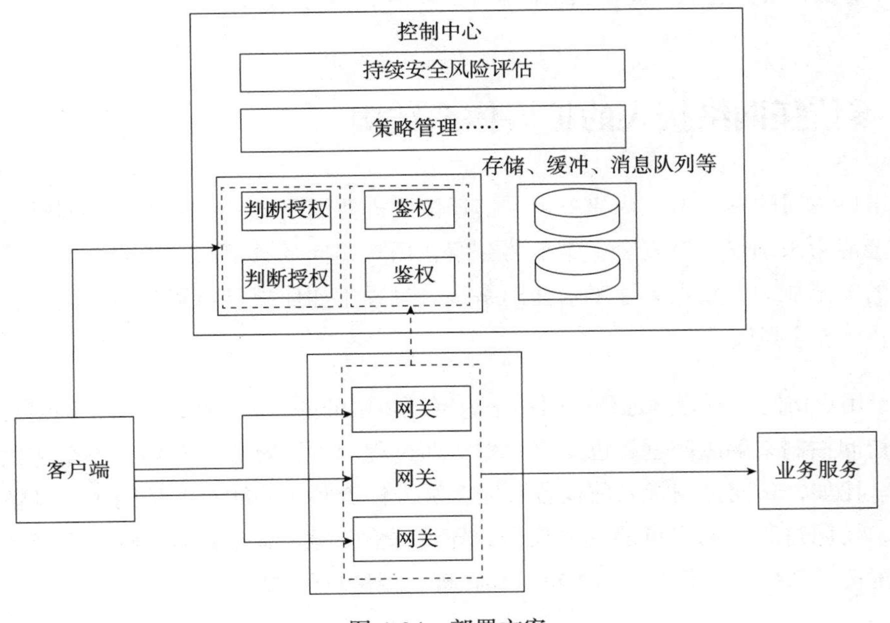

图 4-34　部署方案

- 控制中心单独部署，与网关分离，对终端、网关和管理员提供服务。至于控制管理逻辑、风险检测、存储队列等内部高可用部署就不在此展开讲解了。
- 每一个 SE 都支持多个网关快速扩容部署，至少一个节点要配备 3 个容灾备份。可以考虑将这些节点部署在不同的云数据中心或不同的宿主物理机上，以增强系统的稳定性和可用性。
- 系统支持多个接入网络，同一个控制中心可以将网关分布在不同的云或者数据中心上，以提供不同的访问入口。而异地部署需要具备缓存逃生能力等。
- 对于需要回连器的网关，要完成对应的连接器冗余部署。可以配置多个回连器给一个机房提供出口，以便其中一个坏了仍有备用。
- 为了提高可用性，应支持异地多活的部署方式。因为这是核心办公业务，所以应该根据所服务的用户群的需求来考虑部署位置接入点和高可用要求，以保障接入的效率和办公连续性。
- 在逃生时，主要考虑授权控制方面的故障。系统需要能够快速处理已经建立连接的授权，并支持一键放行。对此，可以在网关侧实现一些鉴权缓存，但必须特别注意确保其安全性，以免被不法分子利用。
- 对于不同类型业务应分离部署不同类型的网关集群，以避免单点网关故障影响所有业务。例如，对运维、OA 系统、代码分别部署一套网关，并通过终端路由访问，从而避免一套网关故障影响所有类型业务的情况。

4.3 零信任网络接入的扩展体系结构

在用户访问的场景下，构建一个零信任体系需要满足多种业务需求，同时需要提供各种安全能力来确保整体安全。本节将介绍在用户访问场景下的各种安全风险需求，以及相应的安全能力，重点关注零信任网络接入过程中如何提供检测和防护能力，以降低企业的整体安全风险。

对于用户访问，不管是远程访问还是内网环境中的办公 / 生产，零信任网络接入不能只依赖访问控制来解决问题，也需要考虑访问过程的关键对象及对环境安全变化的检测和保护。比如，访问控制接入的设备可能会被入侵者利用为跳板，访问主体设备可能会被利用，访问过程的网络可能会被攻击，导致恶意下载 / 泄露数据、破坏生产系统等风险，甚至接入系统本身及被访问主机都存在被入侵破坏的风险。

零信任的安全理念要求不断对可能存在的关键对象和环境进行安全风险的检测与保护，以确保整体安全风险降到最低。为实现这一目标，可采用持续安全风险评估和动态访问控制等方案。前面已简要介绍了一些关于系统风险检测评估和动态访问控制权限调整的保护措施。

本节主要讲解零信任网络接入场景。前面讲了一些零信任网络接入的基本能力和要求，其中很多安全能力是在零信任网络接入时由自身体系结构提供的。此外，实际应用中还可以通过与独立的安全产品进行联动，以实现动态访问控制和响应，如图 4-35 所示。这些安全产品不仅能够支持零信任访问控制的权限变化，还能提供对各种不同安全风险的对应能力。例如，身份认证环节可以对接第三方，而身份风险评估检测数据则来源于其他身份风控系统。当然，这些安全能力也可以由零信任网络接入体系结构本身提供，具体取决于企业的实际需求和情况。安全产品既可以作为独立系统存在，也可以嵌入零信任网络接入框架内，以满足企业的具体安全要求。

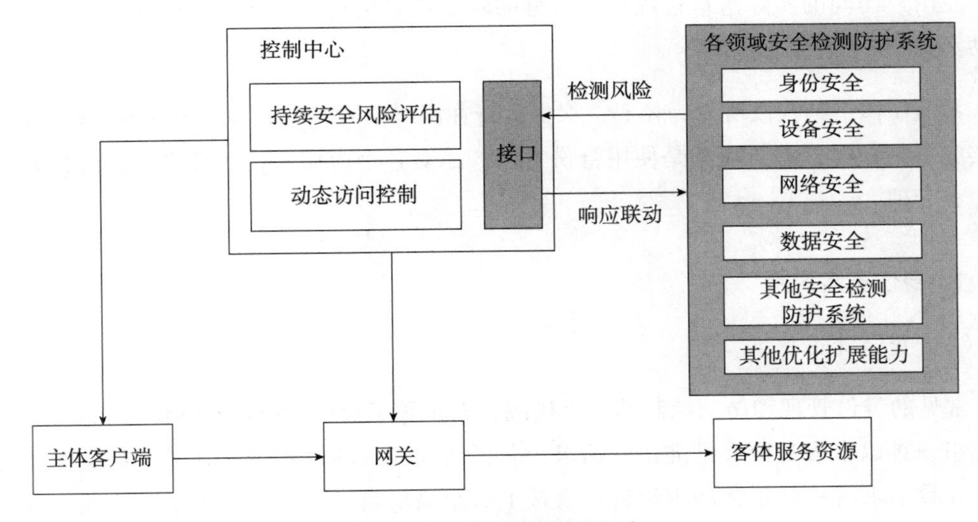

图 4-35　安全产品联动示意

在联动时，持续安全风险评估与动态访问控制框架提供了相应的能力，这些能力是在零信任网络接入的基础上进行扩展和增强的。它们可以补充第三方输入的安全检测结果和风险，也可以根据网络接入过程中的实际需求来调用第三方系统或模块的功能。

除了联动外，安全产品还能够提供针对特定领域的安全检测防护能力，旨在尽可能地降低零信任网络接入过程中的安全风险。

4.3.1 身份安全

零信任对访问控制进行了范式上的颠覆，引导安全体系结构从网络中心化走向身份中心化，其本质诉求是以身份为中心进行动态访问控制，所以身份管理技术是零信任体系结构的核心基础和关键技术。

现代身份管理的发展更趋向于智能化、多样化、安全化。智能化身份管理，能支持更多新的场景和应用，从静态的访问控制策略演变为动态的访问控制策略，具备高级分析能力，能够应对外部攻击、内部威胁、身份欺诈等各种新的安全威胁。多样化身份管理，身份管理的范围不再局限于传统信息行业，而将移动互联网、物联网、工业控制网络、云环境乃至以后的 IOB（Internet of Body）都将归入身份管理框架中。安全化身份管理，零信任框架随着发展，在统一身份管理、登录认证框架、访问控制与细粒度权限管理、多种合规审计方面会进行功能的深化与增强，因此身份管理越发关键。

在用户访问的实际落地过程中，常见的联动场景包括组织架构内的同步和统一登录联动。

零信任体系结构以身份为核心，保护运行在网络中的各个业务系统的安全性。因此，在实施零信任时，首要任务是使用身份管理产品对各个应用系统的身份认证进行有效的治理和管理。

1. 身份安全风险

（1）安全挑战

常见的身份管理和访问控制的安全挑战，大多源于数据位于不同的位置和业务部门，因此组织难以审查身份、批准访问请求；获得访问权限的过程中遇到了一定程度上的阻碍，导致请求者跨越正常的审核过程直接上报给高层管理人员；负责审核的人员对于请求发起者和申请访问内容缺乏洞察，无法准确定位哪些员工需要访问机密数据。

这些挑战主要包括三方面。首先，对于身份管理，用户缺少集中性的身份数据库；系统特权的分发超过或者低于原本授予的访问权限。其次，对于访问控制，认证时审查员对获取需求的知识不同，更不用讲业务部门之间的流程往往是手动的，难以进行标准化，审查人员需进行多次重复和细致的验证；当手动配置无效时，这些预配置和预定标识之间会产生矛盾；当无法删除不适当的 IAM 特权或者无法复制访问配置文件时，如果无法分工处理并监察管理员、高级用户和临时访问权限，则可能会阻碍规则执行。最后，对于其他问题缺乏集中式访问管理解决方案的支持，如目录和单点登录、过时或不存在的访问管理策略、无法建立基于规则的访问。

组织机构中身份管理与访问控制的常见问题如下。

- 各应用系统账号管理分散，缺少统一的管理机制。
- 共用账号、无主账号的现象大量存在，无法定位责任人。
- 应用系统认证各自独立，没有统一认证策略，没有建立安全的单点登录机制。
- 采用传统的账号与口令认证方式，安全强度低。
- 授权管理和访问控制缺少完整性、真实性、抗抵赖性等安全信任保障。
- 无法满足企业进行集中身份与访问过程的记录和审计需要。

然而，在组织中由于特权身份管理带来的挑战如下。

- 管理账号凭据：许多 IT 组织依靠人工密集型且易于出错的管理流程来轮换和更新特权凭据。这可能是一种低效且高成本的方法。
- 跟踪特权活动：许多企业无法集中监视和控制特权会话，从而使企业面临网络安全威胁和违规行为。
- 监视和分析威胁：许多组织缺乏全面的威胁分析工具，无法主动识别可疑活动并响应安全事件。
- 控制特权用户访问：组织经常难以有效地控制特权用户对云平台（基础架构即服务、平台即服务）、软件即服务应用程序、社交媒体等的访问，从而增加了合规性风险和运营复杂性。
- 保护 Windows 域控制器：网络攻击者可以利用 Kerberos 身份验证协议中的漏洞来模拟授权用户，并获得对关键 IT 资源和机密数据的访问权限。

（2）安全威胁

为了保护用户的身份和权限的可信性，企业的关键业务均大量地采用计算机系统和网络技术，因此企业基于 IT 环境的业务系统越来越多、越来越庞大。除了传统的服务中断、黑客攻击，这也带来了新的威胁和风险，如未经授权的访问、访问权限混乱、授权管理复杂等，进一步突出了信息安全的重要性。这就要求企业采取适当的管理措施和技术手段确保权限授予的合理性、合规性。

企业所面临的具体问题和风险包括安全风险、数据泄露风险、管控风险导致的大规模内部信息泄露以及难以支持合规审计等。

2. 身份安全产品

（1）身份管理

身份治理和管理（IGA）包括针对实体的标识符进行全生命周期管理，对于跨安全域的身份进行管理，对于设备和服务的身份进行管理，为用户提供自助式管理，确保透明性及个人信息的安全。

企业一直面临各种挑战，因此必须采取更严格的监管控制措施来保护其品牌并控制资源访问，同时保持创新来满足客户需求。IGA 对任何复杂的组织而言都至关重要，但要使 IGA 正常运行，需要的不仅仅是技术。无论在云环境、混合 IT 环境还是本地环境中，用于管理企业中用户身份和访问的一致流程、工作流程和工具都是至关重要的。

1）搭建可复用的可靠模块化体系结构，以确保可靠的服务部署与运行，从而加快部署、改进数据访问并展示高价值的功能。例如，基于 DevOps 的标准研发过程管理，基于 CI/CD 流水线高质量的控制产品和服务的研发过程，基于微服务架构。其中，微服务架构通过身份认证系统集成 Docker 模式部署，可以提前感知服务异常并动态启动新的 Docker 节点来保证服务持续的可用性。这样即使出现整个机房级别的宕机，也可以启用异地备份机房的服务来保证身份认证服务的高可用性。

2）简化访问请求和批准等环节并启用自动化工作流程，帮助团队提高效率。身份管理系统结合派拉软件自研的 BPM 服务模块，将用户的入职、转正、调岗、转岗、离职完整的生命周期中的各种权限、属性及业务相关的请求和批准都集成到了自动化工作流程引擎，从有人介入审批到无人自动化全程流转的跟踪监控，大大降低了业务的复杂性，为整个组织或团队节省了时间、提高了效率，从而为数字化转型企业带来业务上的改进。

3）实行角色和职责分离，同等重视业务和信息安全，以避免复杂性或安全风险。从系统层面的分级分权权限模型的设计上进行角色和职责的分离，实现不同角色权限的互斥。基于 ABAC 的权限模型，从系统的菜单、页面、按钮、接口、属性等方面进行全方位的最小化权限设置。一方面做到权限的实时发放以增加业务流畅度，另一方面做到权限实时的回收以降低业务风险。并且，结合信息安全的教育与引导，做到从人员到组织再到系统无安全死角。

4）制定供应和补救措施，消除因浪费或不当行为而造成的业务影响，并降低安全风险。它提供了用于迁移到下一代治理工具的概念性体系结构规划和路线图。

5）采用身份数据的智能化供给策略。从上游 HR、ERP 系统等权威身份数据的来源，到下游业务系统身份数据的供给，通过智能化策略引擎和多样的数据同步连接器，快速、准确、智能地保障上下游的身份数据一致性，并对冗余、错误、异常的账号进行自动过滤、整理、重置，从而大大降低 IT 部门的维护难度，更好地保证业务部门的业务流程顺畅和安全。

（2）身份存储

借助 LDAP 或 DB 类型的数据库存储用户身份信息，形成身份信息库，包含用户基本信息（如工号、姓名、性别等）、用户类型（如员工、代理商、外包等）、职能信息（如岗位、部门、职级等）、属性信息（如身份证号、家庭地址等）、认证信息（如账号密码等）、授权信息（如角色、分组）等。企业一般采用身份信息库的工号 / 用户 ID 等作为用户的唯一身份标识，并将其映射到各应用系统中。

（3）认证管理

认证管理的方式主要包括：多因子鉴别方式；生物特征识别鉴别方式，安全便捷地确保生物特征数据的安全；基于上下文的鉴别方式；基于风险的鉴别方式。

在零信任体系结构中，不仅人员的身份需要认证，设备实体的身份、运行的安全状态、合规性等也都需要认证，以形成统一的身份基础设施，进行完善的信任评估。

其中，按照身份基础设施管理框架来说，设备实体的认证应符合如下要求。

- 设备标识的唯一性：设备的身份标识需具备全局唯一性，不可篡改、不可冒充。可选的典型方案为利用可信密码模块、硬件安全模块的预置标识。
- 设备运行的可信任性：设备对外始终处于可信赖的状态，才能被其他实体信任。
- 设备身份的可证明性：设备的身份应可感知、可证明。当一台设备可唯一标识自己，且其状态处于可信赖的状态时，还需要其他方能够证明该设备的身份。

（4）授权管理

管理和设置访问权限对零信任实施至关重要，特别是对于零信任体系结构中端到端的基于会话的精细化权限管理要求，需要一个强大的身份管理系统予以支撑。企业知道用户是谁并不意味着该用户对其所有资源都有自由支配权，每个应用程序及其内部权限都是需要被控制的。

授权管理的主要方式包括：基于角色的访问控制方式；基于属性的访问控制方式；基于规则的访问控制方式。

身份基础设施扩展了细粒度权限管理，建立权限统一管理的入口，集中管理角色、机构、用户组、菜单、按钮等权限。该设施根据身份权限流程实现业务权限、系统权限的自动化授予与回收，提供用户开通、变更、撤销权限等自助服务，以确保可信的人、系统、应用或主题在合理的时间访问适当的客体（包括系统和数据）。并且，该设施通过细粒度权限自动化规则引擎，可以智能地实现权限半自动授权和按规则自动授权，支持按账号、组织、岗位等不同维度进行授权。同时，该设施提供了权限合规和权限互斥的能力，即采用“最小特权访问”和“即时权利”的原则，使用单个控制层来确定每个应用程序和子应用程序的访问策略，从而只允许每个主体访问其所需的最基本的资源，通过最小化权限来降低风险。

（5）密码管理

密码是身份验证过程中使用最广泛的一种方法，同时是最容易存在安全威胁的入口，因此针对密码管理应该进行详细的设计，包含以下方面。

1）密码安全策略：定义足够强度的密码复杂度，保证身份管理产品的密码复杂度大于各个应用系统中的密码复杂度；有一定弱密码检测能力，防止密码被攻击者通过社工方法猜测；身份管理产品应对密码存储进行高强度加密处理。

2）密码生命周期管理：定义密码使用的生命周期和重复使用密码的历史深度；检测密码使用频次，对于长时间不使用的密码设置为自动禁止。

3）启用多因素认证：为了进一步降低密码泄露带来的风险，需要对密码使用的场景进行多因素再次验证，如 OTP、短信验证码、CA、生物认证。用户登录须进行二次认证，并且在分析得出存在部分风险的时候，系统能自动要求用户进行高强度认证。

（6）单点登录

1）使用多种认证方式，如下所示。

- 传统的“用户名 + 密码”“邮箱 + 密码”“手机号 + 密码”“自定义属性 + 密码”等方式，用于记住密码。
- 钉钉、企业微信、微信公众号等平台提供的验证码登录系统。
- 传统强认证，如手机短信、在线 OTP、离线 OTP、标准 Radius 协议 OTP 认证。
- 生物认证，如人脸识别、指纹识别、声纹识别等方式。
- 社交认证，如微信登录、企业微信登录、QQ 登录、钉钉登录、公众号关注登录、飞书登录、抖音登录、微博登录、淘宝登录、支付宝登录等，以及通过规范文档开发，自定义集成第三方登录方式。

2）使用多种认证协议，如 CAS、OAuth 2.0、OIDC、SAML、WS-Fun、JWT 等。既以身份管理系统为 IDP 集成至各个业务系统完成单点授权和认证，也以身份管理系统为 SP（服务供应商）认证代理到第三方的身份认证中心的 IDP 去认证，实现多认证互信能力。

3）设置认证级别，使所有认证方式拥有开关控制和级别配置。认证方式包括静态密码、短信验证码、互联网认证、OTP、微信公众号、二维码、手机声纹识别、手机一键登录、手机手势、手机本机号码、手机指纹识别、ESSO 人脸识别、ESSO 指纹识别、钉钉验证码、微信公众号验证码、企业微信验证码、手机人脸识别。

4）配置平台登录认证链功能，让部分用户在登录平台时强制完成二、三次认证，确保访问用户合法。

5）设置访问风险控制策略。当用户登录平台时，平台会记录用户的登录信息，包括登录账号、认证类型、设备类型、浏览器、登录时间、登录成功状态、登录 IP、User-Agent、设备指纹、设备经纬度、访问应用、应用账号、触发策略、触发信任。通过安全访问策略，根据用户行为进行持续风险识别，可以识别异地登录安全风险、非常用设备安全风险、非常用 IP 安全风险、非常用账号安全风险、认证错误频率安全风险、异常网络安全风险、个人行为习惯安全风险，并结合不同的认证策略在不同场景或风险级别调用不同强度的认证能力。常见的访问风险控制策略举例如下。

- 常规认证策略。根据网段和账号设置可以展示的登录方式、密码错误提示及锁定策略、登录频率风险。IDA 认证策略根据触发风险，可以进行告警、阻止、二次认证、二次认证登录类型选择。二次认证成功后设置常用的设备及“IP+ 账号”“账号 + 设备”“账号 + 时段”“城市 + 账号”；二次认证失败后立即注销、告警、设置黑名单和白名单。
- 二次认证策略。根据应用设置，单点登录时进行二次认证，可以选择多种认证方式，例如，第一次访问应用时进行二次认证，在认证成功后单点登录状态不退出的情况再次访问时则无须进行二次认证。

（7）集中审计

集中审计包括基于角色的行为审计功能、完善的风控管理能力、细粒度的日志统计分析功能、针对设备的审计分析功能。

集中审计包括以下主要任务。

1）用户管理审计，对用户信息新建、删除、修改等操作行为的记录，清晰记录账号ID在什么时间、地点，使用某客户端IP修改了什么字段来改变用户信息或新建用户。

2）用户岗位审计，对用户岗位信息新建、删除、修改等操作行为记录，清晰记录账号ID在什么时间、地点，使用某客户端IP修改了什么字段来改变岗位信息或新建岗位。

3）用户类型审计，对用户类型新建、删除、修改等操作行为的记录，清晰记录账号ID在什么时间、地点，使用某客户端IP修改了什么字段来改变用户类型信息或新建用户类型。

4）用户组织审计，对用户组织信息新建、删除、修改等操作行为的记录，清晰记录账号ID在什么时间、地点，使用某客户端IP修改了什么字段来改变用户类型信息或新建用户组织类型。

5）平台访问审计，对用户登录、退出应用的行为的记录，即对某人访问应用的登录时间、登录地点、登录方式、客户端IP、服务器IP、设备ID、操作是否成功、登录/退出行为等的记录。

6）登录应用审计，对用户登录应用的行为的记录，即登录应用的详细信息，包括登录时间、登录地点、登录方式、客户端IP、服务器IP、设备ID以及登录状态。

7）应用配置审计，对应用配置的记录，即对操作人在某时间地点对某应用进行什么配置的操作行为的记录。

8）应用账号管理审计，对应用下绑定的账号信息的记录，统计该应用下的用户信息。

9）策略配置审计，对分组策略、分级策略、账号同步策略等进行新建、删除、修改行为的描述，包括时间、地点、IP地址、操作人信息等。

10）自服务绑定信息审计，对用户在自服务中绑定信息及操作的详细记录，包括账号ID在什么时间、地点，使用的客户端IP是什么，使用什么验证方式、验证码进行绑定，以及绑定ID、绑定信息等。

11）自服务个人信息修改审计，对用户进行的个人信息修改行为的记录，包括账号ID在什么时间、地点，使用什么客户端IP对联系方式、邮箱以及头像进行修改的行为描述。

12）自服务密码找回审计，对用户找回密码行为的记录，包括账号ID在什么时间、地点，使用什么客户端IP通过手机、邮箱或安全密保问题方式找回密码的行为描述。

13）自服务修改密码审计，对用户修改密码操作的行为记录，记录账号 ID 在什么时间、地点，使用什么客户端 IP 进行密码修改操作的行为描述。

（8）身份集成接口

通过跨域身份管理（System for Cross-domain Identity Management，SCIM）系统，管理员可以在系统之间自动交换用户身份信息。

SCIM 2.0 建立在一个对象模型之上，其中“资源”是公分母，所有 SCIM 对象都是从它派生的。如图 4-36 所示，它具有 id、externalId 和 meta 的属性，RFC 7643 定义了扩展通用属性的 User、Group 和 EnterpriseUser。

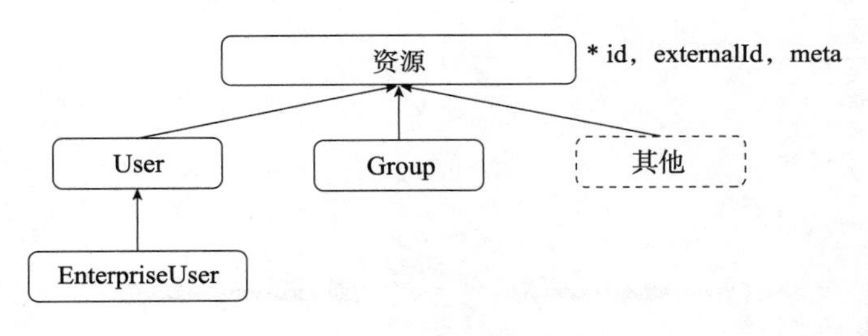

图 4-36　SCIM

为了简化互操作性，SCIM 提供了 3 个端点来提供系统支持的功能和特定属性详细信息。

- GET /ServiceProviderConfig，规范合规性、身份验证方案、数据模型。
- GET /ResourceTypes，可用资源类型的端点。
- GET /Schemas，资源和属性扩展。

标准操作接口如下。

- Create: POST https://example.com/{v}/{resource}
- Read: GET https://example.com/{v}/{resource}/{id}
- Replace: PUT https://example.com/{v}/{resource}/{id}
- Delete: DELETE https://example.com/{v}/{resource}/{id}
- Update: PATCH https://example.com/{v}/{resource}/{id}
- Search: GET https://example.com/{v}/{resource}?filter={attribute}{op}{value}&sortBy={attributeName}&sortOrder={ascending|descending}

- Bulk: POST https://example.com/{v}/Bulk
- {v}:SCIM 协议的版本号，目前常用 v1.1 和 v2，本次实现使用 v2。
- {resource}: 资源对象的类型，如 User、Group 等。
- {id}: 对应资源目标对象的 ID。

3. 身份安全的核心能力

（1）自适应访问控制

在持续的风险控制过程中，需要对整个访问生命周期进行如下几个阶段的设计，如图 4-37 所示。

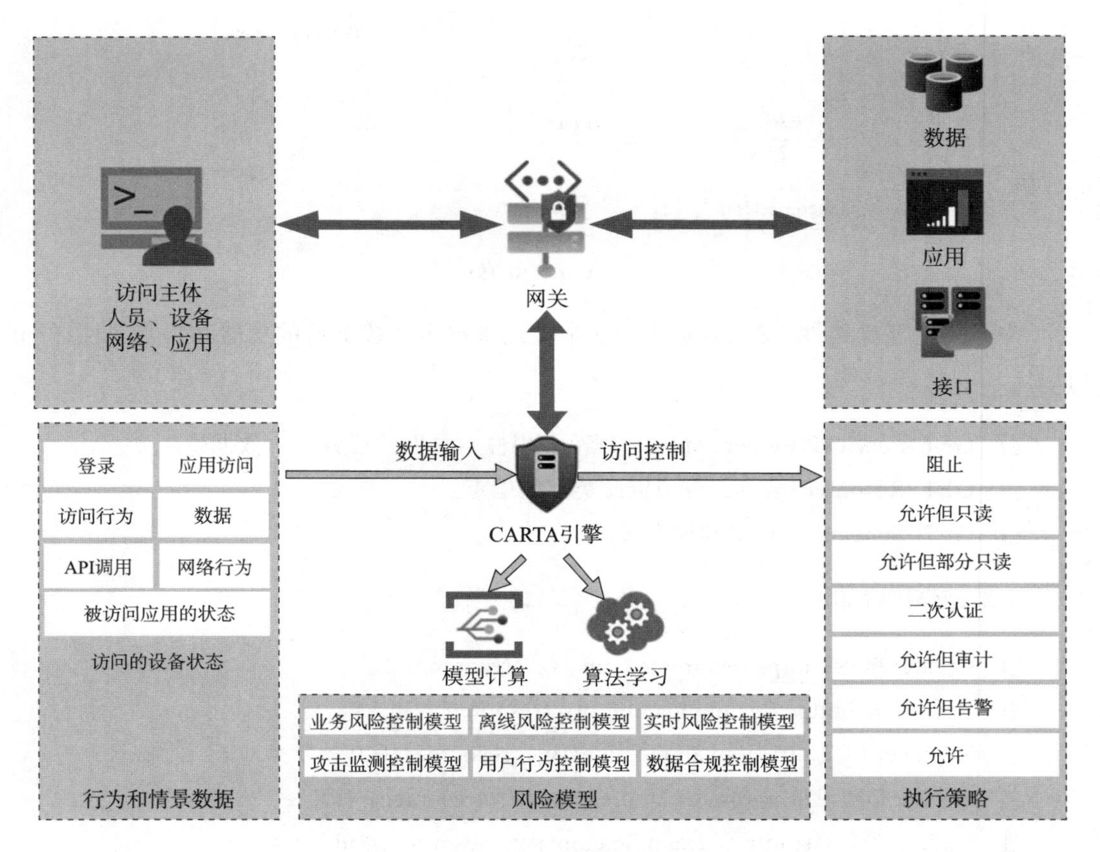

图 4-37　安全风险访问控制联动

1）风险识别，即判断网络中存在的风险，如攻击、漏洞、违规、越权、威胁、异常。需要结合终端可信环境感知、持续威胁检测、态势感知等安全分析技术全面分析访问行为的风险程度。

2）身份信任，即通过授权、认证进行判断识别身份。可结合多因素认证来提高身份识别的可信程度，并且根据身份级别和资源级别进一步实施访问控制。

3）持续评估。风险识别和身份信任的研判过程是持续不断的，通过 AI 机器学习进行算法模型迭代更新，能更快速、准确地进行判断和分析。

4）自适应。通过算法模型动态调整其信任级别，并且在身级别低于资源级别时通过智能的多因素认证平台进行强认证校验，以此来提高身份级别。以及，在访问控制中进行综合研判、动态赋权、自动变更权限。

（2）防护保护

通过各种多样的身份验证技术降低各个环节的风险，如图 4-38 所示。

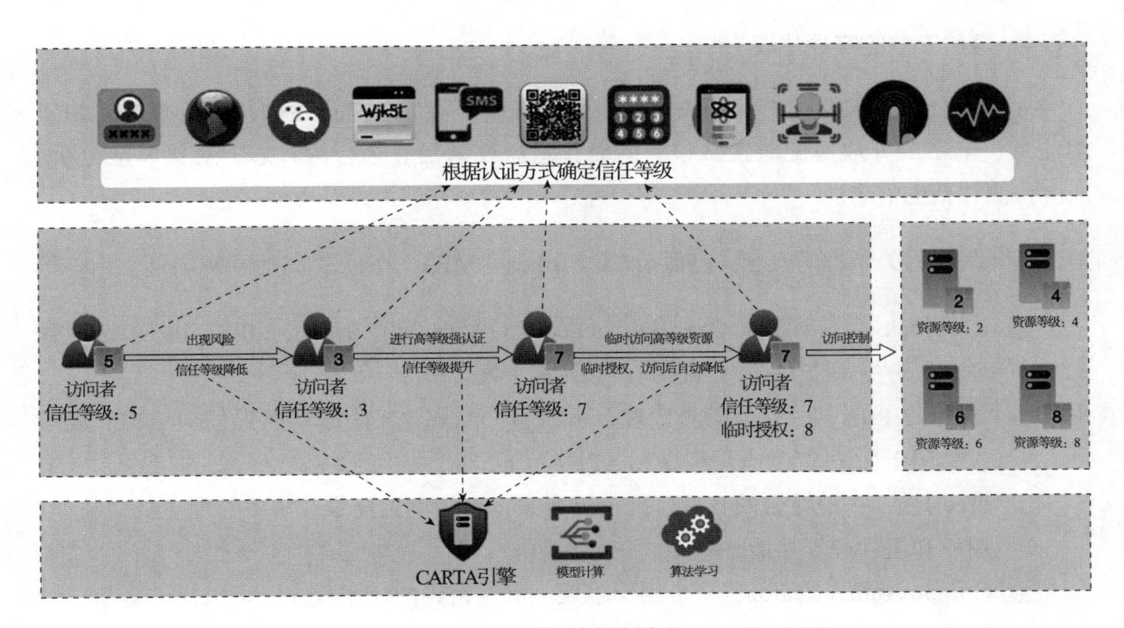

图 4-38　风险控制定级

初始给所有资源提供者设置资源等级，可以按应用、API、数据的敏感程度设计不同的等级。

1）访问者初始访问须经过身份认证。若根据认证方式、出示的凭证等可以确定访问者初始信任等级为 5 级，那么该访问者就可以访问 5 级及以下级别的资源和数据。

2）出现风险访问者，则信任等级下降。风险引擎会进行持续的评估，若发现访问存在风险则会实时动态地将访问者的信任等级降低为 3 级，那么访问者就只能访问 3 级及以下级别的资源和数据，无法再次访问 5 级的资源和数据。

3）若访问者需要访问高等级数据和资源，而当前访问者的等级不足以访问高等级数据，则需要提供一个提升访问者信任等级的强认证方式，如通过一次人脸识别将访问者信任等级提升到 7 级，使其可以访问更高级别的资源和数据。

4）若访问者需要临时访问高等级数据和资源，在当前访问者等级无法升到超高级时，则可以通过其他高等级用户或管理员临时授权等方式，暂时提升该访问者的等级，使其可以临时访问超高级的数据和资源，并且后续进行自动降级，以更好地保护超高级数据和资源。

4. 身份安全的实现建议

身份安全体系需要提供认证协议、多种动态认证能力、身份生命周期管理、组织架构信息、丰富的开放适配对接接口。同时，它需要满足登录行为日志、对接风险分析、风险检测评估的需求。

以下是一些关于身份安全（包括 IAM、Token、MFA 领域）优秀的开源项目。

- Keycloak：一个基于 OpenID Connect、OAuth 2.0、SAML 2.0 的身份和访问管理解决方案，支持多种身份验证和授权方法。
- OAuth2 Proxy：一个反向代理，可以将 OAuth 2.0 认证添加到任何 HTTP 端点上，用于保护 Web 应用程序和 API。
- FreeIPA：一种综合的身份管理解决方案，包括单点登录、集中管理主机和服务、用户和组管理等功能。
- Google Authenticator：一个用于生成一次性密码的应用程序，可以与许多基于时间的一次性密码算法（TOTP）配合使用，以实现 MFA。
- Yubico Authenticator：一个开源的 MFA 应用程序，支持与 YubiKey 设备一起使用，以实现硬件令牌和软件令牌的多因素身份验证。
- HashiCorp Vault：一个用于安全存储和管理机密数据的开源工具，支持多种身份验证和访问控制方法，包括 Token、用户名 / 密码、LDAP、AWS IAM 等。

- Keywhiz：一个简单、安全的秘密管理服务，支持轻松地创建、存储和分发机密，如 SSL 证书、API 密钥等。

4.3.2　网络流量安全

1. 网络流量安全风险

终端设备可以通过零信任网络接入的框架接入企业网络以访问企业资源。在这个过程中，终端设备所在的网络环境可能是办公场所中开放宽松的网络、家庭网络、在外的商业公共网络。这些网络环境均面临着恶意流量攻击的威胁，如利用高危服务端口传播的蠕虫、公共网络扫描爆破等，对此主要靠终端设备自身的防火墙或者其他终端加固方式进行恶意流量防护。用户也会需要用终端设备访问公共网络，此时防御一些恶意控制域名 IP、钓鱼站点等威胁只能依靠终端设备防护提升。当然，可以先把终端所有流量劫持到网关再去访问，在网关部署恶意流量检测，并且对公共网络的流量进行特征检测和附件拆包，以实现恶意检测。

从终端到网关，一般为防止 DNS 污染劫持会做一些保护设计，同时通过加密防止中间人窃密。安全措施主要在网关部分，此时网络暴露在公共网络入口，要面对僵尸网络 DDoS、恶意流量投递等攻击。对此，首先，系统的 SPA 可以提供一定的安全保护能力；其次，一些常见的云抗、WAF、防火墙的服务都可以提供对应的防护能力。

而对于服务器区的网络环境安全，针对业务流量的防护措施就比较多了，常见的如 IDS 及专用的流量审计和检测设备。尽管前端采取了一些网关等网络策略进行隔离，但在实际运营中，无论在公网还是在内网，仍然存在一些流量可能对服务进行扫描、入侵或攻击等。

总之，常用的网络安全产品包括抗 DDoS、防火墙、WAF、IDS 等设备或者服务。这里就不做过多介绍了。

2. 网络流量安全的关键技术及方案

（1）抗 DDoS 技术方案

其核心技术在前面已经有过讲解，建立连接前做过滤处理。首先，前面讲的单包认证就是其中一种简单的便宜方案；其次，可以购买对应的清洗设备，或者使用云厂商提供的高防服务或者云抗 DDoS 服务，以及通过前置的分布式网络 CDN 把自己的服务放在这些服务之后进行保护。

（2）防火墙

主要通过网络源、目的、协议、时间、动作等要素对网络访问行为进行策略控制，一般串行部署在网络边界进行隔离。

（3）IDS

主要是对已经发生的攻击行为进行处理。一般旁路部署防火墙之后靠近业务服务器，通过硬件探针或者交换机流量镜像获取数据，然后进行协议记录、分析（模式匹配识别、统计分析）和告警，再对会话进行阻断或者联动防火墙进行处理。

（4）IPS

对攻击事件或者攻击行为做事前感知和预防，一般部署在网络的出入口。根据过滤器分析对应的数据包，检测到恶意的包就不再继续传输，对可疑的数据会进一步检测。

（5）WAF

主要通过代理服务、Web 内容特征识别来检测和阻断 Web 入侵，从而对抗 SQL 注入、XSS 注入、WebShell 等攻击。

SPA 单包授权前面已经讲过，这里不再详细说明。

3. 网络流量安全产品

外网访问流量风险、终端设备所在网络环境风险、服务入侵风险、未知来源访问风险、网络 IP 的来源和目的以及服务对象的风险、服务器所在网络环境风险，都可以作为持续安全风险评估和动态访问控制的输入因素，从而在遇到不同对象或者环境的风险时，顺利决策是否继续访问、改变权限，或者执行其他响应处理动作，降低企业的整体安全风险。

不同的安全能力根据不同位置和角色来保护各自领域的环境及关键对象的安全，让企业整体安全在访问全过程中都能得到更有效的保障。

4. 网络流量安全的实现建议

对于设备或者云服务，有些属于带宽和硬件性能密集型，则可以与第三方集成联动，自身则可以集中关注对关键对象和网关关键流量本身的分析，包括流量协议、特征行为等，以检测风险。因为零信任网络接入框架自带终端和网关，所以可以很方便地获取和分析对应的网络流量。

（1）抗 DDoS 设备

- Fail2ban：一个用于监控系统日志并执行相应动作的防护软件，能够自动化地进行防护和屏蔽 IP 攻击者。
- ModSecurity：一个开源的 Web 应用程序防火墙，可以用于检测和阻止 Web 应用程序的攻击，包括 DDoS 攻击。
- Snort：一款网络入侵检测系统，可以用于检测和防御 DDoS 攻击，支持多种协议和规则。

（2）防火墙

- iptables：一个基于 Linux 内核的防火墙软件，可以进行包过滤、端口转发等操作，支持对网络流量进行控制。
- pfSense：一款基于 FreeBSD 的开源防火墙，提供 Web 界面进行配置，支持多种防护功能。
- OpenWrt：一款嵌入式 Linux 操作系统，支持在路由器等设备上使用，提供强大的网络管理和安全保护功能。

（3）WAF

- ModSecurity：前面已经介绍过，是一个开源的 Web 应用程序防火墙，可用于检测和防御对 Web 应用程序的攻击。
- Naxsi：一个开源的 Web 应用程序防火墙，能够实现基于规则的防护，支持多种协议。
- WebKnight：一款基于 IIS 的 WAF，支持多种规则集和协议。

（4）IDS

- Snort：前面已经介绍过，是一款网络入侵检测系统，支持多种规则集和协议。
- OSSEC：一个开源的主机入侵检测系统，可监控文件、注册表、日志和网络等事件，支持多种操作系统。
- Suricata：一款高性能的开源 IDS/IPS 系统，支持多线程和多核心处理，可进行流量分析和事件检测。

4.3.3 终端设备安全

1. 终端设备安全风险

终端设备作为网络接入端，需要考虑多方面的安全威胁，包括硬件设备可能遭受外部设备入侵或数据泄露的风险。此外，还需要考虑终端设备、操作系统以及在终端网络环境中运行的服务所面临的各种风险。这些风险包括可能在使用过程中遭受钓鱼攻击、恶意木马和病毒感染、社会工程攻击等。此外，攻击者还可以借助终端设备和已经合法连接到网络的设备来入侵企业内部系统。

2. 终端安全的关键技术及方案

- 病毒防护：借助病毒二进制特征、局部组合或者整体样本特征、行为特征判定用于恶意感染、破坏、窃密等目的的恶意代码，并对其进行隔离阻断清除等处理。
- 漏洞管理：主要对操作系统、关键服务和应用程序的漏洞进行检查发现和对应的修复。
- 反入侵：借助终端行为特征进行入侵检测，包括收集系统文件、网络、进程、注册表、剪贴板等行为数据进行分析判定，或者联动威胁情报系统进行判定等，旨在防范入侵行为。

对于其他技术和方案，有兴趣的读者可以自己去网络搜索并学习。

3. 终端安全产品

终端设备安全产品的风险检测范围包括常见的终端安全基线检查、病毒 / 木马检测、可疑高危入侵行为和数据泄露行为等，这些都可以作为动态访问控制的授权判断条件。此外，对于访问接入异常的对象，还可以触发联动响应处理任务，包括安全产品的访问控制、进程隔离等措施，以加强风险应对和网络安全防护的力度。

传统的终端安全防护能力的产品包括病毒防护、漏洞防护、终端系统软 / 硬件管控、终端加固基线安全、主机审计、EDR 之类的系统。

4. 终端设备的实现建议

一些简单的基线检测和基线处理可以直接规划在零信任网络接入的核心框架里面，而设备安全是访问场景中不可避开的场景。

收集更多的风险终端安全行为数据，如文件、网络、进程、API 行为等，可以在零信任体系结构里面构建对应的风险分析模块，直接作用于对应的访问关键对象，如系统设备、应用程序、流量。对于有端设备的解决方案而言，这种做法非常便捷，但需要企业提供相应的安全投入。此外，可以在建设相对完善的访问接入框架之后，集成更多已购买的设备安全相关产品。这种做法在国外比较常见，国内部分团队也拥有完整的构建能力，但会受到国内市场现状的影响。在一些情况下，由于某一领域的经济回报有限，企业会继续扩展其他自主建设的领域。

4.3.4　数据安全

1. 数据安全风险

在零信任网络接入的场景中，终端设备通常用于企业内部系统访问、下载和处理数据，而且这些数据会存储在终端上。这些存储的数据面临多种风险，如利用外部设备复制、通过公共云盘或 IM 应用外传、使用各种云存储服务外传等。此外，还可能存在物理设备丢失导致终端设备上的敏感信息泄露的风险。这些数据可能包括设计图、源代码、企业财务信息报表、特定行业的审核信息、敏感用户数据、经营信息等。因此，企业不仅需要担心数据泄露可能带来的竞争对手的威胁和公关危机，还需要考虑与法律合规相关的风险。几乎所有国家都发布了相关的法律法规，要求企业和个人在处理数据时必须合规操作。

2. 数据安全的关键技术及方案

1）常见的 DLP（数据丢失防护）技术主要有流量 DLP 和终端 DLP 两种。流量 DLP 通过流量拆包分析和业务流向行为分析来过滤和控制文件内容；终端 DLP 则通过终端代理截获各种软件和硬件行为来识别文件内容敏感等级，并进行拦截、审计、挑战等。

2）VDI（虚拟化桌面基础设施）技术可以提供受控的终端和安全的链路，配合零信任网络接入提供服务，专用在一些敏感的职位。

3）数据沙盒则可以对零信任网络接入终端所下载的企业内网的数据资源进行自动隔离和访问管理限制，降低数据泄露的风险。

4）透明加解密技术能够在端到端获取文件时，在同样环境或权限合法的情况下自动打开对应的解密文件。

5）常见的数字水印技术分为明水印和隐藏水印两种类型。其中明水印可以通过透明窗口和低透明度的文字实现，或者打印截获、追加绘制对应的信息；隐藏水印则可以通过扩频在图片的不可识别频域增加对应的隐藏信息。

这些数据安全产品都是为了防止数据泄露而设计的，它们能够提供可控的终端、安全链路、自动隔离和访问管理限制、透明加解密和数字水印技术等，从而降低系统层面进程或者网络之间的外泄风险。

3. 数据安全产品

在零信任网络接入中，数据安全产品可以和网络接入控制系统协同工作，提供更全面的安全保护。

- DLP：通过外送通道（如 IM、浏览器、邮件、外设等）的敏感内容监测，进行阻断、审批、审计和回溯，支持对各种数据进行敏感分类、分级管理和识别检测。
- VDI：提供远程虚拟化的服务器，专门用于数据分析之类的工作，系统对此做了大量的外传限制和行为审计。
- 数据沙盒：针对敏感数据进行文件操作访问隔离，对数据访问与身份网络合法性进行统一策略管理。这意味着只有具有特定身份和权限的进程及程序才能访问特定类型的数据文件，从而隔离非法访问，降低数据外泄的风险。
- 其他产品：如透明加解密、数字水印产品。

以下是这些数据安全产品和零信任网络接入的联动方式。

- DLP：可以集成到关键的服务器和终端上，降低通过各种通道泄露数据的风险，并通过监测各种数据泄露事件，识别与人员和设备相关的风险。这些信息可以与访问控制模块联动，及时发现泄露的人员和设备信息，并调用访问控制模块阻断访问会话，从而减小企业的损失。
- VDI：提供受控的终端和安全的链路，为用户提供更安全的服务。它可以与访问控制模块协同工作，增强对身份和目标 IP 的访问控制，进行链路加密并监控终端安全状态的变化，以及时阻断访问。
- 数据沙盒：企业内部数据资源可以被下载到接入零信任网络的终端上进行访问，同时自动进行隔离和访问管理限制。用户不需要使用复杂的 DLP 内容策略来保护这些数据资源，而是直接对这些数据进行保护。同时，终端上的数据处理过程可以对这些数据进行加工，进一步降低数据泄露的风险。自动联动访问控制系统，识别下载数据为策略中敏感服务器的资源，自动进行隔离保护。

- 透明加解密和数字水印：这些技术可以进一步增强零信任网络接入场景的安全保护，确保数据传输过程中的机密性和完整性。针对任意办公地点的终端，访问下载企业数据进行透明加解密、屏幕水印等，减少终端外传数据泄露、终端设备丢失、被截图泄露数据等风险。

4. 数据安全的实现建议

这些领域数据安全产品有相关的开源方案可以参考，介绍一些开源项目如下。

（1）VDI

- Apache Guacamole：一个基于 HTML5 的远程桌面网关，支持将远程桌面以 Web 应用的形式提供给用户使用。
- FreeRDP：一个自由、开源的远程桌面协议实现，支持各种平台的远程桌面连接，包括 Windows、Linux 和 macOS 等。
- QEMU：一个基于 KVM 的虚拟机管理器，支持将 Linux 桌面或 Windows 桌面以虚拟机形式提供给用户使用。

（2）DLP

- MyDLP：一个面向企业用户的终端 DLP 解决方案，支持 Windows 和 Linux 等平台，提供数据分类和标记、数据传输监控和拦截、设备管理等功能。
- OpenDLP：一个开源的 DLP 解决方案，支持 Windows 和 Linux 等平台，提供对文档、邮件等的敏感数据识别和监控、数据传输监控和拦截、设备管理等功能。
- Osquery：一个基于 SQL 的操作系统查询工具，支持实时监控主机的系统调用、进程启动和文件操作等行为，并可进行规则匹配和预警。

（3）数据沙盒

- Sandboxie：一款免费的 Windows 应用程序沙盒工具，可以将应用程序隔离在一个虚拟环境中运行，以保护计算机免受恶意软件、病毒和其他威胁的攻击。
- Firejail：一个轻量级的 Linux 进程沙盒工具，支持对进程的系统调用和文件访问等行为进行限制，提高系统安全性。
- SELinux：一种基于 Linux 内核的强制访问控制机制，可通过定义策略文件来控制进程的权限和行为。

（4）水印

- Steghide：一个开源的命令行隐写工具，支持将文件及文本隐藏在图像或音频等媒体文件中，并可设置密码进行加密保护。
- OpenStego：一个免费的隐写软件，支持将数据隐藏在图像和音频文件中，并可设置加密密码进行保护。
- Invisible Watermarking：一个用 Python 语言实现的数字水印库，支持图像和视频等媒体文件的数字水印嵌入与提取。

需要注意的是，这些开源项目仅供参考，应根据实际情况，结合其具体功能及使用方式进行选择和定制。

除上述方案外，与其他风险检测和防护类产品进行联动（包括 SOC、SIEM、XDR、UEBA 及其他企业管理和风险控制系统）也能输出相应的关键对象风险结果，涉及人员、设备和业务系统等方面的信息；同时能输出网络位置风险，以供零信任网络接入框架进行安全风险评估和动态访问控制，并且能为访问过程提供更多的风险监测和防护。

4.3.5 企业安全建设路径

对于那些安全建设仍处于初始状态的公司，首先可以启动零信任网络接入框架的访问控制模块，然后逐步扩展到针对其他安全需求的建设。最初的关注点应放在保障身份和设备的安全性上，然后关注风险监测和数据安全等方面。

对于那些已经有一定基础的安全建设的公司，则可以考虑在复用原有的安全设施的基础上，完成零信任网络接入框架的部署以及对各类已有的安全设施的信息对接、检测和响应。之后，根据实际需要，对企业所需的安全防护能力逐步进行完善。

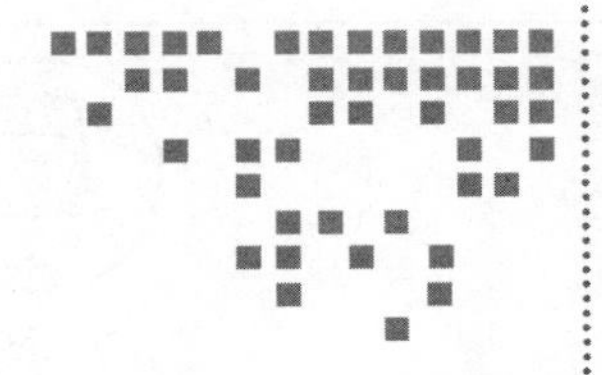

第 5 章 Chapter 5

服务访问服务场景及技术方案

5.1 场景概述

5.1.1 工作负载访问场景分析

随着云计算技术的深入应用，用户应用系统逐步上云，数据中心基础架构发生了巨大变化。而近年来，云计算应用进入成熟阶段，以“生在云上、长在云上”为核心理念的云原生技术被视为云计算未来十年的重要发展方向。从“上云”到“全面上云”，从“云化”到“云原生化”，云原生成为一种刚需。

相比于传统的物理网络和过去的云计算网络，云原生在安全方案上最大的挑战恰恰是其敏捷、灵活、分布式的特性所导致的环境复杂多变、飘忽不定。在强调弹性、灵活的云化数据中心，虚拟机、容器等工作负载将随时发生复制、扩缩容、漂移或消亡，这种飘忽不定的环境使得在数据中心内部划定边界、分域而治的防御思想不再可行。传统的数据中心隔离情况如图 5-1 所示。

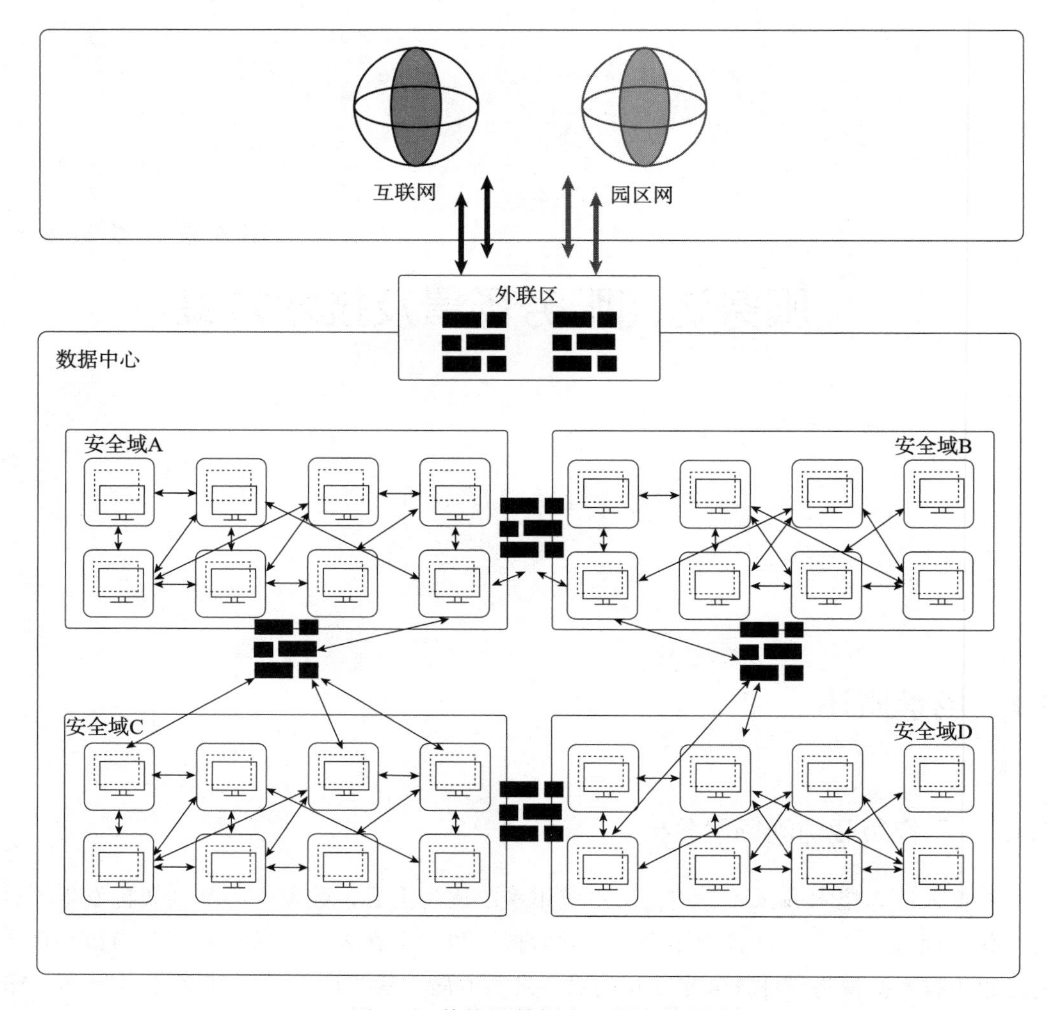

图 5-1 传统的数据中心隔离情况

微服务架构使传统的单体巨系统原子化，数据中心中 75% 的网络流量均发生于内部，由工作负载间的横向连接而产生。对于侧重边界防护、面向基础设施、主要针对南北向流量构建纵深防御体系的传统安全技术而言，东西向流量已然成为当前安全措施难以覆盖的空白地带。

东西向流量的管理缺失，给数据中心、业务应用和数据带来了巨大安全风险。基于著名的 Cyber Kill Chain，随着攻击手段的持续演进，首先渗透脆弱系统，进而以其为跳板在内网空间横向移动，几乎成为当前网络攻击的标准手法和规定动作。近年来发生的恶性网络攻击、数据泄露事件，无一不是攻击者在成功侵入网络后，通过大面积横向侧移，持续扩大"战果"而造成重大损失，承载核心业务和关键数据的数据中心则成为重灾区。由于缺乏精细化的东西向流量管理措施，攻击者侵入网络后的横向侧移、恶意代码的内部传播毫无障碍，正所谓"单点突破、整网暴露"。

国外一项公开测试表明，在一个由 100 个工作负载组成的模拟数据中心环境中，当一个工作负载失陷，且内部为域内全通的状态时，以失陷系统为跳板可在 30min 内完成多次横向渗透，最终攻陷核心数据服务器。而采用同样的环境，基于业务系统进行有效隔离后，获得核心数据的攻击成本将增加至原先的 4.5 倍。这一数据足以说明在数据中心内部的工作负载间进行访问控制、服务认证，对提升防护强度具有实效。

5.1.2　政策合规场景分析

1. 等级保护 2.0

随着《中华人民共和国网络安全法》出台，网络等级保护进入网络信息安全等级保护 2.0 时代。等级保护 2.0 的一个核心变化是从边界防御的思维模式走向了全网协同防御的整体安全观，从以黑名单为主要防御技术走向以白名单为核心特征的零信任安全体系。在等级保护 2.0 以前，用于数据中心内部横向流量控制的微隔离技术属于"高配"技术，而随着等级保护 2.0 技术标准正式发布，微隔离技术已从过去的"高配"变成"标配"。

按照等级保护 2.0 中云计算安全扩展要求，以其中的"第三级"要求为例，对云内东西向流量的安全通信网络、安全区域边界、安全计算环境提出如下合规要求。

（1）安全通信网络

- 应具有根据云服务客户业务需求提供通信传输、边界防护、入侵防范等安全机制的能力。
- 应具有根据云服务客户业务需求自主设置安全策略的能力，包括定义访问路径、选择安全组件、配置安全策略。

（2）安全区域边界

- 应在虚拟化网络边界部署访问控制机制，并设置访问控制规则。
- 应在不同等级的网络区域边界部署访问控制机制，设置访问控制规则。

- 应能检测到虚拟机与宿主机、虚拟机与虚拟机之间的异常流量。

（3）安全计算环境

- 应保证当虚拟机迁移时，访问控制策略随其迁移。
- 应允许云服务客户设置不同虚拟机之间的访问控制策略。

这些安全要求主要要求云服务提供商需要具备以下能力：提供安全通信机制、提供自主设置安全策略的能力、在网络边界和不同等级的区域部署访问控制机制、检测虚拟机与宿主机以及虚拟机与虚拟机之间的异常流量、保证虚拟机迁移时访问控制策略随其迁移、允许云服务客户设置不同虚拟机之间的访问控制策略。

2. 行业规范

2020年10月16日，中国人民银行正式发布JR/T 0166—2020《云计算技术金融应用规范 技术架构》、JR/T 0167—2020《云计算技术金融应用规范 安全技术要求》、JR/T 0168—2020《云计算技术金融应用规范 容灾》等金融行业标准，确保金融云在安全性、稳定性、适配性等方面满足监管要求和行业需要，防范因云服务缺陷引发的风险向金融领域传导。

《云计算技术金融应用规范 安全技术要求》围绕云计算金融应用潜在风险，在兼容国家和金融行业现有信息系统安全要求的基础上，通过基本要求、扩展要求和增强要求3个类别分类施策，提出基础硬件安全、资源抽象与控制安全、应用安全、数据安全、安全管理、服务能力和可选组件安全等方面的安全技术要求。

该规范对云内东西向流量管控提出了具体对应的要求。

（1）网络资源池安全

- 基本要求：应支持云服务使用者自行划分安全区域；应支持云服务使用者监控所拥有各网络节点间的流量。
- 增强要求：应支持识别、监控虚拟机之间的流量。

（2）访问控制

- 基本要求：应部署访问控制策略，实现虚拟机之间、虚拟机与资源管理和调度平台之间、虚拟机与外部网络之间的安全访问控制。

- 扩展要求：应支持云服务使用者自行在虚拟网络边界设置访问控制规则；应支持云服务使用者自行划分子网、设置访问控制规则。

（3）计算资源池安全

- 基本要求：应记录虚拟机运行状况、网络流量、管理员用户行为等日志。

为了保障云计算平台的安全性，需要在网络资源池和计算资源池之间实施微隔离措施。在网络资源池安全方面，需要支持用户划分安全区域、监控网络节点流量的基本要求，并支持虚拟机间流量识别和监控的增强要求。同时，在访问控制方面，需要实现虚拟机访问控制的基本要求以及支持用户自行设置访问控制规则和划分子网的扩展要求。在计算资源池安全方面，需要记录虚拟机运行状况、网络流量和管理员用户行为等日志。这些需求有助于满足相关法规和技术框架的要求，提高微隔离系统的安全性和合规性。

综上，无论从等级保护合规的角度，还是行业规范的角度出发，微隔离系统建设都应充分参考相关法规和技术框架，实现能力补齐、满足合规要求。

5.2 技术实现

5.2.1 微隔离技术实现

微隔离（Micro-Segmentation）亦称为微分段、软件定义分段、基于身份的分段、零信任分段、逻辑分段等。区别于传统基于防火墙的安全域隔离，微隔离基于工作负载身份，通过访问控制策略或加密规则，对位于本地或云端数据中心的工作负载（物理机 / 虚拟机 / 容器等）、应用、程序进行细粒度隔离和精细化访问控制，从而实现缩减暴露面、阻止攻击横向侧移的安全目的。

1. 用户场景

随着云计算时代到来，企业需要调用的数据越来越多，大量分散且独立工作的控制点不但非常难以维护，而且难以实现细粒度和精细化，主要用于域间流量访问控制的防火墙越来越难以发挥效用，保障数据中心内部服务器之间交互流量的安全成为一个新话题。

由于数据中心工作负载规模庞大，内部互访流量占比较高，工作负载形态灵活多变，所以东西向流量的策略运维成本高、难度大，传统基于手工的策略运维方式无法适应新的基础设施架构。同时，内网中存在大量非必要开放的端口、缺乏管理的工作负载，导致非业务所需的越权访问时有发生，加之新型操作系统广泛应用，针对跨平台、跨地域的数据中心的工作负载不能有效进行统一管理，这已成为摆在企业面前的现实难题。

云原生环境下，传统数据中心利用防火墙实施域间访问控制的策略无法实现更细粒度的业务级、工作负载级控制，其安全策略的控制对象也仅能做到网段级，基于防火墙系统策略仅能够做到维护数据中心基础架构完整性的“宏分段”，而无法实现云原生环境中真正需要的“微隔离”。

同时，在云原生环境中，容器 IP 频繁发生无规律变化，一旦容器开始新的生命周期，新的 IP 将直接逃出原有静态策略的有效管控。由于容器的消亡与新建在云原生环境中是高频发生的，依靠人工删除原有策略并建立新策略的运维方式并不可取，而已失效的策略长时间堆积，又势必带来防火墙系统策略冗余、性能下降的副作用。

微隔离被认为是防火墙技术的发展与颠覆，用来对数据中心网络进行点到点的精细化访问控制，能够为大型客户在虚拟化数据中心、混合架构（虚拟机 + 容器）、混合云（公有云 + 私有云）、复杂数据中心（分布式、多活数据中心）等多种场景下提供东西向流量的可视化与自适应网络安全策略管理，帮助用户大幅缩短策略部署与调整时间、提升工作效率，构建数据中心内部零信任体系结构，让安全能力跟上瞬息万变的业务需求。

2. 总体技术方案

（1）技术定位

微隔离的概念最早由 VMware 在发布 NSX 产品时正式提出。Gartner 于 2015 年正式给出其概念定义，并在首次提出该技术时将其命名为“软件定义隔离”（Software Defined Segmentation），随后更名为“微隔离”（Micro-Segmentation），而近年来 Gartner 再次将其更名为“基于身份的隔离”（Identity-Based Segmentation），但其技术实质未发生显著变化，并始终作为云工作负载保护平台（CWPP）的一项基础能力。

Gartner 于 2018 年提出云原生环境下的容器安全控制分层理论，将容器安全能力按照优先级由高至低分为基础控制（Foundational Control）、基本控制（Basic Control）和基于风险的控制（Risk-Based Control），其中网络隔离（L3 Network Segmentation）被划分为必备的一种基础控制能力。

2020年，NIST发布的《零信任架构》标准首次在标准层面将微隔离作为零信任技术体系的重要组件。随后，DoD发布的《国防部零信任参考架构》标准则进一步明确了微隔离在零信任体系中的部署场景及作用。

CNCF于2021年发布的《云原生安全白皮书》指出，作为微服务部署的容器化应用程序的边界就是微服务本身。因此，有必要设定策略，只允许在得到许可的微服务间进行通信。在微服务架构中引入零信任，可以在一个微服务被攻陷时阻止其横向移动，从而缩小影响范围。运维人员应确保他们正在使用网络策略等功能，确保一个容器部署内的东西向网络通信只限于授权网络范围内。

综上，微隔离技术具有“云安全”和“零信任”的双重技术定位。根据Gartner最新发布的一期“Hype Cycle for Network Security”报告，微隔离技术已经进入“稳步爬升”阶段，成为网络安全领域中的一项主流技术手段。

国内微隔离技术的应用相对滞后于国外，相关产品自2018年开始在市场兴起。随着威胁环境日益严峻，新型基础设施面临的安全风险加剧，在等级保护2.0发布执行、实战化攻防演练常态开展等因素的同步推动下，微隔离市场需求在近年来得以持续放大。目前，包括运营商、能源、银行、保险、政府等行业在内的大型机构，均在积极开展微隔离系统的规模化部署应用。

近年来，随着关键行业持续加大云原生技术推广应用力度和范围，云原生环境微隔离的需求被进一步激发。目前，以银行、能源、大型企业等为代表的多个行业领域均已明确提出云原生微隔离方面的迫切需求，纷纷开始技术调研和试点应用。

与此同时，国内立项及制定的多项云安全、零信任相关行业标准和团体标准，均将微隔离纳入其范围之内，加速了微隔离技术的推广落地。2022年，工信部网络安全卓越验证示范中心联合中国泰尔实验室首次对云原生安全产品开展了“先进网络安全能力验证评估计划”，从功能性、性能效率、兼容性、易用性、可靠性、信息安全性、可维护性共7个方面对产品进行能力评估，微隔离被纳入测评品类。

（2）技术路线（方案架构）

基于微隔离技术对数据中心内部的东西向流量进行可视化、细粒度访问控制管理，是云化数据中心亟待补充的安全能力，也被视为保护云工作负载安全及云原生平台安全的基础安全能力。

微隔离系统的核心功能包括工作负载管理、连接关系分析、隔离与访问控制、策略自适应计算，能够适应多种云架构、虚拟化及容器平台部署，可纳管虚拟机、容器等多种类型的工作负载，具有较高的可靠性和安全性等。

微隔离系统由管理计算中心和策略执行组件两部分构成，其通用的框架如图 5-2 所示。

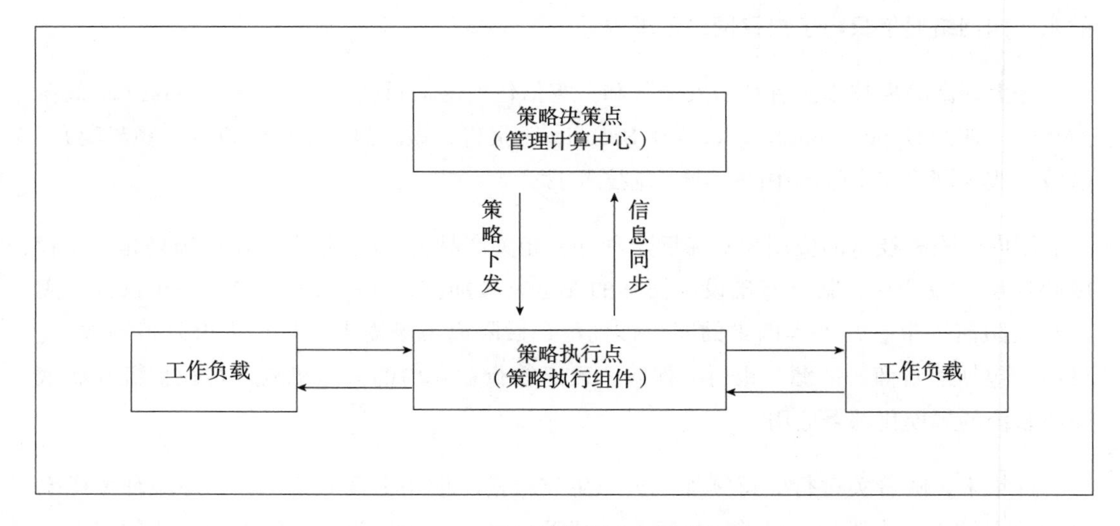

图 5-2　通用的微隔离系统框架

管理计算中心是零信任体系的策略决策点，是微隔离系统的控制和管理中心，为管理者提供策略配置入口，并根据策略执行组件学习到的工作负载信息实时计算、更新策略。

策略执行组件是零信任体系的策略执行点，是微隔离系统的执行代理，运行于工作负载的部署环境中，负责采集必要的工作负载运行上下文信息并同步至管理计算中心，接收并执行管理计算中心下发的策略规则。

根据技术观察，微隔离系统主要有 4 种技术路线，分别是基于云平台原生组件、基于第三方防火墙、混合模式及基于主机代理的微隔离实现，目前各种技术路线均有较为成熟落地的产品及解决方案。

1）基于云平台原生组件的隔离方案。利用虚拟化平台内在的网络管理组件完成微隔离，通常作为云平台的扩展能力向用户提供，如 VMware 公司的网络虚拟化套件 NSX、阿里云的安全组等。该技术路线充分利用云平台自身的高度可编排特性，能够与云管平台实现紧密结合，并能够规避外挂式安全方案带来的延迟和性能开销。不过，该类微隔离系统通常为云平台专属的安全组件，仅适用于自身平台，对同时采用多种虚拟化、云平台的体系结构进行统一管理的需求的满足程度较低，也难以在统一策略框架下对虚拟机、容器等不同类型工作负载进行无差别管理。云平台隔离的示意图如图 5-3 所示。

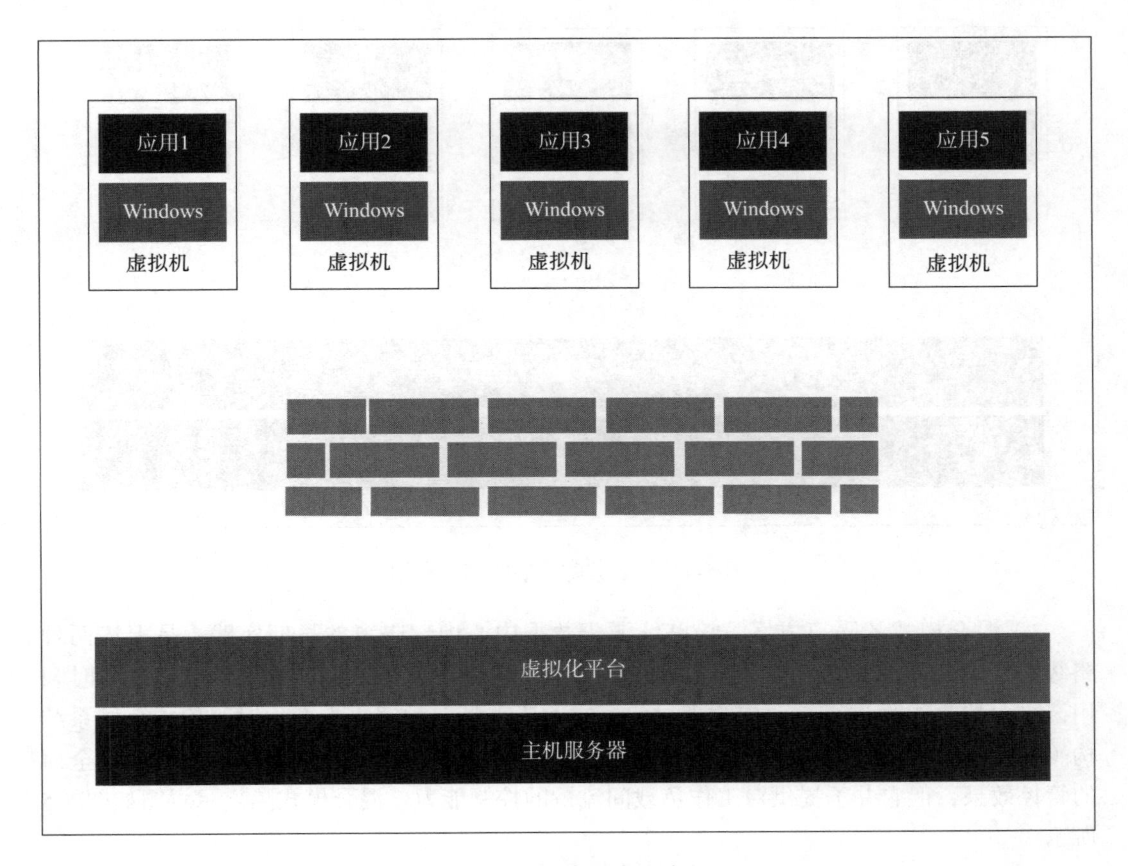

图 5-3　云平台隔离示意图

2）基于第三方防火墙的隔离方案。通过与云平台虚拟化层的适配，将平台内部的东西向流量引流至传统的防火墙系统实现访问控制。由于该路线基于较为成熟的防火墙技术，因此在微隔离技术发展早期较为流行。该路线理论上可利用防火墙系统较完整的安全功能，对东西向流量进行较全面的安全检测，不过由于其同步过程将产生较大的延迟，事实上该特性鲜有运用。同时，该路线具有较明显的性能劣势：一方面，需要将较高的性能压力集中于防火墙系统单点；另一方面，虚拟化防火墙部署于云平台内部，还将对云平台产生额外的资源占用。此外，该技术路线的环境适应性受其与虚拟化架构兼容程度的制约较大，故该路线同样难以适应复杂场景下的微隔离管理需求。第三方防火墙隔离的示意图如图 5-4 所示。

图 5-4　第三方防火墙隔离示意图

3）混合模式的隔离方案。该路线源于数据中心内部隔离的早期实践，是上述两种路线的结合，即利用第三方防火墙进行南北向（内网和外网之间）的安全管理，同时利用云平台原生组件进行东西向管理，此模式本质上是一种解决方案。对于偏传统体系结构（流量构成以南北向为主、安全需求主要面向南北向流量）的数据中心可提供较全面的管控效果，但它并不提供对工作负载间流量的控制能力。混合模式隔离示意图如图 5-5 所示。

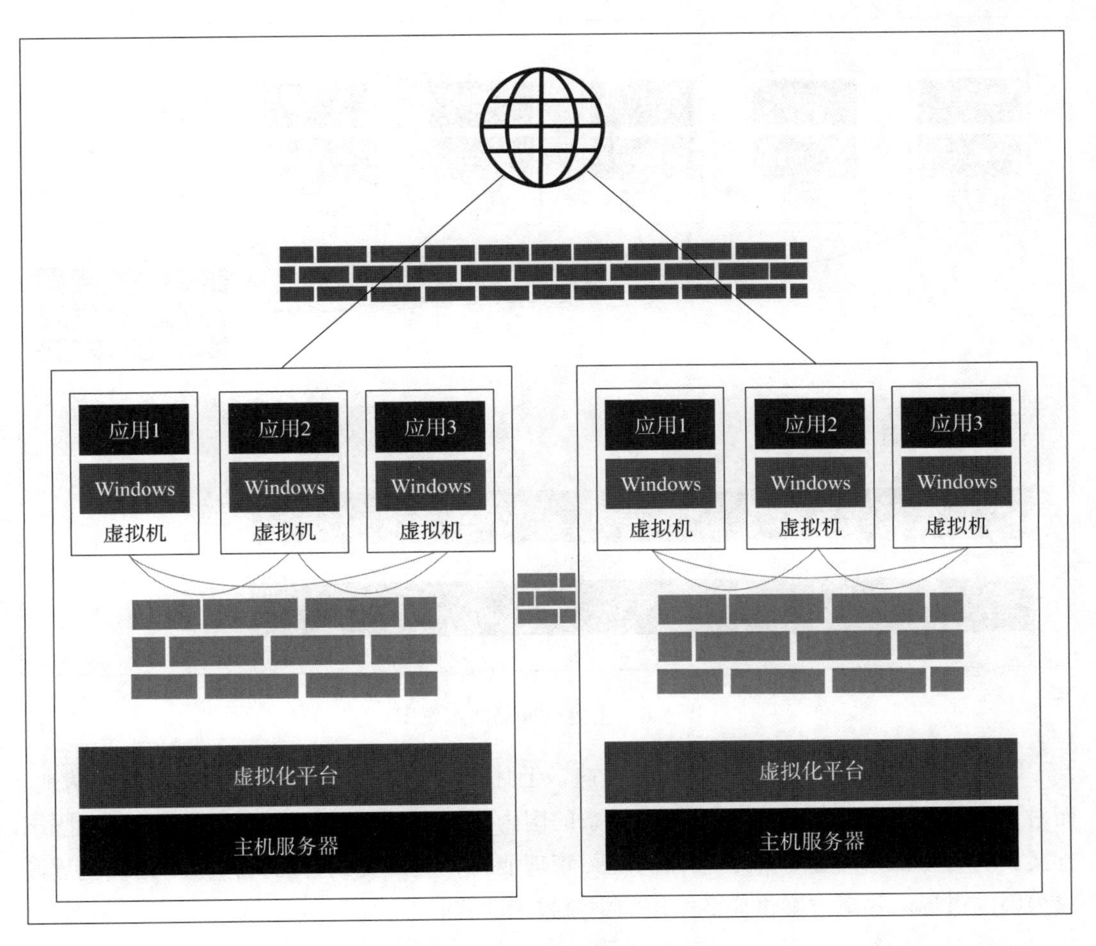

图 5-5　混合模式隔离示意图

4）基于主机代理的隔离方案。通过在工作负载上部署及运行代理程序，监听工作负载连接信息，并通过控制工作负载所在操作系统的主机防火墙程序（如 iptables）实现东西向流量的可视化管理。由于安装于工作负载所在的操作系统上，该路线天然具有与基础体系结构无关的特性，尤其是在当前多数容器平台的网络通信均采用复用节点系统的网络内核的情况下。因此，该路线几乎天然地支持容器平台，能够在混合异构环境中进行规模化部署，并广泛纳管各类工作负载。同时，它采用“集中策略计算、分布式策略执行”的方式，可较好地应对规模化部署场景下策略自适应计算及工作负载性能风险的问题。当然，在操作系统中安装代理，理论上也可能为系统带来额外风险。主机代理隔离示意图如图 5-6 所示。

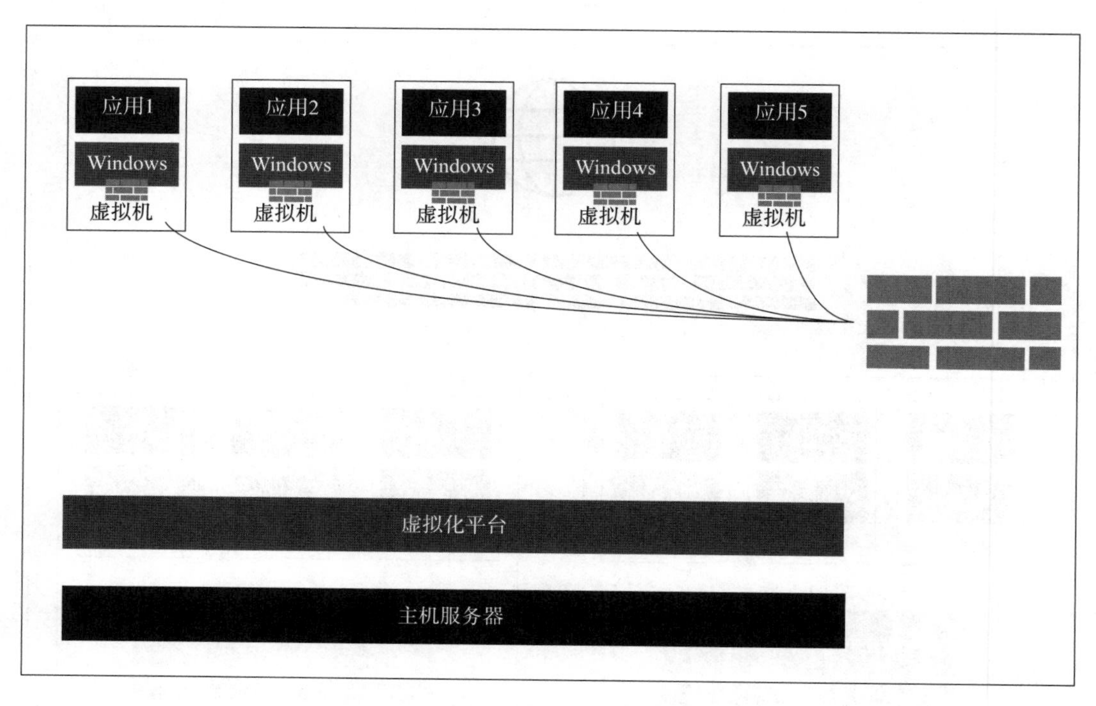

图 5-6 主机代理隔离示意图

随着微隔离技术的应用变得越发普遍，上述多种技术路线均有相关案例成功落地。而对于多数部署规模较大、环境较为复杂的国内用户而言，基于主机代理路线的微隔离方案具有较好的环境适应性、较强的统一管理能力，更易受到青睐。该技术路线也逐渐成为国内市场微隔离方案供应商采用的主流技术路线。

3. 关键技术

（1）跨平台统一管理

如图 5-7 所示，跨平台统一管理是指微隔离系统应天然适应混合云、多云等复杂数据中心场景，并支持物理机、虚拟机、容器等多类工作负载的同台纳管，同时能够应对规模化的云原生环境，还可实现跨 Kubernetes 集群的统一管理。相较于特定平台的专有组件，跨平台统一管理能真正满足当前多数用户数据中心共性场景的微隔离管理需求，使用户获得“一张图洞悉内网、一套策略统管全局”的集约化管理能力。

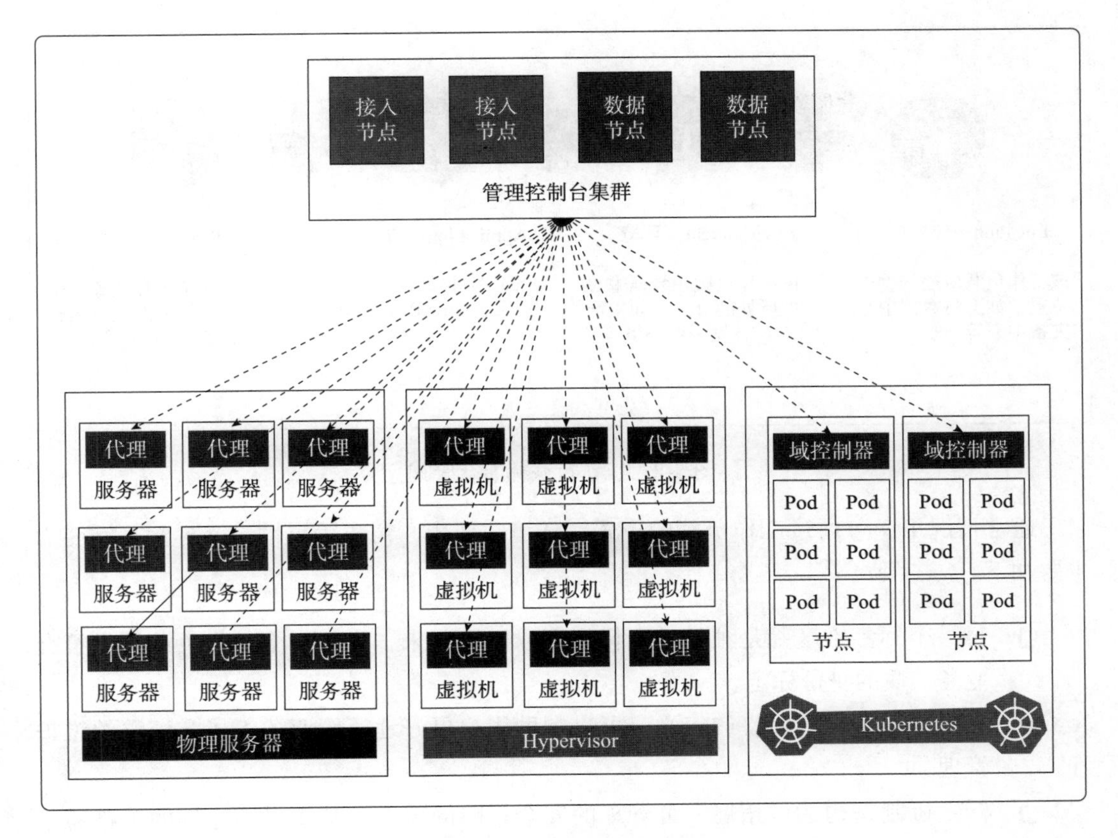

图 5-7　跨平台统一管理

该技术的能力主要如下。

- 支持不同体系结构的云平台，包括 OpenStack、VMware、KVM、Docker 等。
- 实现混合环境下不同介质的内部流量统一监控、安全策略统一管理。
- 支持 Red Hat、CentOS、Ubuntu、Windows 等常见操作系统版本，支持国产操作系统。

（2）工作负载标签化管理

如图 5-8 所示，工作负载标签化管理是指基于多维属性标签描述工作负载业务角色、标定工作负载资产身份的管理设计。标签化是实现基于业务的互访流量可视化、面向业务的访问控制和自适应策略计算的一种基础能力。

图 5-8　工作负载标签化管理

通常情况下，可通过工作负载的位置、环境、应用、角色等属性定义标签，其能力主要如下。

- 每一个标签维度都是独立的，标签可以组合起来，为每一个工作负载提供符合业务实质的身份标定。
- 通过对工作负载标签的定义，可以帮助用户更好地了解业务组成和资源的维护管理。
- 标签机制是构建可拓展、可管理的安全策略的关键，基于多维标签的策略易于实施、便于检查和维护。
- 可通过 API 将标签信息与其他系统（如 CMDB 等）进行自动同步。
- 标签的引入将传统访问控制策略使用的网络语言转向了更加便于理解的自然语言。

（3）东西向连接可视化

如图 5-9 所示，东西向连接可视化是指将系统学习到的工作负载连接信息，结合其业务角色及身份进行统计分析，并利用可视化技术对分析结果进行抽象和梳理，从而以图形化的方式为管理者呈现易于理解的东西向流量访问模型。

东西向连接可视化分析解决了管理者对数据中心东西向流量不可视、无感知的难题，同时是进一步确定流量基线、部署访问控制策略的依据。其能力主要如下。

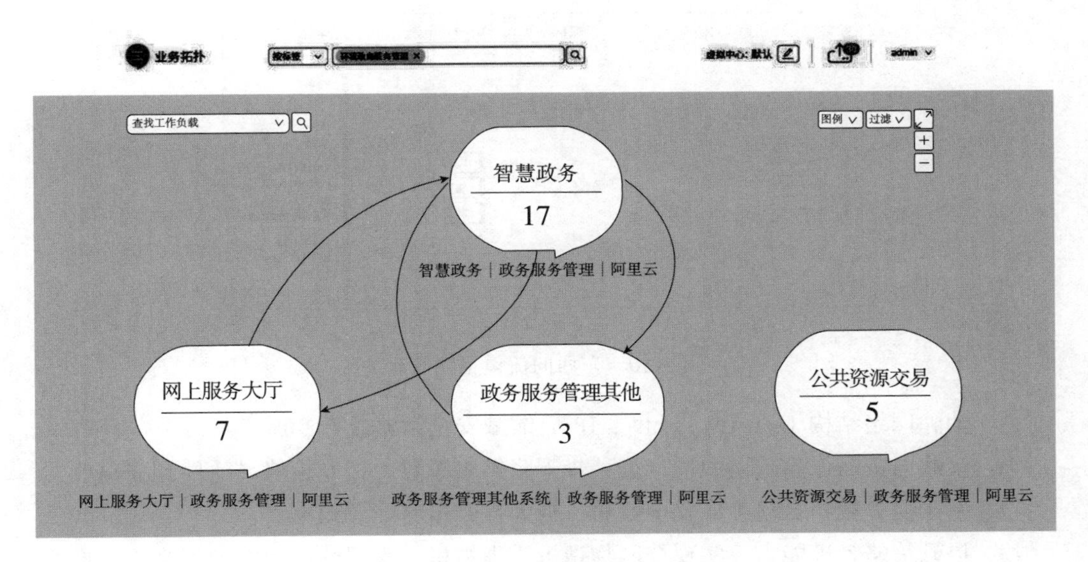

图 5-9　东西向连接可视化示意图

- 能够在一个界面中绘制全网业务流量拓扑，并实时更新访问情况。
- 可识别物理机之间、虚拟机之间、虚拟机与物理机之间的流量。
- 可识别流量的来源 IP、目的 IP、访问端口及服务。
- 能够查看工作负载所开放的服务、服务所监听的端口及服务对应的进程。
- 能够记录服务及端口的被访问频次。
- 可标识出不符合访问控制策略的访问流量，能够记录被阻断的访问，包括来源 IP、访问的服务及端口、被阻断的次数等信息。
- 能够在可视化视图中对元素进行拖动、分层，实现对业务逻辑的梳理。

（4）东西向流量策略管理

如图 5-10 所示，基于微隔离系统的策略管理模型是指对工作负载间的东西向流量制定基于业务角色的访问控制规则。该功能通过更加接近自然语言的描述方式定义复杂的东西向流量策略，并实现安全策略与基础设施解耦的零信任管控模式。

基于访问控制策略管理，一方面实现了安全策略面向业务（而非基础设施），另一方面则大幅度减小了基于 IP 地址的策略规模，降低了系统运算量及性能开销。同时，微隔离系统通常针对工作负载的入站流量执行白名单控制，从而实现最小特权访问原则。其能力主要如下。

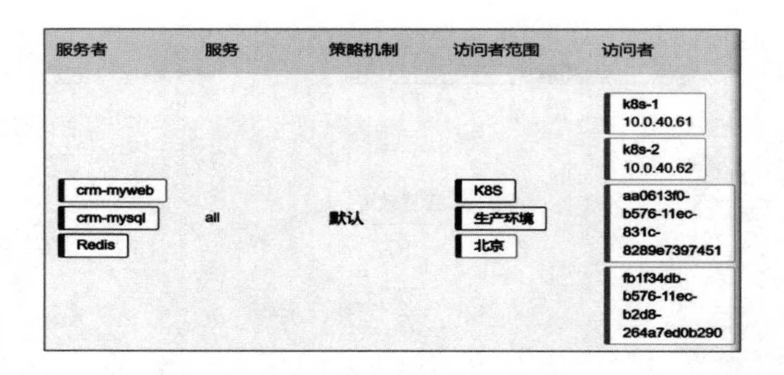

图 5-10　东西向流量策略管理

- ❑ 消除网络结构（VLAN、子网、IP），缩减安全策略总数 90%。
- ❑ 策略与策略作用范围脱耦，进一步下降策略总数，提升策略灵活性和准确性。
- ❑ 基于业务拓扑自动生成安全策略，极大提升策略配置效率。
- ❑ 提升策略管理能力，实现全网物理机、虚拟机、容器的访问控制策略统一管理。
- ❑ 可进行精细化访问控制策略的设置，包括访问的来源、目的、端口及服务等。
- ❑ 可面向逻辑分组分别配置组内及组间的规则。

（5）策略自适应计算

如图 5-11 所示，策略自适应计算是指根据工作负载的变化而实时自动调整符合其业务角色的安全策略。在工作负载规模庞大、资产变化高频普遍的云化数据中心场景中，该能力主要用于保障业务上下线、扩缩容、工作负载漂移等情况下安全策略的高效更新及同步。

该功能主要用于适应云化数据中心应用迁移及拓展触发的环境变化，如业务从物理机迁移至虚拟机、新的数据中心建设、新的业务上线、动态扩缩容等。它提供的主要能力如下。

- ❑ 当物理机、虚拟机、容器的 IP 发生变化时，系统能够自动调整所有相关工作负载的访问控制策略。
- ❑ 在虚拟机迁移的过程中访问控制策略能够随之迁移。
- ❑ 当虚拟机发生复制时，系统可智能识别并自动将原虚拟机的角色及访问控制策略应用至新复制的虚拟机上。
- ❑ 产品能够自动发现新建虚拟机，并自动匹配预设访问控制策略。

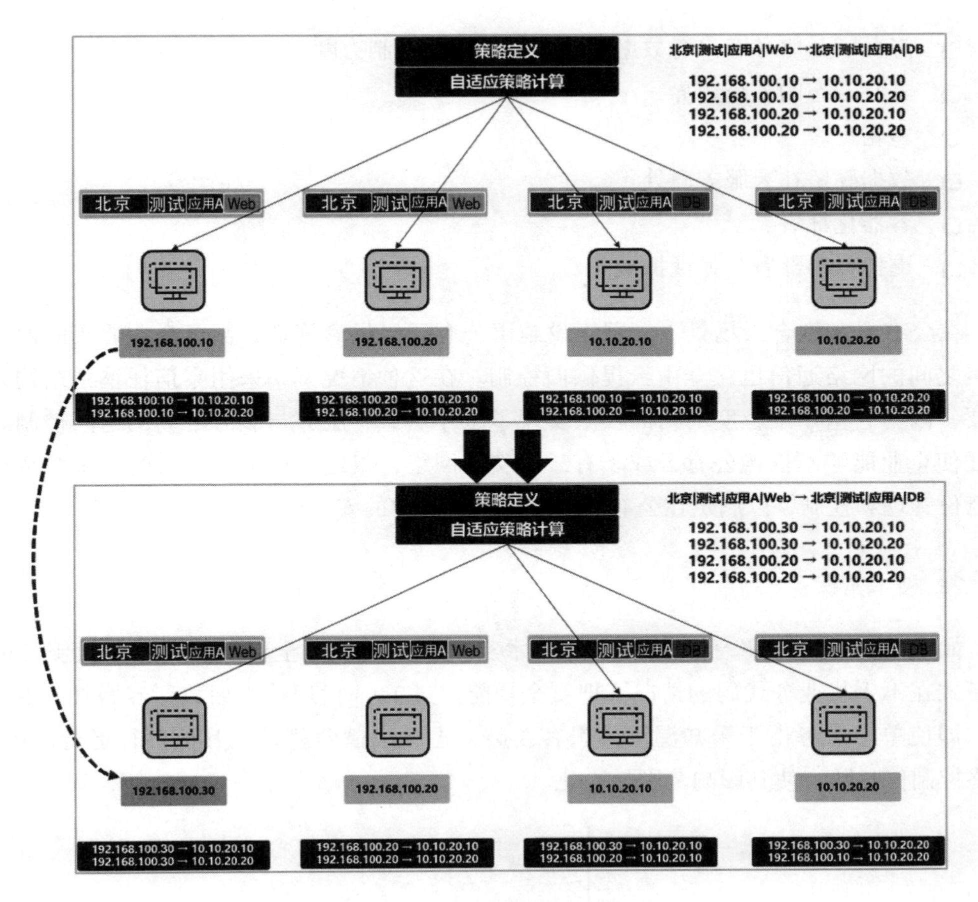

图 5-11 策略自适应计算

5.2.2 云应用隔离技术实现

1. 场景

云计算的自身特性给云服务客户带来了与传统信息技术解决方案不同的安全风险，影响生态系统的安全。为保持迁移到云后的数据的安全级别，云服务客户应提前确定所有云特有的风险及调整后的安全措施，并通过商业合同或服务等级协定（SLA）要求云服务商识别、控制并正确部署所有的安全组件。

云有以下几方面重要的安全特性。

- 通过宽带网络接入。

- 降低了云服务客户对数据中心的可视性及控制力度。
- 具有动态的系统边界。
- 多租户。
- 数据驻留在云服务商处。
- 容器化部署。
- 支持自动部署与弹性扩展。

在公有云和混合云场景下，网络设施由公有云提供商管理，甚至企业购买的两个虚拟机之间的网络通信也完全由云提供商控制。在这种情况下，采用零信任体系结构非常重要，因为它基于细粒度的访问权限实现了工作负载、服务与服务之间的访问控制。零信任使企业能够不依赖公有云或私有云的实际网络，仅通过业务和身份管理来对数据进行身份管理和控制，以满足在公有云或混合云环境中的安全治理需求。

2. 技术方案

如图 5-12 所示，基于身份和公钥技术实现工作负载安全保障，并利用微服务的边车模式在不干扰业务代码的情况下把安全功能通过 Java 代理技术加载到容器服务中。这样，即使单个服务由于未知漏洞被黑客攻破，也无法横向移动到其他并行运行的服务，最终控制住威胁，使其影响范围最小化。

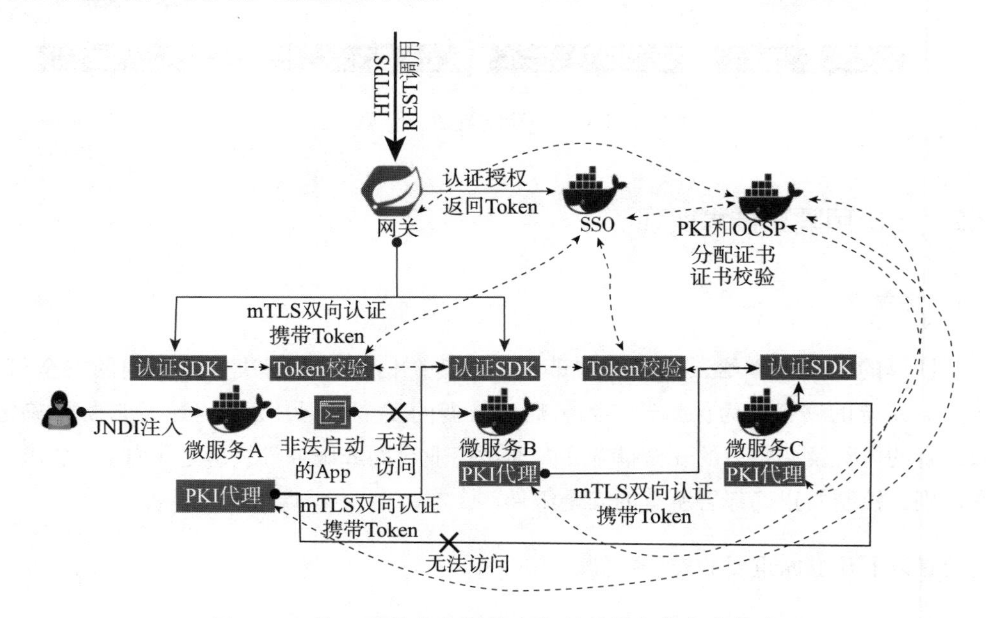

图 5-12 基于身份和公钥技术实现工作负载安全保障

用户的访问首先会经过网关对用户的身份和权限进行校验，对合法的用户颁发一个身份 Token，这个 Token 会附加到 HTTP 头中透传到后续的服务中。每个服务接收到上一个服务的请求时，必须经过两层认证访问：第一，基于 mTLS（双向认证）技术对请求主体的设备或服务的身份合法性进行校验；第二，通过 HTTP 请求头中的 Token 对访问者的身份和权限进行校验。校验过程将在调用链路中的每个服务中持续进行，以保障全链路的身份和数据安全。

3. 关键技术

（1）Service Mesh（服务网格）

Service Mesh（服务网格）是一种用于管理微服务架构中服务间通信的基础架构层，可以提高微服务架构的可维护性、弹性和可观察性。Istio 作为一个开源平台，通过 Envoy 等代理来处理服务之间的通信，实现了 Service Mesh 的核心理念，如图 5-13 所示。

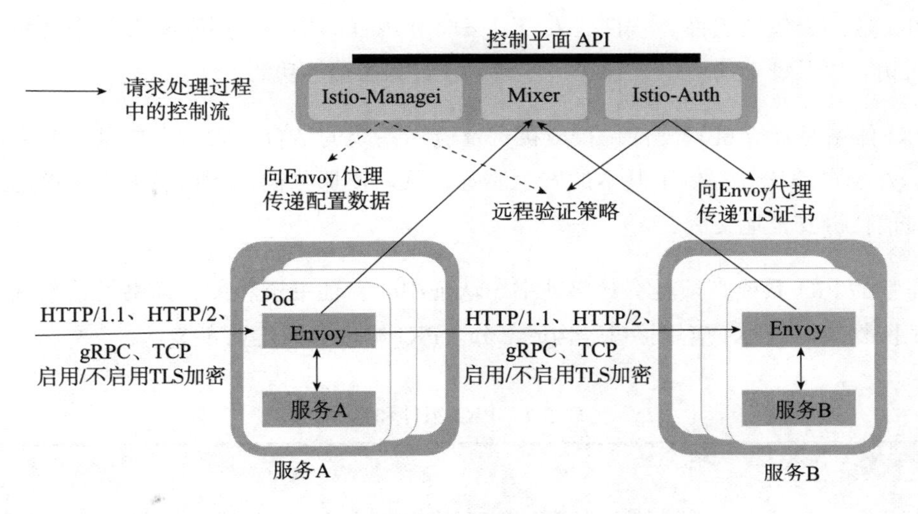

图 5-13　Istio

Istio 提供了两大安全功能。

1）认证。在 Istio 中客户端和服务端代理之间通信应使用 mTLS。服务端代理使用 CA 对证书进行验证，然后从客户端证书中提取 SPIFFE（Secure Production Identity Framework For Everyone）URI，并将其用作为身份凭证。在服务网格之外让客户端和服务器相互通信就可以使用上述标准的身份验证机制。在集群、命名空间和服务级别进行配置以启用 mTLS。身份验证策略可用于对客户端证书进行强制验证的场景中。Istio 还支持其他客户端身份验证方法，如 JWT。

2）授权。Istio 为服务网格中启用的服务提供了命名空间级、服务级和方法级的访问控制等功能。Istio 授权特性如下。

- 基于角色的定义，易于使用。
- 高性能操作，因为授权是本机特权代理，在本机强制执行。
- 支持 HTTP、gRPC 协议和 TCP 连接。

命名空间管理员能在命名空间中设置服务授权策略。使用 Kubernetes API 将策略配置为 Kubernetes 自定义资源定义（CRD）。与其他 Kubernetes 的 CRD 一样，授权策略是基于命名空间的，服务管理员必须对服务的 Kubernetes 命名空间中的策略 CRD 具有写入权限，才能影响服务的授权策略。当为服务启用授权时，只对策略允许的服务开放访问请求。

（2）PKI

PKI 是一个包括硬件、软件、人员、策略和规程的集合，用来实现基于公钥密码体系的密钥，以及证书的产生、管理、存储、分发和撤销等功能。

PKI 体系是计算机软硬件、权威机构及应用系统的结合。它为实施电子商务、电子政务、办公自动化等提供了基本的安全服务，从而使那些彼此不认识或距离很远的用户能通过信任链安全地交流。

完整的 PKI 系统必须具有数字证书、认证中心、证书资料库、证书吊销系统、密钥备份及恢复系统、PKI 应用接口等构成部分。PKI 组件和描述见表 5-1。

表 5-1　PKI 组件和描述

组件	描述
数字证书	包含了用于签名和加密数据的公钥及电子凭证，是PKI的核心元素
认证中心	即CA，指数字证书的申请及签发机关，必须具备权威性
证书资料库	存储已签发的数字证书和公钥以及相关证书目录，用户可由此获得所需的其他用户证书及公钥
证书吊销系统	证书吊销列表（CRL），在有效期内吊销的证书列表 在线证书状态协议（OCSP），获得证书状态的国际协议

（续）

组件	描述
密钥备份及恢复系统	为避免因用户丢失解密密钥而无法解密合法数据的情况，PKI提供备份与恢复密钥的机制，但必须由可信的机构来完成。并且，密钥备份与恢复系统只能针对解密密钥，对签名私钥不能够进行备份
PKI应用接口	为各种各样的应用提供安全、一致、可信的方式与PKI交互，确保建立起来的网络环境安全可靠，并降低管理成本

（3）CWPP

CWPP（云工作负载保护平台）是指以工作负载为中心的安全产品，旨在解决现代混合云、多云数据中心基础体系结构中服务器工作负载的独特保护要求。CWPP 应该不受地理位置的影响，为物理机、虚拟机、容器和无服务器工作负载提供统一的可视化和控制力。CWPP 产品通常结合使用网络分段、系统完整性保护、应用程序控制、行为监控、基于主机的入侵防御和可选的反恶意软件保护等措施，保护工作负载免受攻击。

图 5-14 显示了现代混合多云数据中心体系结构中工作负载保护策略的主要构成要素。这是一个分层金字塔，底部是一个矩形基座。

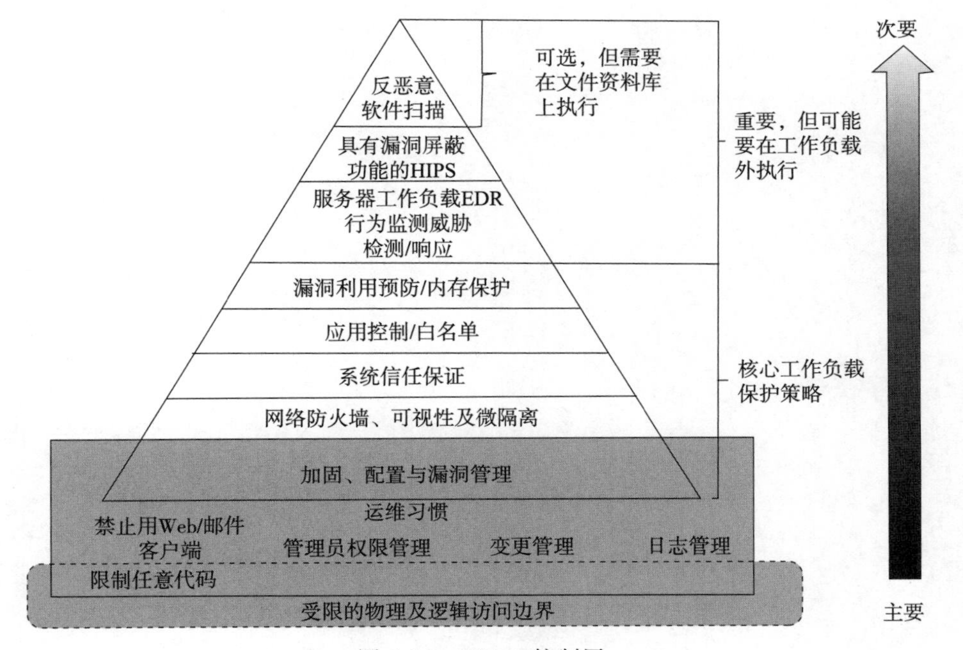

图 5-14　CWPP 控制层

其中，服务器工作负载的安全性源于良好的运维习惯。任何工作负载保护策略都必须从此处开始，并确保满足以下条件。

- 任何人（攻击者或管理员）都很难通过物理和逻辑访问边界来访问工作负载。
- 工作负载镜像仅包含所需的代码。服务器镜像中应禁止使用浏览器和电子邮件。
- 需要通过严格管理流程才能更改服务器工作负载，并且通过强制性强身份验证来严格控制管理访问。
- 收集及监控操作系统和应用程序日志。
- 对工作负载进行固化、缩小容量及打补丁，缩减攻击面。

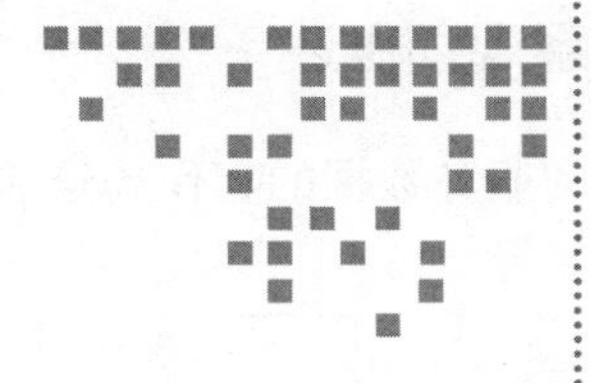

第 6 章 Chapter 6

零信任体系规划和建设指引

6.1 零信任体系规划

企业在安全方面主要面临的风险之一是数据安全风险，包括数据资产遭到窃取或破坏等。这种风险常常由员工的失误引发，如通过设备外传敏感信息、未经授权地访问内部敏感系统、在终端设备上非法复制数据。此时，企业往往面临数据安全风险，可能受到外部网络攻击的威胁。例如，企业遭到中间人攻击、网络钓鱼以及其他社会工程手法的攻击，导致合法用户的登录信息和敏感数据被窃取。此外，企业还有物理攻击的风险，如入侵办公室数据中心、窃取企业存储设备上的敏感信息、设备丢失。这些攻击往往会导致企业的重要信息资产（如客户数据、财务报告、规划文件、研发设计材料）丢失，从而影响企业的商誉、合规性、竞争力等多个方面。

数据风险的关键环节涉及用户、设备、网络和工作负载。如果企业用户使用 PC 终端设备通过网络访问内部系统的数据存储服务器进行生产办公，则存在用户恶意通过终端获取数据的风险。同时，终端设备可能被入侵，导致数据外泄或者被攻击者当作跳板来访问内部系统数据。攻击者还可能通过网络获取企业的数据。此外，工作负载空间存在遭到入侵导致数据被破坏或窃取的风险。

6.1.1 体系规划概述

用户访问服务数据的工作场景和风险如图 6-1 所示。

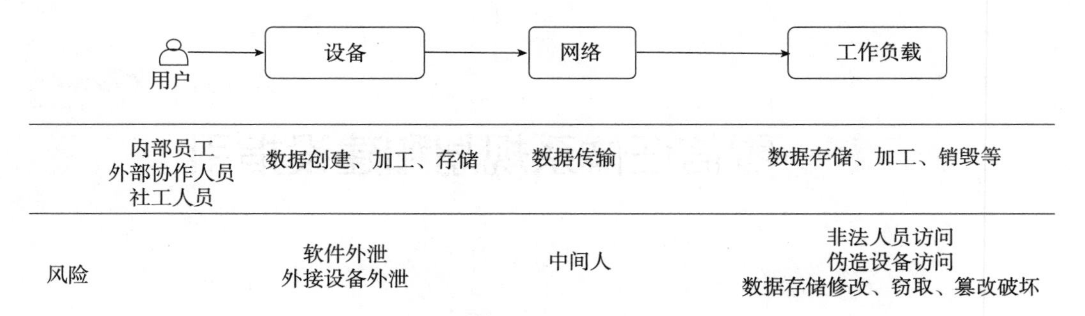

图 6-1　用户访问服务数据的工作场景和风险

对应的规划思路如下。

（1）基础安全防御建设

对用户、设备、网络、工作负载等环节进行基础安全防御建设，包括身份认证、访问控制、网络安全等。

（2）数据资产保护

重点关注对企业重要数据的保护，包括对敏感数据的分类、标记、存储、传输等方面的安全控制，以及提供数据外泄阻断审计、数据加密、数据备份、数据恢复等产品及解决方案。

（3）持续安全风险检测

通过持续的安全风险检测，对安全事件进行实时监测和分析，尤其是可视化分析，从而及时发现和处理安全威胁。

（4）自动化编排实现访问控制授权和响应处理

将检测结果应用于关键生产环节的访问控制，通过自动化编排进行授权、阻断隔离等响应处理动作，最大限度地降低企业的安全风险。

（5）可视化

利用可视化技术和工具，实现对网络、用户、设备、应用程序等的实时监测、分析和可视化呈现，以帮助安全团队快速识别和响应安全事件，提高安全防御效率和准确性。

6.1.2 关键对象的安全规划

1. 用户

（1）安全风险场景

- 密码盗用：通过密码爆破、猜测或者撞库的方式获取用户的账户密码，或者通过社工欺骗（如钓鱼）的方式获取用户信息，进而窃取用户密码。
- 身份伪造：通过伪造用户凭据、数字签名证书等方式欺骗企业内部系统认证，获取敏感数据。
- 未授权访问：在未授权或非法提权的情况下访问敏感系统，然后窃取企业数据。

（2）解决方案思路

- 强化身份验证：采用多种身份认证因素，如动态口令、动态扫码、指纹、面部识别、短信验证等，增加身份认证的难度，降低密码盗用的风险。
- 基于策略的访问控制：只允许经过授权的用户访问特定的应用程序和数据，并且对敏感系统进行严格的授权管理，仅授权合法用户访问，避免未授权访问存在风险。
- 实时监控和响应处理：采用实时审计和监控技术，及时发现异常的用户行为，及时防范未授权访问等风险。
- 培训和教育：加强用户安全培训和教育，如视频学习、实战演习，提高用户安全意识，避免社工攻击等风险。

（3）主要的安全产品

- 身份和访问管理（Identity and Access Management, IAM）系统：用于管理用户身份、授权和认证，以确保只有经过授权的用户才能访问应用程序和数据。
- 权限管理系统（Authorization Management System）：用于管理用户对应用程序和

数据的访问权限，并实施基于策略的访问控制。

- 多因素身份验证系统（Multi-Factor Authentication System）：采用多个验证因素，如密码、生物识别技术和硬件密钥，确保用户身份的安全。
- 实时监控和分析工具（Real-time Monitoring and Analysis Tool）：用于监视网络和应用程序活动，并及时识别和处理异常行为。

值得一提的是，企业数据安全建设中，关于身份安全的产品可以优先投入。因为这类产品可以快速给企业带来直接的收益，是一个性价比不错的安全投资。

（4）案例分析

2017 年，Equifax 公司发生严重的数据泄露事件，攻击者利用 Equifax 网站中的漏洞入侵了该公司的数据库，获取了大量的用户个人信息。该事件导致 1.4 亿条用户信息被盗取，包括社保号码、出生日期、地址等敏感信息。据称，Equifax 网站上的漏洞在公开披露之前已经被黑客利用了几个月的时间。

针对该案例，解决方案简要陈述如下。

- 密码管理：企业应该采用强密码策略并加强密码管理。例如，实施多因素身份验证，确保只有授权的人员才能访问敏感数据，可考虑部署动态口令产品或者 IAM 产品。
- 身份认证与访问控制：企业应该实施基于角色及其他因素属性（如时间等）的访问控制或强制访问控制机制，限制用户对敏感数据的访问权限，使不同用户根据因素属性不同而具有不同的访问权限。
- 身份认证安全监控和检测：针对身份认证的多个隐私因素，如网络位置、时间、访问频率以及用户的习惯行为等进行异常检测，及时发现风险并进行身份验证或者访问授权阻断。一些 IAM 系统具备此类风控检测能力。

2. 设备

（1）安全风险场景

- 恶意软件感染：包括病毒、木马、广告软件、钓鱼软件等，可以通过电子邮件、社交媒体、不安全的下载网站等途径传播。
- 系统安全配置漏洞：操作系统、应用程序等配置存在的漏洞容易被利用于投递病毒木马，从而对设备系统进行攻击控制。

- 系统高危服务：某些系统服务存在安全风险，如共享文件服务、远程协助服务等可能存在未授权访问、未加密传输等情况。
- 物理安全问题：通过外接设备进行病毒木马植入或者数据复制外泄；设备被盗窃或丢失，导致信息泄露或设备被他人滥用。
- 网络钓鱼攻击：通过伪造的网站、电子邮件、社交媒体信息等欺骗用户，使其提供敏感信息或下载恶意软件。

（2）解决方案思路

- 对于恶意软件感染，安装防病毒软件、EDR。对终端设备做基础广谱病毒木马检测处理，对高级病毒木马进行异常行为检测和响应隔离。
- 对于系统漏洞，安装系统补丁漏洞修复工具。针对系统或者常用的应用程序进行补丁修复，针对系统或软件配置不当可能会被利用的情况，进行安全加固配置。
- 对于系统高危服务，部署具有安全管控能力的系统。对系统外接外传开启禁用控制，如禁用 Windows 系统的共享文件服务、远程桌面服务以及 macOS 系统的数据投送等功能，也可以通过防火墙屏蔽常见的高危服务所暴露给外部网络访问的端口。
- 对于物理安全问题，除了做好设备资产的盘点和日常管理外，还要对外接设备实施禁用管理、增加设备数据加密、配置系统访问密码、提供远程删除数据能力等。
- 对于钓鱼社工攻击，则可以通过日常培训、演习等方式提高员工意识。

（3）主要的安全产品

- 防病毒软件系统：这种系统用于保护终端设备，如个人电脑、服务器、移动设备等，使其免受病毒、恶意软件和其他网络威胁的攻击。防病毒软件系统能够检测和清除计算机中的病毒、木马、间谍软件等恶意程序，并提供实时监测和防护。
- 终端安全管控系统：这种系统包括漏洞修复、系统加固修复、外设管控和主机安全审计等功能，旨在帮助企业加强对终端设备的安全保护。漏洞修复功能能够检测并修复系统中存在的漏洞，从而防止黑客利用这些漏洞进行攻击。系统加固修复功能能够加固系统设置和配置，提高系统的安全性。外设管控功能能够控制用户对计算机的外设使用，防止未经授权的设备接入，从而防止对内植入病毒木马或者对外复制泄露。主机安全审计功能能够监测主机安全事件，包括登录、文件修改和进程启动等，以便事后进行回溯审计。

- 终端检测与响应（EDR）系统：这是一种高级的终端安全解决方案，能够在计算机发生安全事件时进行实时检测和响应，帮助安全团队快速发现并应对安全威胁。EDR系统具备实时监测、行为分析和威胁响应等功能，能够对终端设备的行为进行深入分析，识别并响应其异常行为，以及提供安全事件的详细日志和报告。

（4）案例分析

某公司中，为了处理用户问题，客服人员有时候会收到用户提交的文档、进程、压缩包，并被诱导执行或打开，其中有一些会在客服机器上植入病毒木马，甚至携带用于APT攻击的高级远程控制木马。

针对该案例，解决方案简要陈述如下。

- 用户终端需要有基础的防御能力，应对常见的木马病毒。
- 采购支持系统安全加固的软件（如国内的终端安全管控软件），对整体客服部门使用的终端设备及应用软件或者系统高危服务进行安全配置。例如，禁用Office软件VBS执行功能，避免被投递文档病毒。
- 采购漏洞修复软件系统（如国内的终端安全管控软件），用于升级操作系统、Office软件、浏览器软件等，以避免其漏洞被利用提权，从而预防投递恶意软件、破坏设备等攻击。此外，需要采购一些支持安全管控系统加固配置能力的软件。
- 部署主机监测和审计（国内的终端安全管控软件包含），监控系统启动、文件、进程、注册表、网络等系统行为信息，并进行记录，以便在发生事件时能进行回溯分析。
- 部署EDR软件以应对APT攻击，比如全网仅运行一次、专门针对本企业的APT木马攻击。对终端的各种文件、网络、系统行为进行监控和审计，针对扫描内部网络、扫描磁盘文件信息等敏感恶意行为进行检测发现，提供及时阻断和事后分析的能力。

3. 网络

（1）安全风险场景

- 内部物理网络未授权接入：黑客或者内部员工插入内部网络有线物理接口，伪造设备接入内部无线 WiFi，进入内部网络，从而入侵内部系统服务。
- DDoS 攻击：通过大量计算机或设备（如僵尸网络）协同，向目标服务器发送请求，从而消耗网络带宽、服务器资源，导致目标服务器无法正常工作。
- 应用程序漏洞利用攻击：利用 Web 应用程序或其他应用程序（如 MySQL、Elasticsearch 等服务）的漏洞，进行 XSS 攻击、CSRF（跨站请求伪造）攻击、文件包含攻击、SQL 注入、缓冲区溢出攻击、未授权访问攻击等，从而获取对应服务器的权限，进而破坏、窃取数据。
- 中间人攻击（Man-in-the-Middle Attack，MITM 攻击）：攻击者在通信双方之间插入自己的恶意设备或软件，如使用恶意 WiFi、DNS 欺骗、ARP 欺骗或者伪造证书等方式，窃取双方的通信内容或进行其他恶意操作。攻击者可以获取双方的敏感信息，如账号密码、传输数据等，还可以伪造数据包来冒充其中一方发送信息。

（2）解决方案思路

1）对于内部物理网络未授权接入，解决思路如下。

- 安装网络入侵检测系统（NIDS），以实时监测网络上的未授权设备和活动。
- 部署网络访问控制（NAC）系统，以限制内部设备的访问权限，并要求设备进行身份验证。
- 使用网络安全策略管理软件（NGFW）和 Web 应用程序防火墙（WAF），以防止未授权访问和应用程序攻击。

2）对于 DDoS 攻击，解决思路如下。

- 采用 DDoS 保护服务或硬件，如防火墙、负载均衡器和入侵预防系统（IPS）等，以过滤恶意流量并确保服务的可用性。
- 实施反 DDoS 策略，如限制 IP 地址范围、减少服务负载、增加带宽、使用 CDN 等，以帮助减轻攻击的影响。

3）对于应用程序漏洞利用攻击，解决思路如下。

- 对 Web 应用程序进行漏洞扫描和安全测试，以发现和修补漏洞。
- 部署 Web 应用程序防火墙（WAF）和数据库防火墙，以检测并防止攻击者利用 Web 应用程序漏洞。
- 使用 Web 应用程序漏洞扫描软件和漏洞管理平台来监视漏洞，并定期进行更新和维护。

4）对于中间人攻击，解决思路如下。

- 使用端到端加密和 HTTPS 等安全传输协议，以保护通信内容和数据的安全性。
- 部署网络安全策略管理软件和入侵预防系统，以监测网络流量并检测中间人攻击。
- 实施网络访问控制和身份验证措施，以限制设备和用户的访问权限，并确保其身份的合法性。

（3）主要的安全产品

- 防火墙：防火墙是一种网络安全设备，用于监控和控制网络流量，可以根据特定规则过滤进出网络的数据包，以保护内部网络不受未经授权的访问和攻击。
- 入侵检测系统和入侵预防系统：入侵检测系统是一种监测网络流量的安全设备，可以发现和报告网络中的潜在攻击行为；入侵预防系统是一种在入侵检测系统基础上增加了自动响应和防御功能的设备，可以主动阻断攻击并保护网络安全。
- Web 应用程序防火墙：这是一种专门用于保护 Web 应用程序的安全设备，可以检测和过滤特定类型的攻击，如 SQL 注入、跨站脚本攻击等，以保护 Web 应用程序不受攻击。
- 网络访问控制：该技术可以限制访问网络的设备和用户，通过识别并鉴别设备和用户，控制其访问网络资源的权限，以保护网络安全。
- 网络安全策略管理软件：这是一种综合性的网络安全设备，具有传统防火墙的功能，同时能够实现流量分析、应用程序识别、入侵检测和预防等多种安全功能。
- 安全 CDN 入口：安全 CDN 是一种互联网安全服务，可以通过缓存和分发网络内容，减轻源服务器的负担，并提供安全防护功能，如 DDoS 攻击防护、Web 应用程序安全等，从而保护网站和应用程序不受攻击。

（4）案例分析

案例 1：2014 年美国家居装饰零售商 Home Depot 发生了数据泄露事件。黑客利用 Home Depot 内部网络未授权接入的漏洞，获取了公司超过 660 万张信用卡信息和 6300 万个客户的电子邮件地址。该事件揭示了 Home Depot 内部网络安全能力不足、未能实现物理访问控制和网络访问控制。

针对该案例，解决方案简要陈述如下。

实施物理安全控制措施，例如，使用 NAC 准入设备，限制内部网络的物理接口接入、加强无线网络安全管理等。同时使用安全产品，如入侵检测系统、入侵防御系统、网络访问控制系统等，以监测并阻止未授权访问。

案例 2：2016 年，美国埃克森美孚公司遭受了一次规模庞大的 DDoS 攻击，该攻击涉及的攻击流量高达 600Gbps，导致该公司的网络服务受到了严重干扰，许多员工无法正常访问公司网络资源。

针对该案例，解决方案简要陈述如下。

- 防火墙：防火墙可以过滤掉一部分 DDoS 攻击流量，减轻服务器的压力，但无法完全解决 DDoS 攻击。
- 分布式抗 D 服务：使用 CDN 在全球各地部署节点来分担流量和负载，保护服务器免受 DDoS 攻击。CDN 可以帮助掩盖服务器的真实 IP 地址，并提供 DDoS 攻击监测和清洗服务。
- DDoS 防护设备：DDoS 防护设备可以通过过滤恶意流量、识别并拦截攻击流量等方式来保护服务器免受 DDoS 攻击。
- 增加带宽：增加带宽可以让服务器承受更多的流量，从而应对 DDoS 攻击。

4. 工作负载

工作负载是指部署在计算机系统上运行的应用程序或服务的总体工作负担。在云计算环境中，工作负载通常指的是在云服务中运行的虚拟机、容器、函数等应用程序实例的集合。业务应用程序和服务通常都会在这些工作负载上运行，因此确保工作负载的安全性至关重要。

（1）安全风险场景

工作负载上存在的风险主要包括以下几个方面。

- 工作负载自身配置：工作负载本身可能存在安全漏洞或者配置问题，导致攻击者可以在其中执行恶意代码，或者进行其他攻击行为。这可能包括不安全的默认配置、已知的漏洞、弱密码等。
- 工作负载程序漏洞利用：工作负载中的漏洞可能会被攻击者利用，进一步攻击工作负载或者周围的系统。攻击者可能会利用这些漏洞来获取敏感数据或者破坏系统的正常运行。
- DDoS 攻击：通过向目标服务器工作负载发送大量的请求，使其无法正常工作。这种攻击可以导致服务中断、数据泄露等严重后果。
- 未授权访问面临的新的风险：传统的网络隔离策略主要是基于网络边界进行隔离的，如利用防火墙、路由器等设备来实现不同网络之间的隔离，但是在现代云计算和容器化的环境下，工作负载可能是虚拟机、容器或其他服务，其部署和调度都是动态的，不在固定的宿主机器或者固定的网络物理地址上，不同的工作负载业务可能在同台宿主机，也可能在同一个传统定义的静态网络边界内。这样一旦一个工作负载沦陷，该网络边界内的工作负载都可以被访问并进行攻击。
- 供应链攻击：攻击者可能会利用工作负载的供应链中的漏洞或者不安全的代码来攻击工作负载或者周围的系统。这可能包括攻击工作负载使用的第三方库、容器镜像或者其他依赖软件。

（2）解决方案思路

- 对于工作负载配置问题、恶意代码攻击、漏洞利用，可以为工作负载提供全面的安全防护，包括漏洞管理、安全配置管理、行为分析和防御、文件完整性检查等多种方法，以有效应对恶意代码攻击和漏洞利用。
- 对于 DDoS 攻击，部署云上抗 D 服务，通过大带宽机房来过滤和抵御恶意流量；或部署云上防火墙以检测和阻止恶意流量，包括检测和阻止来自恶意 IP 地址的流量，以及模式异常的流量。
- 对于工作负载之间的未授权访问，采用访问控制授权措施，提供更加细粒度的网络策略进行管理，确保只允许经过身份标识验证的访问。
- 对于供应链攻击，企业需要仔细审查供应商的安全措施，尽可能避免使用不可信的第三方组件，并确保所有组件都是最新的版本。对供应商访问操作内部资源要强制进行身份认证和访问权限限制，监控、检测并响应处理，通过第三方依赖程序镜像的实例进行漏洞扫描和漏洞管理，确保漏洞已经修复。

（3）主要的安全产品

- CWPP：CWPP 作为一种云安全解决方案，旨在保护云环境中的工作负载免受各种威胁，可以提供实时监控、漏洞扫描、入侵检测和防御等功能，以确保云环境的安全性。
- 微隔离：微隔离是一种安全技术，可以将云环境中的工作负载隔离开来，以防攻击者通过攻击一个工作负载来访问其他工作负载。微隔离可以提供更高的安全性和可靠性，同时缩减攻击面。
- 云上抗 D：监控恶意流量，并在检测后使用流量清洗技术过滤恶意流量，从而保护服务免受攻击；同时通过采用分布式防御的方式，从多个节点分散处理攻击流量，以提高抗攻击流量清洗的能力。
- 云上防火墙：云上防火墙是一种云安全解决方案，可以在云环境中提供网络安全防护。它可以检测和阻止恶意流量，保护云环境中的工作负载免受网络攻击。
- 漏洞扫描：漏洞扫描是一种安全技术，可以检测云环境中的漏洞和弱点，并提供修复建议。漏洞扫描可以帮助组织及时发现和修复安全漏洞，从而提高云环境的安全性。
- 第三方接入访问控制：第三方接入访问控制是一种安全技术，可以管理云环境中的用户身份和访问权限，确保只有经过授权的用户才能访问云环境中的资源，从而保证云环境的安全性。

（4）案例分析

在 2018 年，一家云服务提供商遭受了 Xbash 攻击。攻击者利用 SSH 漏洞和暴力破解的方法成功入侵了云厂商的服务器，并在入侵后安装了挖矿软件，将被攻击的服务器添加到一个挖矿 Botnet（僵尸网络）中。这次攻击影响了该云厂商上的大量服务器，造成了严重的计算资源浪费和数据泄露风险。Xbash 攻击发动时会在入侵后进行网络扫描，然后利用服务器漏洞执行代码传播，或者作为一个蠕虫病毒在服务器之间传播。

针对该案例，解决方案简要陈述如下。

- 部署 CWPP，进行系统安全加固配置及各类服务器程序的安全配置，尤其是对

SSH 服务。日常进行系统漏洞和程序漏洞的扫描、修复、管理，增强对恶意软件的检测和处置能力。

- 在云服务器内部部署微隔离产品，在传统边界防火墙之外对服务进行隔离和访问授权，缩减攻击面，避免一台机器被攻陷后整个服务器区暴露在黑客的攻击范围内而导致大面积沦陷的情况。

5. 数据资产风险

在现代企业中，数据已成为组织运作的重要资产。企业内部数据生产及使用的业务场景主要包括员工日常工作中的数据处理、生产、存储和传输，以及企业内部应用程序和系统的数据交互等。这些数据涵盖了企业的财务、人力资源、客户关系、市场营销等方面，是企业运营的重要支撑。而数据的泄露、篡改、删除都会给企业带来损失，影响企业的正常生产和声誉，甚至影响个人隐私，违反法律法规。

（1）安全风险场景

图 6-2 所示是数据安全风险发生的关键环节，涉及对应场景下可能存在的数据泄露问题。

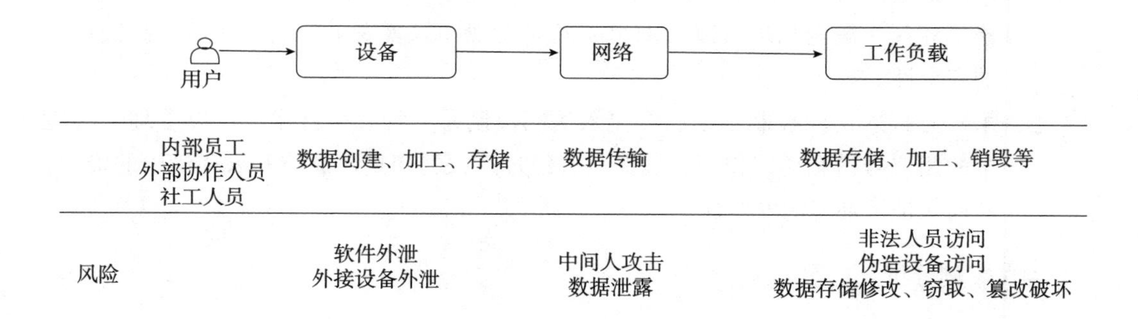

图 6-2　数据生产环节的安全风险

- 设备：设备上的数据处理工作包括企业数据创建、加工存储等，涉及研发代码、企业报告、设计材料等数据。内外部人员或者黑客可能通过软件邮件、IM 软件等服务外传数据，或者使用外接设备（如移动硬盘）复制并泄露数据。
- 网络：网络主要用于企业数据的访问传输，存在中间人攻击及账号密码数据泄露等风险。
- 工作负载：工作负载上包含企业存储的业务数据、经营财务信息、人力信息等，存在非法人员访问、伪造设备访问、数据破坏等安全风险。

（2）解决方案思路

1）针对设备数据处理工作的安全风险，解决方案思路如下。

- 限制外部设备的接入：企业可以通过限制员工使用外部设备或者只允许使用特定的设备来降低外传、复制数据的风险。
- 数据加密：企业可以使用加密算法对敏感数据进行加密，这样即使数据外泄，黑客也无法轻易获取其中的内容。
- 权限控制：企业可以使用权限控制机制，通过访问控制和身份认证等方式来限制员工的操作权限，防止敏感数据被误操作或者恶意操作。

2）针对网络访问传输的安全风险，解决方案思路如下。

- 加密传输：企业可以使用加密技术对数据进行传输加密，保证数据传输过程中的安全性，如 SSL 协议等。
- 防火墙或者网关：企业可以在网络中使用防火墙或者网关来控制进出网络的流量，防止未经授权的访问。

3）针对工作负载的数据安全风险，解决方案思路如下。

- 监控：企业可以通过监控工作负载的方式来发现异常操作，并及时采取措施。
- 加密保护：对于一些重要的工作负载，企业可以使用加密技术来保护数据的安全性。
- 备份与恢复：企业可以建立备份与恢复机制，及时备份工作负载数据，并在需要时快速进行数据恢复。
- 安全性检测：企业可以定期进行安全性检测，发现漏洞并及时进行修复。

（3）主要的安全产品

- SDP：SDP 是一种网络安全框架，可为用户提供安全的、无差别的、按需授予的访问权限，以缩减网络攻击面。它通过控制网络访问权限、安全加密数据传输、用户身份验证等方式来保证网络的安全性。
- CASB（Cloud Access Security Broker，云访问安全代理）：CASB 是一种云安全解决方案，可以对企业在云环境中的数据进行保护，包括数据加密、访问控制、数据监测等。它可以帮助企业有效地管理和控制云上的安全风险。

- DLP：DLP 是一种数据安全解决方案，可以通过识别和监测敏感数据的流动，防止数据外泄。DLP 可以通过分类、识别、监测和阻止等手段来保护数据的安全。
- 透明加解密：透明加解密是一种加密技术，可以在不影响应用程序性能的前提下对数据进行加密和解密，以保护数据的安全性。
- 终端安全管控：终端安全管控是一种终端安全管理解决方案，可以对终端设备进行安全管理，包括控制外设接入、控制网络访问、防病毒、防恶意软件等。它可以帮助企业保护终端设备的安全性，防止数据外泄。

（4）案例分析

2018 年，某银行披露，其超过 1.4 万名客户的个人信息泄露，包括姓名、地址、电话号码和账户余额等，该数据泄露是由一名员工的移动硬盘丢失所致。

针对该案例，解决方案简要陈述如下。

- 部署终端数据防止泄露系统，对敏感数据进行分级分类，对敏感数据的对外复制进行监控阻断。
- 部署透明加解密系统，对数据进行加密，确保只有在内部才可以打开文件，一旦数据外泄，外部无法对相应文件进行解密和查看。

6. 持续安全风险检测与自动化编排响应

（1）安全风险场景

安全风险存在于企业服务资源访问的整个生命周期中，不仅仅是资源访问接入的时候，还包括接入后访问生产办公过程的整个生命周期。资源访问通常始于用户的认证登录，随后经过安全合规检查，然后检查授权以获取访问企业内部资源的相应权限，之后访问系统资源。过程中存在终端设备遭受攻击、网络攻击、工作负载被入侵等安全风险，安全状态会有变化，需要持续的风险监测和安全风险评估，一旦发现安全风险应及时阻断数据访问或隔离设备等，降低企业的风险。

当出现大量访问异常事件，且需要在较短的时间内做出响应和处置时，单靠人员的手动响应将无法满足需求。为了及时阻断不正常访问，需要配置自动化编排技术，以针对不同风险采用不同的自动化处置手段。例如，同时有多个用户身份存在异常登录风险，则需要对这些用户批量快速进行访问权限降级或者发起身份验证。这种情况下，依靠人工无法迅速响应，必须借助自动化响应和处置技术。

（2）解决方案思路

- 方案一：持续收集接入各个安全检测设备（如防病毒软件、EDR）的安全风险检测结果，对检测结果统一进行安全风险等级判断，针对不同结果设定不同的自动化响应处置规则。例如，如果某项评估表明风险级别较高，那么根据相应的自动化响应规则，可以自动发起身份验证挑战，要求用户重新登录，或者暂时停止账户的访问权限，中断会话连接等。这一过程有助于在发现潜在风险时能够快速采取适当的措施，降低潜在威胁对系统安全性的影响。
- 方案二：实时监控身份行为、设备系统各类事件信息（系统服务、进程、网络、文件等特征和行为变化）、网络访问流量、工作负载安全状态，进行安全风险检测，并评估安全等级，在此基础上配置自动化响应规则，以针对不同安全等级的问题采用不同的安全响应及处置方式。例如，禁止访问敏感系统，彻底隔离存在风险的设备或者身份等。

（3）主要的安全产品

- EDR：作为一种安全技术产品，可在终端设备上收集、分析和响应威胁事件和恶意活动。
- DLP：可以帮助企业发现、监视和防止敏感数据的泄露和滥用，以有效保护企业的知识产权、客户隐私和其他敏感信息。这种产品能够检测和定位数据泄露行为，使企业能够更好地评估相关安全风险。
- IDS：用于监控计算机网络的安全性和识别潜在攻击，可以检测网络上发生的异常行为，如流量异常、登录异常、数据包重放等，从而帮助网络管理员发现并响应安全事件。
- SOC：负责实时监控和分析企业的安全事件和威胁情报，为企业提供威胁情报和安全运营支持。
- SIEM：作为一种安全技术，能够自动收集、分析和报告来自不同来源的安全事件和信息。
- 身份认证系统带风控监测：通常包括用户身份认证和授权、对身份认证的监控和分析等功能，以检测和响应未经授权的访问或者其他安全事件。
- SOAR：作为一种安全自动化平台，可自动化执行和协调不同安全产品之间的响应与处置操作。
- 访问控制类产品：如SDP、CASB，通常用于提供基于策略的访问控制、身份验证、认证和授权等功能，以保护企业网络和应用程序不会遭受未经授权的访问和攻击。

- 其他零信任类产品：有一些产品自带风险监测和评估功能，能够分析并评估身份、设备、应用程序、网络访问和数据等多方面的风险，并根据风险评估结果的等级配置自动化策略，以对不同等级的风险采取访问会话阻断、敏感系统访问权限调整等措施。

（4）案例分析

以“海莲花攻击”（Operation Lotus Blossom）为例，这是由黑客组织发动的一场 APT 攻击。该攻击活动主要针对亚太地区的政府机构、技术公司和咨询公司等重要组织，涉及多个行业和领域。据报道，该攻击活动主要采用钓鱼邮件、漏洞利用和恶意文件等方式进行攻击，目的是入侵受害者的网络并获取机密信息。

具体步骤大概如下。

1）钓鱼邮件投递：攻击者使用社会工程技术，发送带有恶意附件或链接的钓鱼邮件。这些邮件可能伪装成来自公司内部、其他组织或机构的合法邮件，吸引用户打开附件或链接。

2）恶意文件感染：如果用户打开了附件或链接，恶意文件将被感染到用户的终端设备上。这些恶意文件可能是 Office 文档、PDF 文件、压缩文件等，它们包含了利用漏洞的恶意代码，一旦用户打开这些文件，恶意代码将会在用户的系统上运行。

3）后门和远程控制工具：一旦恶意代码成功感染用户的设备，攻击者将使用后门或远程控制工具（RAT）来控制受害者的系统。这些工具将允许攻击者远程访问和控制受害者的设备，例如上传、下载和执行文件、启动或停止进程、截取屏幕截图、窃取敏感数据等。

4）规避安全检测：攻击者会使用多种技术来规避安全检测和检测。例如，使用加密和压缩技术来隐藏恶意软件的特征，使用加密通信以避免被网络安全工具检测，通过多个命令和控制服务器来分散攻击的来源等。

5）扫描内部网络：攻击者会在感染的设备上安装扫描工具，以便扫描内部网络上的其他设备。这将允许攻击者发现其他潜在目标，并继续向内渗透。

6）横向移动：攻击者通过利用漏洞、使用弱密码或采用其他技术，将攻击范围扩展到更多的系统和设备上。攻击者通常会尝试在内部网络上移动，以寻找更高价值的目标，如存储在内部网络中的敏感数据或系统管理员账号。

7）窃取机密信息：攻击者利用入侵的权限和工具，窃取内部网络中存储的机密信息。这些信息可能包括密码、用户凭证、机密文件和商业机密等。

针对该案例，解决方案简要陈述如下。

- 增强员工安全意识：海莲花攻击通常始于钓鱼邮件，因此增强员工的安全意识是防御此类攻击的首要任务。企业通过安全意识培训、模拟钓鱼攻击、定期演练等方式，提高员工识别和报告威胁的能力。
- 部署相关安全管控加固类产品：大多数海莲花攻击利用已知的漏洞和安全弱点进行攻击，因此及时完成应用安全补丁和版本更新是防御此类攻击的有效措施；此外，禁用不必要的服务和协议、限制权限、加强口令策略等也是必要的安全措施。
- 使用安全技术和工具：部署终端安全软件EDR、NIDS、漏洞扫描工具、数据防泄露DLP等安全技术和工具，可以提高网络的安全性，检测并阻止攻击行为。
- 部署SOC分析异常行为：异常行为包括异常登录、异常访问、各个安全设施检出安全结果异常等，发现风险时进行响应阻断，也可以使用SOAR技术进行快速响应处置，包括隔离设备、取消用户身份、降低服务系统访问权限等，避免风险损失扩大。
- 加强网络访问控制：使用网络分段、多层防御等措施可以将网络分成多个安全域，控制用户访问和数据流动的路径；此外，使用安全设备（如防火墙、访问控制类网关、CASB等）对网络进行访问控制和监控，确保只有合法用户和设备能够进入网络。
- 定期进行安全审计：定期进行安全审计和风险评估，以发现潜在的安全隐患和漏洞，及时进行修复和加强控制。
- 建立应急响应计划：建立应急响应计划，包括组建应急响应团队、建立安全事件响应流程、备份重要数据等，以应对可能的攻击事件和降低损失。

7. 安全风险可视化

（1）安全风险场景

- 网络入侵风险：企业的网络系统、服务器、路由器等网络设备可能面临黑客攻击，尤其是存在安全漏洞的设备容易成为攻击目标。需要借助可视化工具对网络拓扑结构、攻击路径等进行分析，以发现安全漏洞并制定相应的安全策略升级和响应处理方案。

- 数据泄露风险：企业的敏感数据存储、传输、处理等环节都可能面临数据泄露风险。需要借助可视化工具对数据流程、数据存储位置、数据传输情况等进行分析，以发现敏感数据的分布位置并制定相应的安全策略升级和响应处理方案。
- 应用程序安全风险：企业终端设备、工作负载上的应用程序可能存在安全漏洞，黑客通过漏洞攻击企业的系统，导致企业资产损失和声誉受损。需要借助可视化工具对应用程序拓扑结构、攻击路径、代码执行流程等进行分析，以发现安全漏洞并制定相应的安全策略升级和响应处理方案。
- 安全事件风险：企业面临的安全事件包括病毒、木马、僵尸网络、恶意软件等，这些安全事件可能导致企业数据和系统遭受破坏，也可能导致企业经济和声誉损失。企业需要借助可视化工具对安全事件来源、漏洞类型、攻击方法等进行分析，以制定相应的安全策略升级和响应处理方案，如增强安全培训、更新安全规范等。

（2）解决方案思路

- 网络入侵检测：使用可视化技术（如网络拓扑图、流量分析图、事件热点图等），将从网络安全设备（如防火墙、入侵检测系统等）采集的网络流量数据生成图表，从而展示网络中的入侵行为。分析人员可以通过这些图表来识别网络中的入侵行为，并及时采取响应措施，比如，升级安全策略网关、防火墙、微隔离网络访问控制策略，甚至配置新的自动化响应策略，以阻断恶意流量访问或加强对未受保护的服务和设备的访问控制。
- 数据泄露监控：使用可视化技术（如数据流图、敏感数据分布图、异常访问行为图等），将数据监测和审计系统采集的数据流动情况、敏感数据位置和访问行为等数据生成图表，从而展示数据泄露情况。分析人员可以通过这些图表来追踪数据的流动情况，发现敏感数据的分布位置，并及时采取响应措施，如撤销访问权限、加密敏感数据等。
- 应用程序安全检测：使用可视化技术（如应用程序拓扑图、攻击路径图、代码执行流程图等），将终端设备和工作负载上的应用程序监测及安全扫描系统采集的应用程序数据生成图表，从而展示应用程序的安全状态。分析人员可以通过这些图表来识别应用程序中的安全漏洞，从而定位攻击来源、修复漏洞、升级应用程序版本等。

- 安全事件分析：使用可视化技术（如安全事件关系图、攻击溯源图、安全事件趋势图等），将安全信息和 SIEM 系统或日志管理系统采集的安全事件数据生成图表，从而展示安全事件的来源、漏洞类型、攻击方法等信息。分析人员可以通过这些图表来分析安全事件的来源、漏洞类型、攻击方法，及时采取响应措施。

总而言之，在使用可视化技术分析之后，需要及时采取响应措施。比如，增强网络防护能力、修补漏洞、升级安全设备等。同时，需要对响应措施进行评估，判断其是否有效，以及是否需要调整。

（3）主要的安全产品

- 网络入侵检测系统：有对应的流量可视化功能。其中 EDR 系统提供了终端应用程序风险的可视化统计和回溯分析查询视图，此外，SOC 和 SIEM 等类似系统现在也已经加入了可视化模块，以支持风险的回溯和分析。
- 微隔离产品：分析网络流量安全风险，呈现工作负载的可视化流量依赖关系，提供网络分段策略编辑可视化能力。
- 零信任产品：具备风险可视化能力，还可以建立独立的安全可视化分析系统，能够收集关于身份、设备、应用程序、网络流量以及工作负载等各种安全事件或行为的数据（无论是通过自身数据采集还是通过其他安全系统接口获取）。拥有这些数据后，支持创建安全风险指标、进行数据分析和统计，并且可以可视化图表的形式呈现数据，供安全运营人员查询及分析网络入侵风险、数据泄露风险、设备和应用程序安全风险及整体入侵风险，以及辅助运营人员并采取相应的安全策略、更新或响应处置措施。

（4）案例分析

某公司服务器工作负载位于云环境中，因业务发展迅猛，整个云端的流量访问是否合法都是未知的。该公司过去没有对此进行充分规划，没有明确定义工作负载的业务，因此无法有效地制定网络访问策略，导致未知流量和潜在攻击流量对工作负载环境产生威胁。

针对该案例，解决方案简要陈述如下。

- 通过部署微隔离系统进行标记梳理和显示，通过网络流量可视化辅助查看异常流量、制定访问策略，降低工作负载安全风险。
- 微隔离系统部署后，可以识别数据中心和云环境中现有的工作负载，并将它们映射到相互连接的应用程序。这些工作负载包括相互通信的工作负载、用于通信的端口和运行的进程。

- 然后对工作负载进行打标签分组。标签通常包括应用程序、位置、环境和角色。应用程序标签表示工作负载属于哪个应用程序（如 HR 管理系统、OA 系统、代码管理系统等），位置标签表示部署所在数据中心、云或地理区域，环境标签表示运行环境（如办公、生产、测试等），角色标签代表工作负载的功能角色（如 Web、数据库、队列等）。
- 分组完成后，可以设置不同分组的分段网络访问策略，以控制工作负载之间的通信。分段策略定义了哪些工作负载可以相互通信，哪些工作负载之间需要限制或禁止通信。
- 最终创建一个工作负载的网络访问视图。其中，网络访问策略允许的通信关系以绿色表示，而不在策略范围内的访问流量则以红色表示，标识为未知网络访问流量。这些未知访问流量可能包括潜在的网络攻击或违规访问。用户可以点击详细信息，以查看有关流量协议的分析，验证其合法性，并进一步决定是否采取措施或者更新网络访问策略。

6.1.3 安全指标

1. 安全指标的定义

当制定安全指标时，要避免创建一个结果为空的指标。例如，如果仅衡量漏洞情况（如在上个月或上个季度是否出现漏洞）这一指标，那么这个指标并不合理，因为这样的统计数据无法预测系统未来的发展，或者说无法对企业接下来要做什么事情提供方向。

指标的制定，最终要指导管理者授权和支持企业的发展。

例如，企业发布了一款非常成功的产品，该产品必然会吸引大量用户，那么企业需要处理的事件一定会增加。企业如果统计同一个时间段内安全事件的数量以及用户增长的数量，将这两个指标关联起来看，则可以观察产品的安全事件数量是否随着用户量的增加而暴露得更多，以及产品的安全性如何影响其他业务指标。这种制定指标的方法有助于企业在实现增长目标的同时更深入地了解自身安全性，并且可以帮助管理者做出关于人员配置和工具使用等方面的决策。

在制定指标时，除了关注设置指标的标准方法外，还有一件重要的事就是如何解释、使用这个指标。例如，企业对内部员工威胁进行了研究，发现离职的员工更有可能携带敏感信息离开公司，因此引入了一个名为“拥有访问敏感数据的员工数量及在职率”的指标，用于考量那些在职员工中可以访问敏感数据的人数。在实际运用中，这个指标被证明极具价值，因为指标数值越低，则表明有越多离职员工仍然保有访问敏感数据的权限。这引发了企业对一个潜在问题的关注，即企业是否在授权敏感权限方面过于宽松，或者在权限管控方面存在漏洞，从而使得过多员工拥有敏感权限。

好的指标可以向企业展示如何防止内部威胁问题的发生，企业可以将这类指标作为评估内部威胁程度的关键指标。因为如果企业遵循这类指标，针对性采取措施，做出正确的决定，就可以防止某些安全事件的发生。

2. 安全指标的制定建议

指标除了需要能指导决策以外，还有一个重要的方面是确保关联企业业务利益，那么，究竟如何使安全性指标与企业收益保持一致？

如果所有指标都会影响决策，那么最重要的事情之一就是明确谁是指标的正确决策者。因此，我们可以按照决策者将指标级别划分为战略、运营和战术，如表 6-1 所示。

表 6-1　指标层级

指标层级	决策者	描述
战略级指标	高级管理人员、企业利益相关者、董事会成员	组织中最高级别的人应该做出的决定。例如，确定安全战略、目标和整体实施策略
运营级指标	安全计划和其他非安全利益相关者	允许企业就安全计划的总体方向做出决策，如人员配备、安全能力建设之类的决策
战术级指标	安全从业人员	实际上是安全从业人员需要做出的日常决策。例如，基于事件或指标来准确了解下一步要做出什么

此外，我们还可以将指标分为领先指标、滞后指标和同步指标，如表 6-2 所示。

- 领先指标：告诉企业未来可能发生的事情。企业几乎可以将它们视为关键风险指标，它们能让企业为将来可能发生的事情做好准备。
- 滞后指标：帮助企业了解过去发生的事情、今天之前做出的决定的相关结果，以及最终如何影响安全计划或企业所参与的其他活动。
- 同步指标：当事情发生时企业正在查看的指标，以确定当下事情进展。在事件发生期间，企业会立即查看这些指标，并最终根据这些同时发生的指标来预测下一个正确的决策可能是什么。

表 6-2 指标分类

指标类型	定义	示例
领先指标	可以预测未来可能发生的事情	安全漏洞的数量和趋势、网络流量、身份验证失败次数
滞后指标	描述过去发生的事情和过去的绩效	安全事故数量、响应时间、修复时间
同步指标	描述当前状态或发展趋势	安全威胁情报、入侵检测、异常活动报告、实时日志监控

我们知道，大多数安全程序都有可靠的指标体系，企业只需要在它们的基础上进行充实和扩展即可。下面用示例来说明企业可以创建的零信任指标、指标测量的内容以及最终如何使用这些指标。

举例：统计过去 30 天内未通过网络钓鱼演习的用户数量，即有多少人收到了电子邮件并点击了链接。

对此，点击数是一个很好的入门指标，也是许多组织都会使用的指标。企业实际上可以扩展该指标并将其变成一个非常强大的指标，让企业可以进一步做出决定。例如，这些用户中有多少正在使用未完成修补的系统？

如果把点击钓鱼邮件的用户数量和已经拥有的漏洞管理数据放在一起，企业就会突然得到一个更全面的指标，因为它告诉企业管理人员，员工点击了他们不应该打开的电子邮件，并且该邮件正在一台易受攻击的机器上运行。

让我们考虑如何进一步扩展该指标。例如，将点击该网络钓鱼电子邮件的用户数量和具有安全事件响应功能的系统（即该机器上运行的 EDR 工具或 MDR 服务功能）的数量结合起来看。

通过将不同的指标放在一起，我们可以为企业提供更好的分析视角，因为现在企业可以构建其最关心的资产列表以显示系统是否有问题、用户是否有问题。如果与相关的业务部门负责人进行交谈，这些指标还可以应用于战略层面。

企业还可以在安全程序中利用组合指标来决定优先在哪些系统上执行安全策略。如果企业要部署数上千个端点代理，总是很难确定从哪个组开始，那就可以使用组合指标作为依据。因为组合指标将告诉企业哪些用户最容易成为网络钓鱼电子邮件的受害者，企业应确保首先将端点代理部署到这些机器上，这样企业就可以获得最大的安全可见性和恢复能力。

这个示例可以说明企业应如何创建战略级或运营级的领先指标，以帮助企业做出决定，即企业应该首先修补哪些系统，或者应该先部署端点软件到哪个系统。制定并使用这些指标最终使安全变得更轻松，因为企业拥有这些输入数据，就可以推导出那些可操作的输出。

6.2　零信任建设指引

零信任建设的流程包括以下方面。

首先需要确定零信任建设相关的团队和利益相关的团队。

其次，需要概述零信任战略并探讨其意义，在此基础上确定零信任实施范围，包括组织、业务和网络范围。

再次，在实际业务场景方案分析中，需要考虑内部员工的安全访问场景、外部人员与企业协作场景、系统间的安全访问场景以及物联网安全连接场景。

随后，在零信任能力规划中，需要制定统一身份构建和业务接入构建等计划。

然后，在项目实施中，进行资产摸底、零信任部署、统一身份构建、业务接入构建、零信任最小化策略制定以及零信任持续运营等措施。同时，项目实施需要进行项目管理，包括项目实施概述和项目实施框架。

最后，需要在安全成熟度评估中进行零信任成熟度概要、零信任成熟度要求概述以及零信任成熟度评估方的评估。

6.2.1　安全团队建设

“安全团队不是组织内的孤岛”，安全团队在处理网络安全事件响应时需要了解这一点，并让组织内的正确成员参与进来，以确保做出正确的响应。

1. 与零信任建设相关的团队

当安全团队计划在整个企业推广零信任体系结构时，必须想到要与企业内不同团队进行沟通。这些沟通可能会从 IT 或者 IT 相关的团队开始，比如，管理身份信息的团队、管理访问权限的团队、管理网络的团队、管理服务器的团队，甚至管理电子邮件的团队。因为这些是零信任体系结构的重要组成部分，并且在最终推行落地时需要这些团队负责基础设施建设，毕竟这些团队往往更了解敏感数据（即需要保护的对象）在哪里。

2. 利益相关的团队

当安全团队向整个公司推行零信任时，势必会影响企业内的大量用户（员工）。要想推行顺利，势必需要与这些业务部门（大部分是非技术型的业务部门）的用户就零信任的意义进行对话。因为零信任这一举措将会改变这些人的工作方式，影响他们可以访问的内容。

虽然从安全和网络的角度来看零信任的目标是将事情变得简单，但是在企业实际转型、过渡，并最终在整个企业推行的过程中，涉及大量的企业团队和用户，并不简单。作为安全团队，必须在推行之前与这些团队和用户进行沟通，以尽可能地减轻这种转变对企业带来的影响，减少内部的负面意见。因为相关人了解得越多，就越能理解带来的变动，这最终有助于使得推行零信任更加成功。

安全团队需要真正地了解利益相关者，这里提供 5 种不同类型的利益相关者供参考。

第一，最终决策者。事情的落实总有一个最终“点头”的人，这可能是董事会，也可能是安全团队的领导层。

第二，影响者。这些人可能不是最终决策者，但是却拥有影响决策者的话语权，他可能是公司的首席安全负责人，也可能是企业中在审计或其他方面有影响力的人物。

第三，负责制定企业整体愿景的人，例如，规划企业转型的人、首席运营官。可以将零信任策略与他们的策略进行绑定。

第四，企业里关注投资回报的人。这些人不关心策略的细节，他们关心要投入多少成本以及能换取的回报有多少，向这些人讲清楚零信任的投资与回报，也能推动零信任落地。

第五，负责企业级项目变更的人。这些人可能是项目主管，也可能是首席信息安全官，他们将成为零信任项目的拥护者，因为大多数安全人员在理解零信任理念后，将在企业中支持这一战略和计划。

6.2.2　零信任战略

“战略”是指根据形势需要，在整体范围为经营和发展自身能力、扩展自身实力而制定的一种全局性的、长远的发展方向、目标、任务和策略。一个好的战略的制定和执行，需要找出制定战略的最佳时刻，确保战略执行是连贯而有效的。而战略实施是一个自上而下的动态管理过程，战略目标在高层达成一致以后，向中、下层传达，并在各项工作中得以分解、落实。

安全工作作为组织经营和发展的关键支撑，其核心主要是围绕两大主线来推进，分别是攻防对抗（“防坏人”）与访问保护（“管好人”）。这两大主线包含了防御、检测、响应等主要环节，其安全目标通常是围绕降低经营和发展中的风险来设定的。而零信任作为一种在新的安全形势下颠覆传统安全体系的安全理念，聚焦业务资源保护，在整个访问流程中通过持续的信任评估来实现安全与业务的平衡，终结了传统安全以不同技术去实现不同环节的安全保护的建设方式，具有全面的战略意义。因此，组织应结合业务发展需要及当前现状设定零信任战略目标，并遵循一定的方法论，选择合适的技术路线，进行妥善规划并分步实施，最终实现零信任安全。

6.2.3　零信任建设价值

在新的 IT 环境下，组织数字化转型的不断深入，人工智能、云计算、大数据、物联网、移动互联等新兴 IT 技术的快速发展导致传统内外网边界正在分崩离析。同时，网络安全形势日趋严峻。规模化、组织化、攻击武器化的高级持续攻击总是能借助漏洞入侵、社工、钓鱼等方式轻易突破企业安全防护。

（1）弥补传统安全能力的短板

安全最基础的两大需求是“访问控制”与“对抗攻击”，网络访问过程中有大量正常的访问行为以及不可信的风险行为。传统的基于 IP 的访问控制配合各类风险行为的识别和管控（对抗攻击）方式在新的 IT 环境下正在面临巨大挑战：一方面，IT 环境变得更加复杂，传统边界被弱化，访问控制的难度急速攀升；另一方面，外部攻防态势日益严峻，未知威胁难以预测，风险行为（黑流量）的增长源源不断，面临难识别、难管控的局面。

传统网络安全体系结构和解决方案本质上是边界安全，基于对“信任”的假设，不断引入新技术、新方案来发现恶意风险。随着攻击技术愈发高级，混淆、隐蔽、潜伏、伪装等技术被广泛使用，这种“鉴黑防黑”的方式已经遇到了瓶颈，在当前的IT环境下，需要全新的网络安全体系结构应对日益严峻的网络威胁形势，于是零信任应运而生，采用更灵活的技术手段来对动态变化的人、终端、系统建立新的逻辑边界。一方面，通过对人、终端和系统等进行识别，从基于IP的访问控制转向到基于ID（身份）的访问控制，解决传统边界在云化、移动化趋势下的失效问题，适应IT架构变化下的复杂IT环境。另一方面，将风险行为的识别和管控从无穷无尽的“黑流量”识别，转向有限的“白流量”识别，实现“以白御黑”。

零信任通过对访问请求的持续安全风险评估，增强了传统边界安全体系结构的信任基础，提出了新的安全体系结构思路和实施策略：默认情况下不应该信任网络内部和外部的任何人/设备/系统，需要基于认证和授权重构访问控制的信任基础，将传统安全防护的建设思路从“鉴黑”转向“鉴白”，以持续安全风险评估增强对访问流量的识别能力，通过灰度处置等动态访问控制手段有效拦截威胁，平衡安全与生产力，让组织在拥抱数字化变革时从容应对安全风险与业务发展需求。

零信任战略的目标，就是基于持续安全风险评估能力，在业务与安全的现状与要求下，达成对主客体访问过程的安全防护。

（2）零信任有助于推动实现数字业务转型

在数字化转型的热潮中，企业正在快速迭代、开发新产品和服务。而传统的安全模式总是在企业的业务形态成型后，再分析业务可能存在的安全问题，以此进行安全能力的搭建。传统的安模式全总是在追赶业务，企业安全的发展和业务的发展总是异步且割裂的。

而零信任不仅可以与企业的数字化业务转型同步进行，还有助于企业进行数字化转型，主要原因如下。

1）零信任能使安全变得简单。传统安全在大多数情况下都会让企业感觉到复杂，因为企业需要针对不同的业务、意外安全问题部署对应的安全解决方案。而零信任的优势之一就是使安全变得简单，因为它有一种更为范式的框架，是基于资产和用户的一种安全体系结构。这一框架不会跟着业务的不同而改变，企业不需要根据业务不同去构建框架理念完全不同的安全解决方案。

2）零信任的建设能与业务发展同步进行。传统的安全解决方案是在对已有安全事件的分析基础上建设的，安全解决方案往往滞后于业务发展，等业务出现了安全问题，才会事后进行安全解决方案的完善。而零信任秉持着永不信任的原则，围绕资产和用户进行持续验证，因此无须等到业务上线出现安全问题后进行补救。企业在建设业务时必然已经熟知哪些是重要的业务资产，以及这些业务的用户是谁，因此也就知道需要对哪些资产、哪些用户进行持续验证，所以零信任的建设是可以与业务建设同步的，这可以在很大程度上减轻事后安全建设的弊端以及解决重复“造车轮”的问题。

安全解决方案的重心的评估方法如表 6-3 所示。

表 6-3　安全解决方案的重心的评估方法

评估点 1	**用户**
最大的威胁	隐私泄露、监管罚款、用户信任问题
从哪里开始	用户体验和电商团队
关注点	身份管理、监管要求、数据安全
评估点 2	**虚拟助手**
最大的威胁	欺诈、账号盗用
从哪里开始	市场营销、用户体验、欺诈风控团队
关注点	权限控制、反欺诈、API安全
评估点 3	**边缘计算**
最大的威胁	物理设备安全、知识产权损失
从哪里开始	开发人员、产品经理
关注点	安全的DevOps、加密、物理安全
评估点 4	**外部 API 服务**
最大的威胁	合作方安全、代码安全
从哪里开始	CTO、开发部门
关注点	合作方风险管理、API安全、开发人员安全培训
评估点 5	**自动化电子流**
最大的威胁	流程完整性、数据完整性
从哪里开始	团队领导、风险管理人员
关注点	风险评估、数据合规、商业逻辑规则

（3）零信任体系规划建设可以降低新安全技术引入复杂性

假设企业正在尝试进入一个新的领域，公司的发展速度比以往任何时候都快。企业管理者可能没有时间在启动项目之前完全评估项目中存在的问题，所以企业一般会专注于推出最小可行产品以快速进入市场、击败竞争对手。同时，他们没有时间或能力来分析并解决所有安全问题。这时候，零信任可以成为那些最小可行产品的有力支持和促进者。

因为零信任的出发点就是永不信任，它纯粹基于限制个人、系统或数据对其他系统的访问，所以它使安全实现变得容易得多。在零信任理念下，当企业没有时间全面分析安全问题，或者确实推出了最小可行产品但它不符合安全标准时，企业就可以用零信任体系结构来限制该产品可能造成的损害。例如，当启动应用程序时，用户无法访问所有数据。

零信任的微服务架构，能够阻止本系统与可能暴露更多数据的其他系统进行通信，这让企业可以限制特定漏洞的暴露面。因此，零信任需要考虑的重要事项之一就是微服务，尤其是在创新领域方面。微服务的一大优点是，其整体规范和整体功能设计有助于我们实现针对某些功能的执行限制，并且该限制并不是从微服务的安全角度出发的，而是从简化开发的角度出发的。

零信任可以帮助企业克服重复成本的问题。举个例子，某企业根据最近的竞争优先级部署了许多安全控制措施，当查看这些措施的全部特性和功能时，常常会发现有重叠的部分，即企业将成本、人力投入在了重复“造车轮”上。

零信任允许企业创建一个体系结构，并扩展零信任生态系统，然后考虑该技术的特性和功能，合理化组合企业的安全供应商。这实际上让安全工作变得更简单，因为企业只需要考虑身份、数据和用户。所以现在企业可以查看允许用户根据其身份和数据在企业的环境中锁定权限的特定技术，而不是先对网络进行安全控制、再对网络上的身份进行安全控制、又对身份和应用程序进行安全控制。

企业真正需要做的是将用户身份作为访问整个应用服务中组成部分的凭据。这不仅仅要考虑网络上的身份或应用程序上的身份，还要考虑全面的身份。由零信任产生的其他类似举措最终将使企业降低成本、降低复杂性并从运营角度提高效率，因为企业能够减少已部署的服务数量，从而解决重复“造车轮”的问题。

（4）零信任对企业品牌产生正向影响

安全可以为企业带来更广泛的贡献，企业管理者不应该忽略这一点。例如，安全可以帮助企业建立品牌信誉和影响力，作为产品质量之一的“安全性”影响着用户对产品的信任、品牌和声誉。例如，大数据泄露会“侵蚀”客户信任，使客户不愿意与企业共享信息。因此，企业必须开始将安全视为实际上能够捍卫品牌及其声誉的关键要素，而不仅仅将其作为组织工作的一部分。安全性实际上是在客户意识中逐步形成的，并成为公司形象中可被感知的一部分。

安全在产品获益生命周期中的作用如图 6-3 所示。

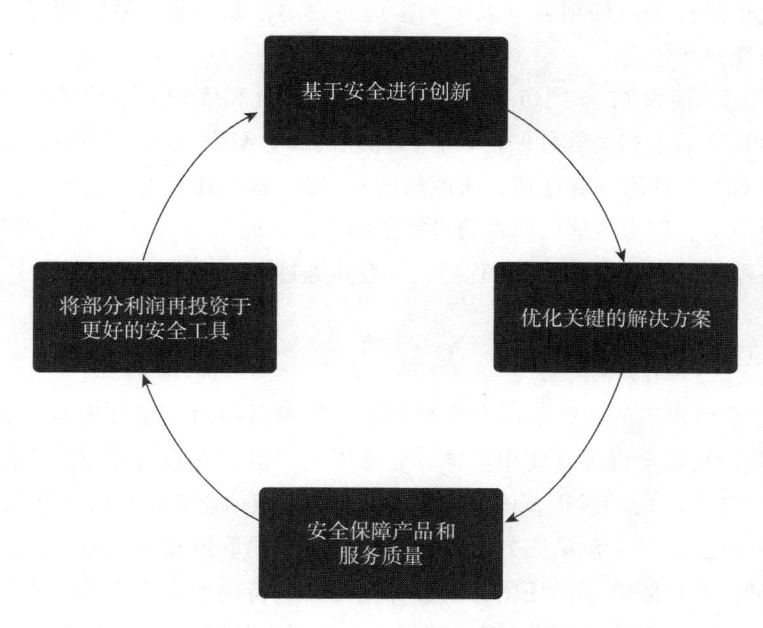

图 6-3　安全在产品获益生命周期中的作用

6.2.4　零信任实施范围

1. 组织范围

零信任的建设和运营需要企业各干系方积极参与，直接涉及安全部门、业务开发部门、IT 技术服务部门和 IT 运营部门等。通常情况下。零信任项目是由安全部门发起的，但由于零信任项目的实施与业务和基础网络的关联性都比较大，所以组织在实施零信任项目时，需要提前基于零信任安全目标对实施涉及的组织范围进行确认。零信任项目的发起者需要从零信任的业务价值出发，说服业务部门和公司的高层决策者对零信任项目的实施提供支持和配合。

一般来说，零信任项目实施涉及的部门主要如下。

- ❑ 安全部门。通常会是零信任项目的发起者，需要承担零信任项目目标的制定、安全策略的制定等任务。
- ❑ 业务部门。通常业务部门在组织内话语权更高，而安全项目由于不能直接产生业务价值，通常还会对业务有所影响，所以经常受到业务部门的阻碍甚至反对。项目发起者除了向业务部门阐述清楚零信任建设的价值之外，选择合适的建设时机也是让零信任项目可以顺利落地的关键，如在业务系统新建、改造时进行同步规划和建设。
- ❑ IT 部门。通常 IT 部门负责 IT 基础设施的建设和维护，零信任的建设涉及网络调整和终端上相关软件的部署，因此在前期方案设计阶段就需要 IT 部门深入参与，对零信任的部署迁移、灰度测试和回退 / 逃生做好充分的准备。
- ❑ 普通员工。作为零信任项目的最终使用者，普通员工的支持至关重要，认同和沟通是零信任战略顺利实施的保障，并在实施过程中要尽量减少对员工工作的影响。

2. 业务范围

零信任建设所覆盖的业务范围会影响零信任战略目标的设定及实施落地。对于组织中不同的业务，其安全诉求、使用群体、业务形式可能存在较大差异。零信任应用于从“主体”到“客体”的访问过程，该“客体”也就是组织的业务，包括对公众的经营业务、对内部员工的办公业务、对第三方合作伙伴的业务、物联网接入业务等。因此，在零信任战略确定时，需要明确零信任覆盖的业务范围，这将决定组织应该选择什么落地技术及体系结构。同时，根据圈定的业务，组织会选择适合的零信任建设路径。

常见的两种建设路径如下。

- ❑ 能力优先型：针对少量的业务构建从低到高的能力，通过局部业务场景验证零信任的完整能力，然后逐步迁移至更多的业务，扩大业务范围。
- ❑ 业务范围优先型：先在一个适中的能力维度上迁移尽量多的业务，然后逐步对能力进行提升。

3. 网络范围

网络范围是零信任实施中覆盖的网络类型。根据访问路径的不同，可以将网络范围分为如下 3 类。

- 跨网络访问：从一个网络到另一个网络的访问，例如，远程办公访问、主体对象在家庭网络或公共网络中对企业内网发起的访问。
- 跨区域访问：从一个网络区域到另一个网络区域的访问，例如，位于内部办公区域的 PC 设备访问位于 DMZ 区域的业务系统。
- 区域间访问：常见于主机（含 VPC、容器等工作负载）之间的互访。

6.2.5　实际业务场景的实现方案

零信任理念本身适用于各种场景，但综合零信任在落地过程中采用的技术和体系结构，适用的场景也会存在部分差异，起初主流的零信任体系结构主要应用于远程访问场景。后来随着人工智能、云计算、大数据、物联网等新技术的出现，业务安全上云、服务器间数据交换、物联网安全组网等场景也逐渐开始采用零信任安全体系结构。零信任体系结构中的访问主体可以是内部员工，可以是外部人员，可以是服务器，也可以是物联网设备……

按主体类型的不同，可以将零信任的应用场景分为以下 4 类。

- 企业内部员工的安全访问场景（跨网络访问、跨区域访问）。
- 外部人员与企业的协作场景（跨网络访问）。
- 系统间的安全访问场景（区域内访问）。
- 物联网安全连接场景（跨网络访问、跨区域访问）。

1. 内部员工的安全访问场景

内部员工远程办公场景是比较典型的零信任应用场景，通常分为远程访问（跨网络访问）和内网访问（跨区域访问）。其中远程访问的零信任应用主要是替代传统 VPN，在员工从公司外部网络及内部网络访问企业业务资源时，实现安全访问。

1）根据用户身份的不同，内部员工的安全访问场景可以分为如下类型。

- 出差员工的访问，例如，出差员工通过互联网来访问企业内部邮箱的场景。企业无法通过网络 IP 来区分用户是否可信，只能通过零信任身份认证来识别用户是否可信。
- 分支机构员工的访问，例如，分公司员工访问总部 OA 系统的场景。针对分支机构与总部之间不同的组网方式，零信任体系结构需要进行相应的调整。

- 开发、运维人员的远程访问，例如，服务器运维人员通过 SSH、远程桌面等方式登录 Linux 或 Windows 服务器，进行系统管理操作的场景。运维人员的权限比普通用户更高，风险也更大，所以需要更严格的身份认证、访问控制以及安全审计。
- 内部办公区域人员对非办公区域的访问，例如，办公区人员访问生产系统的场景。尽管企业可以通过内网 IP 来进行访问控制，但随着人员规模的增加、业务系统和人员岗位的变化等，ACL 策略很容易失效，给运维带来巨大压力。

2）根据用户终端的不同，内部员工访问场景可以进一步细分，如下。

- PC 端的访问，例如，用户使用笔记本电脑访问公司应用的场景。
- 移动端的访问，例如，用户通过手机访问公司应用以访问销售管理系统查看业务数据或进行审批操作等。

3）根据业务系统体系结构的不同，远程访问场景可进一步细分，如下。

- B/S 应用的访问，例如，用户打开浏览器访问公司内部的论坛社区进行浏览或发帖。客户端与服务端的主要通信协议为 HTTPS，零信任需要支持应用层的流量转发和检测。
- C/S 应用的访问，例如，用户打开 SAP 客户端登录公司的 ERP 系统查看库存。客户端与服务端之间可能是特殊的网络通信协议，零信任需要支持网络层的流量转发和检测。

4）根据业务系统的位置不同，远程访问场景分类如下。

- 企业内部资源的访问，例如，用户访问部署在企业机房中的财务管理系统。
- 云端资源的访问，例如，用户访问部署在云端的客户营销系统录入信息。

2. 外部人员与企业协作场景

随着企业业务复杂度和开放性的增加，企业面临的风险威胁越来越多元化。企业对外部开放业务访问之后，可以促进企业间的业务协同，提升合作的效率，但也会引入更多不可控的风险。

与内部员工的远程访问相比，外部人员也有类似的远程访问需求，具体来说可以分为以下两种场景。

- 外包人员或访客的访问。例如，外包人员访问内部测试系统，或者外部供应商访问内部的供应商管理系统查看订单。
- 企业间的协作。例如，企业之间合作完成某个项目，双方都需要访问某个系统。

外部人员的设备和行为都更不可控，向外部人员开放的入口很可能变成企业安全的漏洞。所以，外部协作场景的管控逐渐成为企业安全建设的重点。

3. 系统间的安全访问场景

随着企业信息化程度的提高和企业数据资产的积累，为了实现系统之间的数据传输和共享，数据中心与数据中心之间、系统与系统之间的数据交换不可避免。数据交换可以发生在多个云或数据中心之间，也可以发生在同一个网络环境内。

- 多云数据交换。例如，企业内网调用公有云上的大数据服务，或在部、省、市等多级数据中心之间交换数据。
- 内网系统间的数据交换。系统之间有一条持续开放的网络通信路径，如果路径的一端被黑客攻陷，那么整个网络都存在安全威胁。在这种场景下，对横向攻击的防护尤为重要。

4. 物联网安全连接场景

物联网包括工业物联网、智能家居、可穿戴设备、安防监控、智慧城市等多种场景。不同场景下物联网的体系结构不尽相同。但通常来说，物联网系统都会包含感知层、网络层、应用处理层等几个部分。其中，物联网感知设备通常部署在室外，更容易受到物理攻击，也容易被黑客篡改。而且由于成本、功耗等原因，物联网设备的计算、存储能力通常较弱，其中分配给安全的资源更少，对安全方案的挑战更大。因此，物联网场景下的零信任方案更注重对物联网感知设备的防护。物联网场景的零信任方案除了标准的能力之外，还要与实际结合。在有限的资源条件下，保证物联网设备的身份可信、行为可信。

6.2.6 零信任实施过程管理

零信任能力是支撑零信任战略落地的关键，在零信任实施过程中承上启下，与业务及安全需求需要紧密贴合。根据目标和场景的不同，零信任能力需要从如下维度进行规划和构建。

按照业务实际落地场景、实际业务风险，参考上述规划理论，从用户、设备、网络、工作负载、数据资产风险、持续安全风险检测和自动化编排响应、安全风险可视化的维度规划及制定方案策略。同时，要制定有效的安全指标，根据指标要求辅助决策，制定适应企业不同发展阶段及发展场景的能力。

零信任实施是一个长期的改造过程，面对企事业单位少则上百多则上千的应用，不建议也不可能一次改造完成，毕其功于一役的想法是不可取的。正确的做法一定是先完成战略规划和体系结构设计，确定零信任转型的战略目标、实施范围、达成能力和应用场景，这其中又包括长期目标和短期规划。然后确定要选择的基础体系结构以及未来的演进方向，才能开始着手零信任的实施。

1. 零信任项目实施概述

零信任体系结构的目标是为了降低资源访问过程中的安全风险，防止未经授权情况下的资源访问，其关键是打破信任和网络位置的默认绑定关系。零信任不是一个或者一类产品，而是一套解决方案，是对传统安全边界体系结构的升级，因此零信任项目实施并无一套完全标准的模板或框架。但它结合企业 IT 战略、项目管理和零信任模型，通过项目的持续实施和运维，逐步实现企业传统网络体系结构转型的目标以及保护企业数据资产和业务的功能。

2. 资产摸底

资产摸底的工作很容易被企业管理者忽略，其实这个动作早在战略规划和体系结构设计之前就应该开始了。盲目上线带来的只能是效果的大打折扣，国内近几年上线了大量零信任项目，其中绝大多数最后只起到了替代 VPN 的效果，这和决策者的初衷未必一致，也远没有达到零信任应有的效果。因此，资产摸底既是进行正确的战略规划和合理的体系结构设计的必要条件，也有助于企业认清自己的零信任成熟度。

资产摸底的范围涉及企业所有与信息资产相关的内容，主要包括人员、设备、网络、应用和数据等。

人员资产应以人力资源信息系统为基础数据，对人员进行全生命周期管理，人员资产摸底是实现零信任身份可信的前提和基础。人员清单需要梳理清楚群组、角色、用户等基础数据，同时要梳理各个应用系统的账号、角色等信息，还包括一些特殊账号，如交换机的 root 账号等。此外，还要考虑拓展人员的信息，包括合作公司人员、第三方运维人员以及各类临时人员。

所有访问企业应用的设备都应该是受控的，设备同样要受到全生命周期管理。每个受控设备首先需要一个唯一的标识，台式机和笔记本可以考虑使用安全证书，移动设备可以考虑使用其操作系统提供的设备标识，从而生成设备清单。用户清单和设备清单是存在多对多绑定关系的，一个用户可能要使用多个设备，也存在同一个设备由多人共享的情况，这些都需要基于企业的整体安全策略梳理清楚。人员和设备的资产梳理结果是后续零信任访问主体准入的基础条件，只有在用户清单里的人员、设备清单内的设备，并且二者具备绑定关系，才有可能被允许接入并访问应用。

即便不进行零信任改造，网络资产梳理也是企业定期要做的事情。网络资产梳理是网络安全保障的首要工作，不仅要把现网的拓扑关系梳理清楚，同样要输出资产清单，包括硬件资产信息（明确 IP、设备、安全策略等方面信息）、软件资产信息（明确 IP、域名、操作系统、数据库、安全方案、审计等方面信息），以及僵尸资产信息（明确负责人、安全情况、是否清理等方面信息）。

应用资产的摸底主要是对应用进行分级、分类，并梳理清楚应用之间的调用关系，并根据结果制定应用的微隔离策略和确定应用的安全密级。要实现零信任对访问客体的可信保障，一方面是需要基于网络策略限制应用的唯一访问入口，另一方面是需要基于应用的安全密级对访问主体进行权限管控，同时需要基于微隔离策略限制应用之间东西向流量的渗透。

数据资产是企业的核心资产，而数据资产梳理囊括了企业管理、系统方法和数据库构建等方面的知识体系，是一个庞大且复杂的工程。企业可以按照自身数据及管理情况制定不同的数据资产管理办法，对数据资产分布现状进行调研，对数据资产管理水平进行评估，建设数据资产梳理体系，编制数据资产清单。有了数据资产清单，就可以制定基于零信任策略的数据安全保障策略了，比如，只有特定用户在指定时间、特定场所，使用特定设备接入特定网络，并使用特定的防泄密终端程序，才能够访问脱敏后的特定数据。

3. 零信任部署，构建零信任能力

完成了资产摸底的工作之后，就可以开始部署零信任体系结构了。各企事业单位可以参考第4章零信任体系结构的内容，结合自身的实际情况来选择最适合的方案。但无论选择何种体系结构，组织既要充分考虑系统预期的零信任能力，也要充分考虑系统的可靠性和可拓展性。

零信任体系结构所解决的核心安全问题是主体对客体的安全访问连接问题，但是一个完整的零信任体系结构能做的事情远不止于此，零信任能力覆盖组织的网络安全、应用安全、数据安全和整体安全，主要包括统一身份管理能力、统一终端安全能力、终端数据安全能力、应用访问代理能力、反向合规能力、数据交换网关能力、流量威胁检测能力、应用访问控制能力、自适应动态策略能力以及资源访问加速能力。对零信任主要能力的介绍如表6-4所示。

表6-4 零信任主要能力

能力	功能点	目标
统一身份管理	账号全生命周期、多种认证方式、统一门户、单点登录	用户可信
统一终端安全	终端准入管控、终端病毒查杀、终端合规检查	设备可信
终端数据安全	基于应用的终端接入策略建立安全工作空间，防数据泄露	数据可信
应用访问代理	零信任应用网关隐藏应用、收敛暴露面	应用可信
反向合规代理	无鉴权业务保护，保障资源快捷发布、管理和安全访问	应用可信
数据交换网关	业务系统API解耦、数据共享开放	接口可信
流量威胁检测	网络流量威胁检测、风险预警联动	网络可信
应用访问控制	细粒度动态权限管控，实现最小特权访问	细粒度权限
自适应动态策略	整合全网安全数据，实现自适应内生安全策略	自适应管控
资源访问加速	整合多云资源，就近接入、快速访问	通道可信

确定了要构建的零信任能力之后，就要考虑可靠性和可拓展性了。

零信任体系结构的可靠性和可拓展性包括系统的容量、最大并发量、可接入范围、稳定性、容灾能力，以及扩容、演进能力等。重点需要考虑系统的部署模式，常见的有

主备和集群两种，考虑零信任的软件特征，我们更推荐采用集群模式来部署。集群模式也被称作高可用模式，是指将零信任控制中心、应用网关和接入网关分别进行集群部署，既规避单点故障又可以灵活扩容，以保障系统长期稳定演进。接入网关作为工作负载，将业务访问请求有序发送至对应的控制中心，再由控制中心下发策略到对应的应用网关。

比较主备模式与集群模式：首先，集群模式将控制中心和应用网关分离，实现了控制流和数据流的分离，为应用提供了更好的安全防护；其次，集群模式具备更好的稳定性，实现单点故障无感知，保障系统持续稳定运行和应用访问无间断；最后，集群模式具备弹性扩展的能力，后续扩容仅需要增加应用网关虚拟机即可，不需要改造网络或变更设备。

4. 统一身份构建

零信任的基本要求就是对用户进行持续的验证，对用户和设备的识别是零信任改造的基础与前提，需要用户管理系统对企业复杂的账号和权限体系进行统一治理，包括统一管理用户在各个应用系统中的账号，以及进行用户的全生命周期管理。当员工入职、转岗或离职时，数据库都要相应更新，以保障用户身份的可信。

企事业单位需要针对内外网用户数据进行核实，从而把控多种数据身份，针对各种不可信的访问信息寻求多重信息关卡设置，增加加密权限以及综合认证，强化总体信息权限，集合整理多种关联性的信息内容，并对其采取零信任的管理方式，在登录中进行多因素的安全检验，此信任程度会根据动态的权限变化来调整，在最终的访问限制结构中遵循访问客体的安全要求，从而创建一层动态化的综合信任联系。

用户管理系统要管理所有用户的岗位分类、用户名和群组成员关系，为用户提供统一的认证接口，根据用户的权限级别来确保对应业务安全级别的准确性，同时需要支持多因素认证能力，包括但不限于密码、邮箱、手机、令牌、X.609 证书、智能卡、定制表单、生物识别及多种认证方法的组合。多因素认证应该满足的基本原则：同一安全域之间的鉴权方式简单易用，满足一定的多因子交叉，跨安全域（尤其是低级向高级访问时）则需要增加二次验证，提升安全性。简言之，同级安全域之间保证单点能力的便捷性，而跨安全域时则在保证安全性的前提下满足便捷性。

除了身份可信，还需要设备可信，所有访问应用的设备都必须是可管可控的设备，只有受控设备才能访问企业应用。设备管理能确保用户每次接入网络的设备是可信的。系统要为每个设备生成唯一的硬件识别码，并关联用户账号，确保用户每次登录都使用合规、可信的设备。对非可信的设备要进行强身份认证，认证通过后则允许新设备入网。对可信设备的管理还包括对设备状态的识别，比如，识别设备当前的状态是否通过安全基线，是否安装杀毒软件、系统补丁等，以确保设备自身状态足够安全。

系统在确保用户在正确的设备上使用正确的账号登录的同时，还要对账户的登录时间、登录地点及 IP 地址进行严格控制，以防止非法人员非法接入业务系统。而且，一次授权不会永远有效，信任度和风险度会随着时间、空间发生变化，系统会根据安全等级要求和环境因素不断评估，达成信任和风险的平衡。对疑似违规的用户，系统会降低其访问权限或者直接强制其下线。

为了提升用户的使用体验，系统还需要提供统一门户和单点登录（SSO）功能，包括提供企事业单位应用访问统一门户，实现企事业单位互联网统一入口，实现跨设备的统一管理等。一方面提升用户的使用体验；另一方面隐藏原有的需要对外开放的应用和端口，保障数据与应用安全。用户通过统一入口登录后，用户首页仅显示该用户角色有权限访问的应用快捷链接，并且基于动态权限控制允许用户访问其角色范围内的全部或部分应用，同时支持单点登录功能，实现应用程序、业务门户、统一安全访问域的各业务系统一次登录，并且多业务共享登录标识，用户无须再次登录鉴权。单点登录和统一鉴权能够解决系统多应用、多账户的问题，实现细粒度的用户权限集中控制。

5. 业务接入，构建零信任边界

在确保了访问主体的安全可信之后，就要考虑访问客体的安全了。针对不同类型的访问客体，需要采取不同的安全措施。

对于有鉴权的应用（如 OA），我们通过在所有待保护的应用前部署零信任应用网关实现对被保护应用的代理和隐藏，所有对应用的访问都需要通过应用网关。用户终端访问应用需要先和控制中心建立连接并被控制中心认证；认证通过后，控制中心将可访问的应用网关列表、可选的策略以及会话凭证发送给客户端；同时，控制中心将客户端登录信息（包含会话凭证）通知应用网关，应用网关打开与客户端的通信通道；之后，客户端会与授权的应用网关之间建立双向传输层的安全性协议连接，业务流在此通道完成交互。基于零信任体系结构，所有的访问流量都需要经过认证和授权，保证所有到达应用网关的访问流量都是可信和安全的。

对于无鉴权的应用（如官网），可以通过在所有待保护的应用前部署零信任反向应用代理来保护应用资源安全稳定运行，从资源发布、访问控制、统计分析、告警运维 4 个

维度保护应用资源安全稳定运行，实现资源快捷发布、管理和安全访问。反向应用代理作为无鉴权应用资源的代理服务器，位于用户与目标应用服务器之间，对外只可见反向代理网关，对内隐藏真实服务器。尽管没有身份鉴权，零信任控制中心仍然可以基于诸如 IP 地址、流量威胁监测、用户行为分析等属性动态调整应用访问的权限，从而最大化保证系统的安全。

对于接口的调用，我们部署数据交换网关作为所有业务系统的统一 API 调用入口，同时涵盖 API 配置、发布、管控、运维、下线等全生命周期管理功能，并基于业务分类进行应用级的逻辑隔离，对每类应用制定特有的安全策略。不同类别之间的调用需要通过数据交换网关实现统一的 API 验证和调用，规范各应用类别之间、各微服务间的 API 接口，快速完成组织内部系统的前后端分离，实现可视化的安全互访，解决业务开展、数据共享、数据安全的问题。API 网关减弱了恶意软件或病毒在内网的传播和扩散，对接口的统一管理也便于新增业务的部署和内外网业务的调用，通过细粒度服务调用控制、异常熔断、源地址过滤、结果缓存等多种策略机制保障了接入服务安全、可靠，应用于组织内部、合作伙伴之间、共享平台等场景，能有效帮助组织实现微服务集成开放 API 的生态圈。

为了保障企事业单位的数据安全，在部署 API 网关的同时，还需要对企业的数据库进行安全审计，尤其是针对运维场景中运维人员的访问及操作。通过数据库审计系统对各类操作进行审计，包括嵌套、函数、绑定变量、长语句、返回结果、脚本等复杂和隐秘统方等，构建立体防御系统，深度识别和立体分析，准确防范各种危险统方等行为。审计不仅仅是数据库审计，还要借助对应的应用，精准定位到“人”，同时与零信任安全策略中心联动，进行策略管控及行为审计日志上报。这样，当异常情况发生时，可以通过告警、调整权限、阻断等方式规避风险并精准溯源，保障组织的数据安全。

6. 零信任最小化策略

部署零信任产品，遵循零信任访问模式，这仅仅是零信任改造的开始。零信任理念是要持续监测用户的行为和环境的状态，不断地验证和动态调整访问策略，因此，一个好的访问策略是零信任成功落地的关键。在企事业单位零信任改造过程中，推荐使用基于信任得分或者基于属性的动态访问策略。

如图 6-4 所示，在基于信任得分的访问策略下，用户每一次访问应用都会对用户身份、使用设备和接入环境进行验证并给出信任级别分数，同时对每个应用设置安全等级分数。只有信任级别分数大于安全等级分数，才允许用户访问应用，否则将限制或者拒绝本次访问。这种基于信任得分的访问策略可以灵活细化为针对具体应用的访问策略。比如，限制只有最高信任等级的受控设备可以访问；限制只有最高信任等级的全职和兼职工程师可以访问；限制只有全职工程师在使用工程设备时才可以登录研发类系统；限制只有财务部门的全职和兼职员工使用受控的非工程设备才可以访问财务系统。

每个用户或设备的信任级别都可能随时改变。通过查询多个数据源，能够动态推断出分配给设备或用户的信任级别分数。例如，如果一个设备没有安装操作系统的最新补丁或者没有安装杀毒软件，其信任级别分数会降低；某一类特定设备，如特定型号的手机或者平板电脑，会被分配特定的信任级别分数；一个设备长期未使用，则会降低信任级别分数；一个从新位置访问应用的用户会被分配与以往不同的信任级别分数。而信任级别分数可以通过静态规则和启发式方法来综合确定。

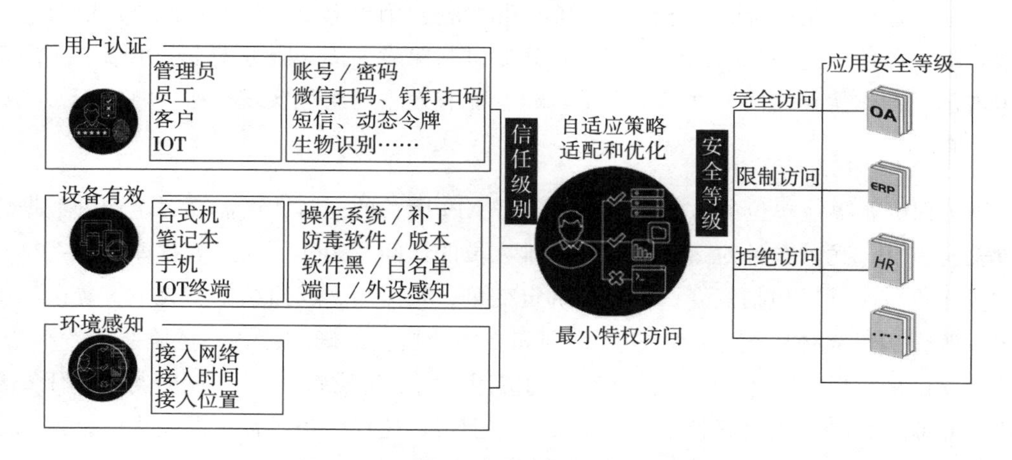

图 6-4　基于信任得分的动态访问策略

如图 6-5 所示，在基于属性的访问策略下，零信任策略中心将主体、客体和环境属性结合起来，动态判断一个用户是否能访问某项资源。作为访问逻辑入参的主体属性包括部门、职级、岗位、性别、年龄等用户属性，以及型号、版本、进程等设备属性；客体属性包括资源的所有者、创建时间、创建位置、密级等；环境属性包括地理位置、访问时间、登录频率、历史行为等。所有这些属性将依据访问控制规则库中定义的访问规则给出本次访问的流程，从而实现自适应动态访问逻辑。

与传统的 RBAC 策略相比，ABAC 可以用可视化配置实现复杂的逻辑控制，在不更改代码的前提下灵活定义判断逻辑。通过 ABAC 的策略编排中心，所有的主客体属性和环境属性都可以作为逻辑依据，从而很灵活地自定义访问策略。比如，我们可以将某财务应用配置为只有具备财务角色并取得财务认证的员工才能访问，将某研发平台配置为只有研发角色并且在公司内网朝九晚十的时间段才能访问，甚至设置某些福利信息只有在职已婚女性才能访问等。

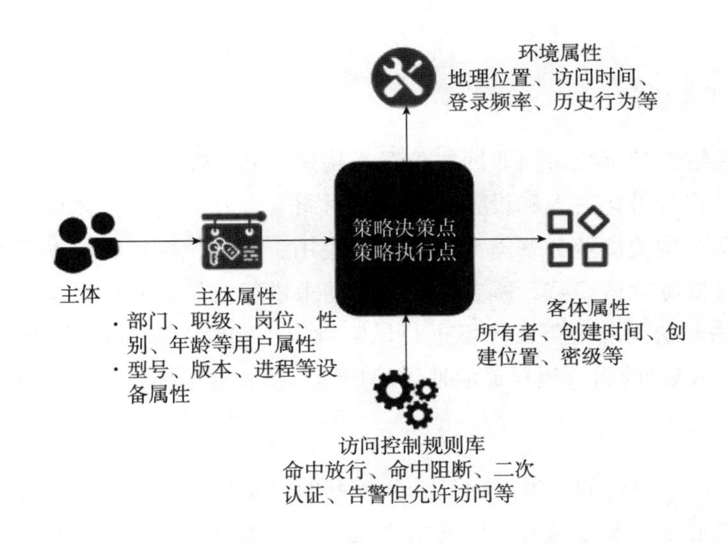

图 6-5　基于属性的动态访问策略

动态访问策略的有效执行，离不开日志审查和异常行为关联分析。在传统网络安全体系结构中，一般都是在网络边界处布置防火墙，检查进出流量。但是现在，边界安全已不再满足需要。现代网络安全控制必须深入所有网段，审查横向流量、云端网络通信，以及根本不触及公司网络的 SaaS 远程网络通信。换句话说，所有网络流量都应纳入审查覆盖范围，网络安全检测和保护的触角越来越往用户及应用服务的方向延伸。

基于零信任体系结构，网络和应用的操作和访问信息都可以在控制中心统一管理。用户侧，客户端将用户的每一次网络登录访问操作的信息（比如时间、IP 地址）、用户的环境信息（比如操作系统版本和补丁号，僵 / 木 / 蠕信息）、用户的验证信息、用户访问请求信息等实时同步到控制中心日志中心。服务器侧，零信任网关会记录用户的每一次应用访问的信息，这个访问信息一般都是对于同一个 URL 资源的访问信息，同时网关侧接收到的异常信息也可以以告警的形式同步到控制中心。控制中心，则作为统一的用户日志和策略中心。

日志记录以用户为中心，记录操作和访问的行为，从用户请求网络连接开始，到访问服务返回结果结束，能够真正做到端到端的行为记录。通过日志审查可以发现各种异常情况，并作为动态访问策略的输入条件。这些异常情况包括用户访问行为异常、网络入侵异常和内部威胁异常等。例如，频繁更换登录账号、登录地点变更、频繁更换登录设备、频繁登录失败、瞬时访问流量过大、非正常时间段访问、密码暴力破解、端口扫描、Web 入侵等。

7. 零信任持续运营

零信任体系结构基于身份而非网络位置来构建访问控制体系，为网络中的人和设备赋予数字身份，将身份化的人和设备进行运行时组合，并为访问主体设定所需的最小权限。零信任体系结构关注业务暴露面的收敛，应用、服务、接口、数据都可以视作业务资源，使用业务资源默认隐藏，所有业务访问请求进行流量加密和强制授权。通过信任评估模型和算法对访问的上下文环境进行风险判定，实时调整对访问主体的信任评级，通过 RBAC 和 ABAC 的组合授权灵活地访问控制基线，基于信任等级动态地对主体资源访问进行授权。

组织零信任体系结构的发展方向是访问控制的动态化和身份分析的智能化。访问控制的动态化是指通过对业务访问主体的信任度、环境的风险进行持续度量并动态判定授权，其考量维度可扩大至人、物、环境相关的时间、地址、访问频度等信息。身份分析的智能化是指通过人工智能、大数据等技术实施自适应访问控制，对当前系统的权限、策略、角色进行分析，发现潜在的策略违规并触发工作流引擎实现自动或人工干预的策略调整，构建治理闭环。

这个过程不是一步到位的，而是不断演进的。零信任的持续运营，需要从组织保障、技术体系、管理体系、运营体系多个维度共同保障。

零信任信息安全保障体系是自上而下的结构。在企业治理层面，董事会应承担制定信息安全保障战略的责任，需要确保企业在网络信息安全方面的期望得到实现并提供必要的资源支持，同时提供战略性的指导。企业管理层则应以董事会的信息安全战略为依据，制定全面的信息安全保障策略，包括明确定义目标、组织结构、资源分配、考核标准和方法，以明确网络信息安全的期望水平以及对业务目标的支持程度。在将策略具体化到网络信息安全保障组织层面时，需要将企业管理层确认的战略目标分解，从技术、管理和运营的角度构建任务层级体系，以明确策略并制定具体计划和发展路线，从而建设企业信息安全保障体系。

细化到技术体系，可以从技术领域的角度进行划分，从而实现专业的领域治理。用户、终端、网络、应用、数据五大技术体系涵盖关键的安全领域。用户领域的关键在于统一的身份管理机制和多样身份认证以及单点登录技术。终端领域需要关注以安全属性为中心的资产管理和终端的准入管理，同时要关注恶意软件对终端的入侵和破坏。网络领域的重点在于无边界的背景下网络的出入口安全，以及不同安全级别的网络通过不同的安全域进行分域管理。应用领域一方面是系统的安全加固，另一方面是应用在逻辑和代码层面的风险受控。在应用领域，系统和应用的权限管理是避免越权攻击、提升安全水平的关键措施。对于数据领域，需要从机密性和完整性层面，保障数据在产生、存储、传输、分析、应用、分享、销毁的全生命周期安全。

安全威胁态势感知、安全事件管理、安全运营中心，都可以和零信任整合，从而形成更精准的动态访问和防御策略。随着大数据技术的发展，数据仓库级别的数据抽取、转换、加载技术（ETL），以及对大数据、流数据、实时数据的采集分析和处理成为可能。通过对企业信息化系统的相关日志、流量的采集和分析，发现相关行为模式，对风险提前预警，实现安全威胁态势感知和安全事件管理、安全运营的可视化。零信任不仅可以基于自身的访问策略动态调整权限，还可以整合 Chef、Ansible 等自动化运维技术直接修改网络配置，对安全威胁事件进行全方位的自动化阻断和处置，进一步降低安全攻防的不对称性。

对于“三分技术七分管理”的安全箴言，大家往往说得多、做得少。虽然信息安全体系建设的重心依然是技术体系的构建，但无论如何，很多安全因素最终都要归结到人的身上。在企业信息安全体系建设层面，首先，需要关注制度建设，做到有法可依，这一步相当于信息安全的“立法”工作；其次，要对相关的行为和操作建立规范化的体系，指导企业的运作机制；然后，要建立相关的标准，提供一把尺子来衡量信息安全完成的情况如何、是否符合相关要求。在企业文化和意识层面，制度、规范、标准是死的，人是活的，落实到位仍需要通过培训把相关的规定传达下去，通过反复的宣贯、传导，做到企业运作过程中员工能自发自觉地主动遵守相关的制度、规范和标准，从而实现行之有效的管理体系。

需要强调的是，零信任体系建设并非由网络信息安全的专业组织承担全部责任，各业务部门和职能支撑部门同样在零信任体系建设的协作上具有不可推卸的责任。零信任安全体系不是一个静态的机制，不会一蹴而就，更不会一劳永逸，必须要有行之有效的运营机制来支撑体系的运营与持续改进。信息化基础设施的物理环境，如数据中心的土建、电力、空调，可能均需要行政主管部门的协作保障，其人员的事前背景调查、事中的奖惩、事后的处置，都需要业务部门和人力资源部门的共同参与与配合。涉及第三方服务等安全服务协议需要供应链和商务、法务部门共同推动，涉及法律层面和国家、行业相关安全的合法性、合规性问题，需要法务、审计等部门的通力协作。这些相关部门的协作与互动是零信任安全运营体系的根本，也影响着管理机制和技术体系的持续构建。

8. 零信任项目实施框架

（1）项目准备阶段

企业在建设实施零信任项目时，应将企业现存的网络资产的访问流程进行梳理。

- 建立系统访问规则台账，梳理企业内部所有系统、端口、用户角色、用户权限等，确定是否使用移动终端等场景。
- 梳理企业现有网络规则，访问场景和用户角色。
- 制定业务迁移顺序，可以先选择非重要业务进行试点，逐步覆盖到重要业务。在迁移过程中同时保留原有的访问机制，防止零信任体系结构出现问题时业务无法访问，降低业务人员在迁移零信任环境过程中对新体系结构的反感和抵触。

（2）项目组织和团队

由于零信任的建设涉及公司IT基础设施、业务应用和安全建设多个领域，涉及部门众多，全局统筹规划和高效执行是建设零信任网络的关键因素，因此项目团队的建设尤为重要。

项目启动前应确定以企业高层为项目主要负责人和推进者，保证项目的有效推进和实施。参与建设和实施的团队应覆盖多个部门，如安全团队、运维团队、业务团队甚至合规团队，以支撑和熟悉零信任的概念、访问控制规则、身份管理、网络体系结构、应用接口等，如表6-5所示。

表6-5　安全项目角色

岗位	角色
企业高层	CIO、CSO或者CISO级别
关键领域负责人	安全、身份、网络、访问控制、客户端和服务器平台软件、关键业务应用程序服务的负责人，以及任何第三方合作伙伴或IT外包人员
普通员工	零信任项目的最终使用者

9. 零信任项目实施

根据零信任建设思路，零信任实施前需要将安全需求、业务需求、技术发展趋势等进行系统性罗列和规划。企业在实施零信任过程中，根据当前企业实际的需求，并基于风险、预算、合规要求等信息，确定项目实施的路线，建立“规划先行、分步建设”的实施理念。

具体来说，利用高层推动，协同企业业务战略、IT战略共同推动零信任项目的实施和落地，对齐公司零信任战略目标。

制定场景规划、能力规划，根据不同企业自身的能力和远景，制定企业特定的实施规划。通过能力规划，针对少量业务构建从简单到复杂的零信任实施过程，通过部分场景验证零信任的完整能力，然后逐步迁移至更多的业务。通过场景规划，扩大零信任覆盖范围，聚焦一种零信任技术能力，覆盖尽可能多的业务，然后对每一个业务进行能力的提升。

综合考虑企业组织目标、组织架构、网络和应用现状等因素，参考零信任实施技术路线，制定差异化、场景式的解决方案，推动项目的落地实施。

总结一下，零信任不是一个简单的技术方案，而是一个综合性的网络安全规划和操作实践。一个成功的零信任项目实施需要企业管理层、安全团队、运维团队和业务运营部门等通力合作。

在实际项目建设过程中，我们可以根据实际情况采用适合企业自身的技术方案。例如，收敛业务暴露面，通过动态权限控制和URI资源访问策略等指定零信任项目目标，实施计划来推动零信任项目的实施和管理，满足企业在数字化转型过程中的安全需求，做好安全稽查，发现安全风险，规范员工行为，持续提升企业的零信任安全能力。

6.2.7 零信任成熟度

1. 零信任成熟度概述

零信任作为当前安全行业最重要的思想，获得了广泛关注。基于零信任思想的各类产品、零信任解决方案遍地开花，很多用户更是对零信任抱有很高的期待，希望通过零信任解决传统安全体系结构的诸多弊端。可是，在实际的落地过程中，又产生了非常多的问题，比如，零信任到底从哪里做起比较好？如果仅针对单一场景，零信任的价值似乎没有体现，如果规划一个很宏伟的目标，零信任又似乎很难落地。

要解决这个问题，需要先建立“没有银弹”的认知。安全没有银弹，零信任落地也是如此。因此，企业需要充分考虑自身的现状，如公司业务场景、网络环境、IT 架构和安全能力，明确当前要解决什么问题、长期希望解决什么问题。因此，零信任对于不同公司、不同阶段其实是有不同的成熟度的，这也是本节要解决的问题。本节希望通过零信任成熟度模型让企业可以衡量当前所处的阶段，以及明确如何达到下个阶段。

在零信任成熟度模型的设计中，我们会从 3 个维度进行衡量，如下。

- 战略规划能力：即零信任整体战略规划的能力。比如，是基于特定部门的角度，还是基于企业信息化的角度；是解决特定场景问题，还是作为深远的技术底层来进行规划。
- 技术架构能力：选择了零信任战略规划后，就需要考虑零信任的技术路线，该技术路线可能仅满足于当前的场景和规划，但是难以在下一阶段进行扩展，也可能有良好的底层能力，可以逐步完善和推广。
- 运营管理能力：安全不是一成不变的，零信任同样如此，它不是静态的，而是随着网络攻击面的收敛和人、设备、业务的统一管理而不断发展的，所以如何实现零信任的权限最小化和基于场景的动态鉴权就成了重要问题。此外，零信任需要在业务发生变化时快速适应，因此高效的运营管理能力是实施零信任的关键。这些因素共同影响零信任策略的持续有效性。

除了上述能力维度外，我们对不同的维度会有初、中、高三个成熟度级别来进行衡量，以便评估当前零信任所处的阶段以及规划下阶段的目标。

- 初级成熟度：代表当前能力指标仅能满足最低程度的零信任要求，了解零信任的相关概念，并实现了初等程度的落地，但并不能满足复杂场景下的需求。
- 中级成熟度：代表当前能力指标已经能满足一定程度的零信任要求，可以满足一般规划下的组织需求，可以较好地应对非复杂场景下的需求。
- 高级成熟度：代表当前能力指标已经能满足非常高的零信任要求，可以满足大型组织的使用需求，具备复杂场景下的应用能力，并且可以弹性演进。

2. 零信任成熟度要求

（1）战略规划能力要求

如前文所述，零信任战略规划主要是从战略目标、实施范围、场景梳理以及能力规划几个角度来进行考量，因此在成熟度的评估上也将从这些维度进行评估，如表 6-6 所示。

表 6-6 战略规划能力要求

等级	要求
初级	战略目标：由较低的部门层级进行推动，没有长远的规划目标，以验证性或尝试性操作为主 实施范围：较小范围，接入的多为边缘业务，使用人员数量也较少 场景梳理：仅在某个单一场景进行应用 能力规划：只有基本的身份验证、终端安全能力和有限的动态控制能力，仅具备网络层接入能力
中级	战略目标：由较高层级部门推动，有明确的目标，以实际落地使用为目的 实施范围：较大范围，优先接入被大规模使用的应用，有大量使用人员 场景梳理：多个场景下应用 能力规划：具备较强的身份验证、终端安全、动态控制能力，覆盖网络层和应用层
高级	战略目标：由CIO、VP等级别的管理层人员推动，有长远的目标，深入基础架构层 实施范围：全公司、全业务接入，全员使用 场景梳理：覆盖人员访问资源或服务互相访问的大型场景 能力规划：具备完善的身份验证、终端安全、动态控制等能力，覆盖网络、应用和数据层

（2）技术架构能力要求

在零信任的技术架构能力要求方面，以其六大类核心技术能力为指标进行评估，包括身份验证、终端安全、动态控制、网络安全、应用安全和数据安全，如表 6-7 所示。

表 6-7　技术架构能力要求

等级	要求
初级	身份验证：具备基础的身份管理能力、多因素认证能力 终端安全：具备终端和身份的绑定能力、鉴别终端用户的能力 动态控制：具备基本的动态控制能力，如控制时间、位置等 网络安全：具备基本的网络层业务接入和网络安全能力
中级	身份验证：具备较强的身份来源管理能力、多种混合认证能力 终端安全：具备终端和身份绑定的能力，具备一定程度的终端安全感知能力 动态控制：具备多种属性的动态控制能力 网络安全：具备较完善的网络层业务接入能力、较强的网络安全能力和6元组[⊖]控制能力 应用安全：具备应用层业务接入能力，具备对应用资源的精细化控制能力和较强的应用安全能力
高级	身份验证：具备完善的多种身份源统一管理能力，多种增强安全认证能力 终端安全：具备完善的人和设备绑定的能力、根据场景灵活实现终端安全感知的能力 动态控制：具备多种维度可组合和扩展的动态控制策略能力 网络安全：具备完善的网络层业务接入能力、增强的网络安全能力和6元组控制能力 应用安全：具备应用层业务接入能力，具备对应用资源的精细化控制能力和完善的应用安全能力 数据安全：具备对应用返回的数据进行识别和零信任控制能力

（3）运营管理能力要求

对于零信任运营管理能力，主要从权限最小化、动态策略、安全感知和应急响应四大方面进行评估，如表 6-8 所示。

⊖ 6元组是指用于唯一标识一个网络连接的6个参数，包括源IP地址、目标IP地址、源端口号、目标端口号、传输协议类型和网络接口。

表 6-8　运营管理能力要求

等级	要求
初级	权限最小化：具有粗颗粒度的权限控制能力，通过6元组或域名进行授权控制 动态策略：仅能设置统一的动态策略，无法基于业务或人员来配置 安全感知：仅能通过认证失败、动态策略拦截或终端基线来感知异常 应急响应：仅能在事件发生后进行回溯，不具备快速应急响应能力
中级	权限最小化：可以基于应用和请求资源（如URI）进行最小化授权 动态策略：可以针对不同业务和来访对象制定组合式的动态策略 安全感知：可以感知终端环境安全、账号安全等方面的异常 应急响应：在安全事件发生后可以较快响应
高级	权限最小化：可以基于应用、请求资源、方式以及数据进行最小化授权 动态策略：可以针对不同业务、访问对象和场景实现自适应动态策略 安全感知：可以从人员、设备、应用全链路感知安全风险 应急响应：具备事中安全告警能力，可以自动化进行事件应急响应，拥有较快的处理速度

3. 零信任成熟度的评估方式

对于零信任成熟度的评估，可以采用表格打分的方式进行综合计算，如表 6-9 所示。

表 6-9　零信任成熟度评估表

能力维度	细则	评分	总分
战略规划			
技术架构			
运营管理			

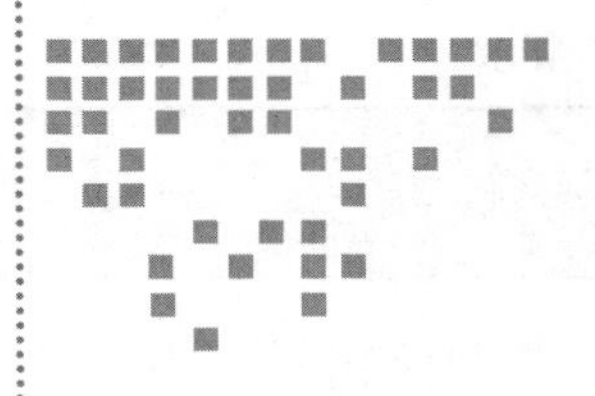

Chapter 7 第7章

核心行业的零信任应用实战

7.1 通信行业应用实战

7.1.1 某运营商远程办公的零信任建设案例

1. 案例背景

随着云计算、物联网以及移动办公等新技术和新应用的兴起，企业的业务架构和网络环境也发生了重大的变化，这给传统边界安全理念带来了新的挑战。在终端方面，除了传统PC终端外，以App为主的移动终端的大量使用导致企业安全边界瓦解，企业难以继续基于边界构筑安全防线。另外，外部攻击和内部威胁愈演愈烈，来自互联网的外部攻击仍然能找到各种漏洞突破企业的边界，同时，内部业务的非授权访问、雇员犯错、有意的数据窃取等内部威胁层出不穷，导致内部威胁检测和防护能力不足、安全分析覆盖度不够全面成了边界安全固有的软肋。

传统的安全防护体系多以网络安全设备、主机安全软件的方式构建，随着云计算、容器与微服务技术的应用，主机/应用程序出现更替频繁、伸缩变化和分布无常的特点，传统的安全防护设备、安全策略无法随“需”而变、随“击”而变，这使安全管理和安全运营工作变得烦琐且复杂。

国内某运营商员工需要随时随地通过互联网访问组织的内网服务，因此多采用 VPN 去访问所需的内网资源和服务，但 VPN 存在用户体验差、综合成本高等问题。另外，如果把服务的访问地址对外暴露在互联网上，则会扩大攻击面，安全风险极高。为解决传统边界安全理念先天能力不足的问题，运营商希望引入基于零信任技术的安全接入访问系统，对访问主体与访问客体进行持续性信任和风险评估，并根据评估结果对访问权限进行动态调整，最终在访问主体和访问客体之间建立一种动态的信任关系。

从客户需求出发，边界安全应实现如下目标。

- 业务暴露面收敛：在访问主体与访问客体建立安全连接之前，访问主体需要经过身份认证和授权。若未经过身份认证，则所有的资源对访问主体均不可见，同时禁止建立其与访问资源的连接。
- 可信认证：基于多种因素的连续 / 自适应认证方式，需要经过完整的身份管理、认证授权管理、审计管理流程。其中身份管理除了对用户身份进行集中管理外，还应对设备身份进行集中管理，并将用户与设备看作一个整体进行认证。
- 持续信任评估：应根据主体对客体的访问行为，构建出用户和设备的行为风险基线库，再依托风险评估模型对访问主体的全部访问过程进行智能化分析，进而对用户访问行为的可信度进行持续的信任评估，并根据评估结果动态调整访问控制策略。
- 自适应访问控制：根据对访问主体的信任评估结果，部署层次化的处置策略，通过可信访问控制网关，实现对访问主体的动态访问权限控制。默认情况下，分配访问权限时应遵循最小特权访问原则。

2. 技术方案

绿盟科技基于用户实际业务的实际需求，融合双向流量加密、软件定义边界、单包授权、多因素认证等技术，提升用户业务系统的安全访问和控制能力，收敛攻击暴露面，精细化进行身份管理和特权账号的访问权限控制，并实现日志审计和事件溯源，充分夯实用户网络安全保障体系基础。该方案如图 7-1 所示。

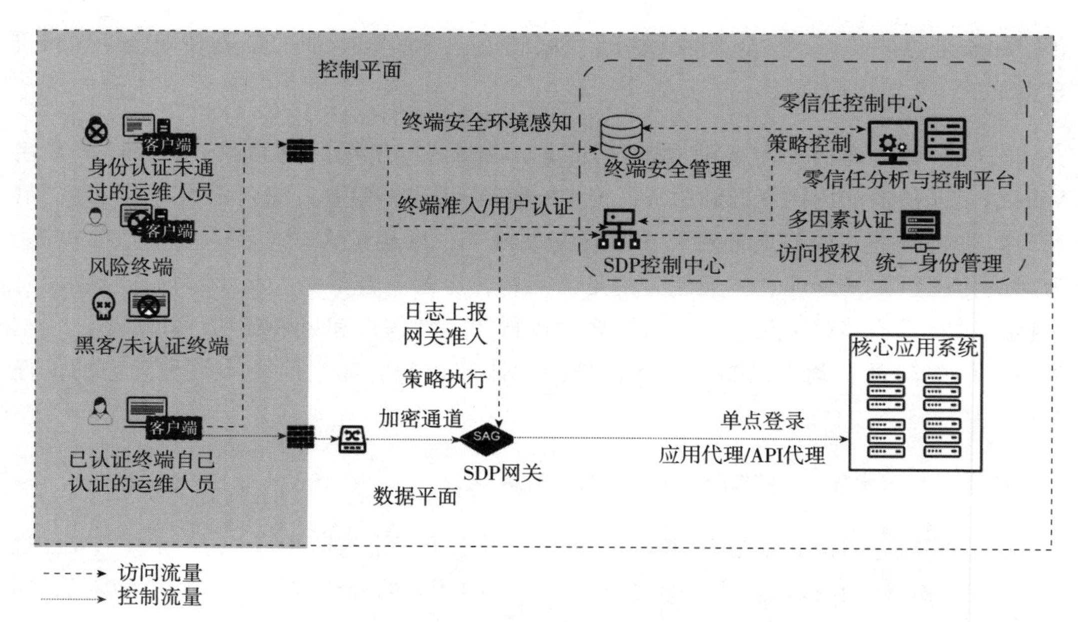

图 7-1 绿盟零信任方案

依据集团分步实施的指引建议，目前主要满足第一阶段建设目标，至少完成如下功能模块。

- 零信任控制器：以用户权限为中心，形成按需、动态的权限矩阵，实现应用级的安全准入控制和对用户身份的多因素认证，并通过智能身份分析组件，提供持续的信任评估。
- 零信任网关：与控制平台联动，承接用户安全访问，实现后端业务接口服务器的应用网络资产隐藏和加密传输。
- 零信任安全客户端：在终端、移动端部署零信任安全客户端，与控制器、网关进行有效联动以实现安全访问控制及远程访问终端的接入控制。

通过建设零信任系统，加强远程用户和设备接入的身份验证，实现远程接入设备和用户的动态访问控制，解决业务终端和业务用户远程安全接入、动态授权和可控业务访问的问题。利用持续的终端安全性状态监测管理，发现在终端上新出现的各类安全隐患，并结合准入控制手段、终端安全管理手段控制风险终端对网络资源的访问。从日常业务运行和特权用户远程维护角度出发，确保远程接入访问时的应用安全和数据安全，降低被攻击利用的风险。

3. 客户价值

本项目通过构建基于零信任理念的多分支安全能力体系，承接运营商各分支访问总部业务系统的安全需求，以强化运营商网络信息安全实战能力。通过分阶段演进的方式，探索多分支互联网安全访问、安全能力开放增值等场景的创新。

- 降低安全风险：默认不信任任何设备和用户，基于持续风险评估来做访问决策，并通过加密传输等措施，降低安全风险。
- 受控的网络访问控制：摒弃静态的访问控制规则，持续评估，提供自适应的访问控制能力。
- 收敛攻击面：零信任网络，采用先认证后访问的方式，把应用隐藏在后端，避免应用或资产暴露，从而收敛攻击面。
- 优化访问体验、提高工作效率：将单点登录和多因素认证结合，既提高安全性，又提升了用户体验，实现一次认证、全面登录，提高工作效率。

4. 行业影响

零信任体系结构凭借两大优势被预测为一种支撑未来安全行业发展的最佳业务安全防护方式。一方面，零信任兼容多种新技术应用场景，如 5G、移动互联网、物联网；另一方面，支持多云环境、多分支机构、跨企业协同等复杂的网络体系结构。零信任的实施有利于自主创新和技术进步，能引领行业发展，推动国内企业与国际先进厂商比肩，符合网络安全技术可信、国产化的趋势，有助于培养一批信息安全研发和服务人才，为后续国家的网络安全战略发展奠定基础。

5. 建设难点

零信任安全技术发展的难点，主要在于部署层面。

从产品角度来看，不同品牌的产品之间的互操作性较差，不容易搭建在一起组成零信任体系结构。零信任体系结构除了第 3 章提到的之外，还有多个变种，每种体系结构都需要部署多个组件。对于厂商而言，除了少数综合性厂商能覆盖零信任涉及的领域以外，很难由一家公司提供所有的组件。因此，不同厂商的产品互操作性就尤为重要。如果不同品牌的产品可以方便地对接，那么用户就可以根据性价比、使用习惯等因素采购不同的组件，并将其组合在一起来构建完整的零信任安全体系，而不必局限于特定的提供商。

从使用者角度看，对企业而言，零信任体系结构的建设是一个复杂的大工程。零信任体系结构涉及终端、用户、应用、数据等多个方面，需要部署新的产品，梳理当前的应用访问流程及策略等，工作繁重。从现有的体系结构向零信任迁移比重新搭建一套全新的系统所面临的挑战还大。尽管企业意识到零信任体系结构和现在的体系结构相比有着明显的优势，但是现在的体系结构也能用起来，远程办公场景用 VPN 也能基本满足，这些因素降低了企业建设零信任体系结构的意愿。

6. 不足和展望

零信任开始在海内外落地。海外（尤其是美国）的零信任建设起步较早，已初具规模，大型互联网公司、网络安全公司以及一些创业公司都推出了产品和方案。海外的零信任领域已经进入规模化的产业发展阶段。

我国的安全厂商正积极在零信任领域布局。对于大型综合互联网企业，腾讯从自身内部项目孵化相关产品进入市场，阿里巴巴通过并购进入该领域。主流的安全厂商绿盟科技、奇安信、启明星辰、深信服等始终关注国际网络安全技术的发展趋势，均推出了相应的零信任整体解决方案。新兴安全厂商山石网科、云深互联等也在积极推动 SDP、微隔离等零信任安全技术方案的落地应用。

7.1.2 某移动通信公司 DCN 网络的零信任建设案例

1. 案例背景

某移动通信公司的 DCN 网络内部存在过度信任的问题。由于传统网络安全设备部署在网络边界上，DCN 网络内部对威胁的安全分析不够全面，内部威胁检测和防护能力不足，且相互缺乏联动。2020 年 6 月公司由于全业务系统存在弱口令及反序列化漏洞，导致 1 万多条用户信息泄露，这属于严重的数据安全事件。2021 年该公司通过网信安检查发现，多地市公司存在 FTP 未授权访问、Redis 未授权访问、Apache Tomcat 文件包含漏洞、弱口令等风险问题，同时发现多地市 DCN 网络存在未进行安全区域划分，网内已分配地址的相关业务情况不清晰，分配代维使用 IP 地址自行搭建网站，代维终端访问本地 DCN 网络缺少认证及访问控制等风险问题。

因此，该公司急需变原有的被动防御为主动防御，增强对访问主体及客体资源的访问控制，实现在安全办公、地市及营业网点安全接入以及安全运维等场景下的身份安全、终端安全、访问安全、链路安全、应用安全及数据安全，变被动边界防御为主动、动态、自适应的弹性防御体系。

2. 技术方案

针对上述问题，易安联为该公司的 DCN 网络打造了 139 零信任安全运营体系，即 1 个运营体系（零信任安全运营体系），3 个基础平台（零信任可信接入平台、零信任威胁感知平台、零信任终端管控平台），9 种安全能力（可信身份管理能力、最小化授权能力、业务准入控制能力、暴露面收敛能力、流量威胁检测能力、基于态势感知的联动阻断能力、终端环境感知能力、基于工作空间的数据管控能力、基于 PBAC 的动态策略编排能力），以保护网内业务系统、强化内网纵深防御能力，如图 7-2 所示。

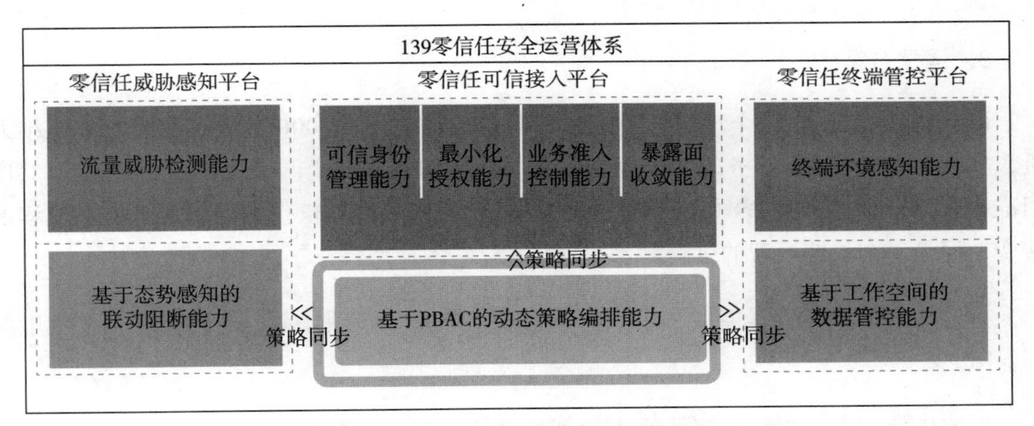

图 7-2　139 零信任安全运营体系

零信任威胁感知平台通过网络安全监测及可视化方案，实现对公司内网整体的安全防护和态势感知能力，并且提供全程全网的安全防护与监控，实现非法通信行为和威胁监控、漏洞识别、全方位安全事件监测、应用网络和事件溯源取证等综合分析能力。平台可以解决传统网络安全设备的技术局限问题，有效弥补目前内网安全建设不统一的情况，全面提升公司对于高级威胁的防护能力，构建“精准防护，及时响应”的高级威胁防护体系，发现并防御网络中存在的安全威胁。

零信任可信接入平台利用上下文访问智能分析、动态访问权限控制、单包授权双向认证等核心技术，实现访问细粒度权限控制、访问动态评级授权、业务安全发布、用户行为全流程可视审计，从而构建端到端的安全访问新模式。首先，平台通过策略层和连接层的分离，确保只有合法用户的流量才能够到达应用网关，从根本上解决了传统边界安全设备成为跳板的问题；其次，实现对身份、流量、环境的实时动态检测，从客户端到服务端全链路解决安全问题；最后，从紧靠用户的统一入口到贴近应用的访问网关，加上控制中心，打造了一个全封闭的应用访问区间，使网络攻击面最小化，充分保障应用访问安全。

零信任终端管控平台变传统终端准入为零信任应用准入，基于以应用安全密级为基础的访问策略确定终端的接入逻辑，提供对用户终端安全统一识别、防护、监控和响应的能力，感知物理环境风险、外部设备风险、网络风险、安全基线风险、恶意代码风险、漏洞风险、应用环境风险和系统应用类风险等。同时，为了保障终端数据安全，采用安全工作空间作为可信的终端工作环境，工作空间与宿主机之间保持数据、网络、应用、进程和通信全隔离，工作空间内数据强加密并且数据流转受控，对于公司的核心业务资源，其员工和合作伙伴只能在安全工作空间访问，以解决终端数据泄露的问题。

3. 运营方案

该项目涉及全省 11 个地市的 400 余家营业网点，近 24 000 名员工及第三方运维人员，实现对 DCN 网络业务的暴露面收敛和动态访问控制、全网 20 000 多个终端及其应用准入，以及核心数据资源的安全保障。这种零信任改造不仅仅是设备的上线和流程的转变，而是一个长期运营的过程。

零信任的持续运营，需要从组织保障、技术体系、管理体系、运营体系多个维度共同保障。

零信任信息安全保障体系是自上而下的结构，每一个策略的制定都需要该公司省级高层、各个地市级管理层认可，再由具体执行的网络安全部门和厂商共同实施完成，从组织上保障项目的持续推进，实现公司的信息安全保障。

该过程细化到技术体系，从用户、终端、网络、应用、数据五大技术体系关注各自的关键需求、关键技术和安全领域，同时对现网 4A 认证、安全威胁态势感知、安全事件管理、安全运营中心和零信任进行整合，从而形成更精准的动态访问和防御策略。

依据该公司制定的零信任体系技术规范、安全管控平台技术手册等标准文件中对零信任转型的具体要求，建立规范化的体系和相关的标准，实现行之有效的管理体系。

零信任体系结构建设并不是由网络安全部门承担全部责任，各业务部门和职能支撑部门在零信任体系建设上的协作与互动，是零信任安全运营体系的根本保障，影响着零信任管理机制和技术体系的持续构建。

4. 客户价值

（1）全网终端业务准入

- 该项目实现了对全省 24 000 多个终端进行统一的业务准入管控。
- 对该公司所有接入终端的安全提供统一识别、防护、监控和响应的能力。

（2）DCN 网络业务全面隐藏，避免非法访问

- 基于 UDP 和 TCP 的 SPA 技术，只验证、不响应，采用先认证后访问的方式，动态开放端口，确保始终只有满足可信条件的员工才能访问受控资源。
- 100% 隐藏业务端口，杜绝嗅探、越权访问等行为。

（3）提升 DCN 网络终端的风险感知及处置能力

- 对 DCN 网络内外员工及设备全面进行安全管控，实现安全态势与业务访问高效联动，安全防御效果好。
- 实现对终端、访问行为、安全处置的检测响应时间缩短 40%。

（4）基于业务的动态安全能力管控

- 摒弃静态访问控制规则，持续进行风险和信任评估，并基于评估结果动态调整访问策略。
- 上线至今发现访问异常并动态调整权限共计 30 余万次。

（5）敏感业务数据全流程防护

- 办公域与个人域实现有效分离，敏感数据安全得到有效防护，使数据不泄露，个人隐私数据得到保护，不过度检测。
- 围绕数据全生命周期展开安全防护手段，规避数据在产生、存储、传输、分析、应用、共享、销毁等环节的安全风险。

5. 建设难点

由于项目涉及的应用、用户、终端范围很大，因此在推广过程中面临诸多困难，其中最主要的有两点：一是终端的适配；二是与现网 4A 系统的集成。

要使公司全网 24 000 个终端全部完成应用准入，并不是一件容易的事。一方面的阻力来自用户本身，很多用户不愿意改变使用习惯，也不希望个人的所有操作都处于监控

之中；另一方面的阻力来自高层领导，管理者顾虑这样大规模的整改是否能够确保平滑升级；还有一方面的阻力来自技术本身，难以确定该技术对各种类型终端的兼容情况。面对这样的困境，我们采用分阶段逐步推广的方式，同时投入研发和售后力量，给用户充分的技术支持，积极解决用户使用过程中发现的各类问题，保障系统的可用性和好用性，消除用户层的反感和领导层的顾虑，并最终完成全用户的整改。

现网4A系统是移动的安全访问平台，包含统一身份管理、身份认证、应用代理等功能。零信任体系需要和4A系统对接以完成IAM相关的功能，但是4A系统的支持厂商对零信任持很大的敌对态度，害怕零信任会替代4A系统，因此在前期并不配合。基于此，我们和4A系统厂商人员进行了深度的交流，梳理清楚零信任和传统4A系统之间的互补互助关系，后期就得到了很好的配合，项目得以顺利实施。

6. 不足和展望

在本项目中，我们把零信任理念和体系结构深化到公司的整体信息安全体系之中：首先，基于身份而非网络位置来构建访问控制体系，将身份化的人和设备进行运行时组合，并为访问主体设定其所需的最小权限；其次，关注业务暴露面的收敛，应用、服务、接口、数据都可以视作业务资源，使业务资源默认隐藏，对所有业务访问请求进行流量加密和强制授权，以保障应用访问安全；最后，通过信任评估模型和算法对访问的上下文进行风险判定，实时调整对访问主体的信任评级，通过RBAC和ABAC的组合授权灵活地控制访问逻辑。

零信任体系结构的发展方向是访问控制的动态化和身份分析的智能化，为了保证系统的稳定性和用户使用习惯的延续性，在现阶段主要还是沿用原有的角色进行访问控制，这和自适应智能化动态主动防御还有一定的差距，需要一个过程来逐步完善，因此，对于这个项目我们尤其重视长期运营和管理，以保障项目的成功推进和后续演进。目前，该项目已经和现网4A系统做了集成对接，后续还要和现网的智能分析系统、大数据平台等实现深度集成，不断强化零信任体系和现网安全业务的结合，强化零信任整体安全策略的核心地位，保障整体项目的长期演进，构建闭环运营管理。

7.2 金融行业应用实战

7.2.1 某互联网金融企业的零信任建设案例

1. 案例背景

作为全球领先的线上财富管理平台，某互联网金融公司长期坚持金融科技深度融合和数字化经营战略，综合运用人工智能、云计算等技术，持续为投资者提供个性化、一站式、有温度的智能理财解决方案，并通过数字化服务升温让用户端受惠，利用数字化运营实现降本增效，打造行业端样本，依托数字化技术运营的输出赋能，与生态端共赢。

为了支撑数字化业务发展，该公司基于“两地三中心”体系结构建成了规模庞大的数据中心，采用多种虚拟化平台、云架构，将数万台虚拟机、容器工作负载分布于各中心。然而，在强调弹性、灵活、敏捷的云化数据中心，其“飘忽不定”的特性使得在内部划定边界、分域而治的防御思想不再可行。当前，数据中心 75% 的网络流量均发生于其内部，由工作负载间的横向连接而产生。而传统安全技术侧重边界防护，面向基础设施，主要针对南北向流量构建纵深防御体系。面对日益严峻的网络安全态势，东西向流量管控能力的缺失给数据中心、业务应用和数据安全带来巨大的潜在风险。

2. 技术方案

为应对云化数据中心的新安全风险，保障数字化业务健康发展，该公司经过连续两期项目建设，采用蔷薇灵动的“蜂巢自适应微隔离安全平台”，实现了跨越多地、覆盖全网、混合架构统一纳管的数据中心东西向流量访问控制管理，达到了项目建设预期。

蜂巢自适应微隔离安全平台在架构上由“蜂群安全管理终端”（BEA）及“蜂后安全计算中心”（QCC）两部分组成。BEA 安装于工作负载操作系统中，持续监控工作负载的上下文和运行时的统计信息，并将这些信息不断同步到 QCC。QCC 作为控制平台，则根据来自 BEA 的上下文持续进行策略计算，并生成策略下发至 BEA，进而由 BEA 完成对工作负载主机防火墙的策略配置。如图 7-3 所示，本案例中承载该公司业务应用的 30 000 余台虚拟机、容器工作负载，均安装了 BEA 客户端，并分别接入部署于各数据中心的 QCC 集群。

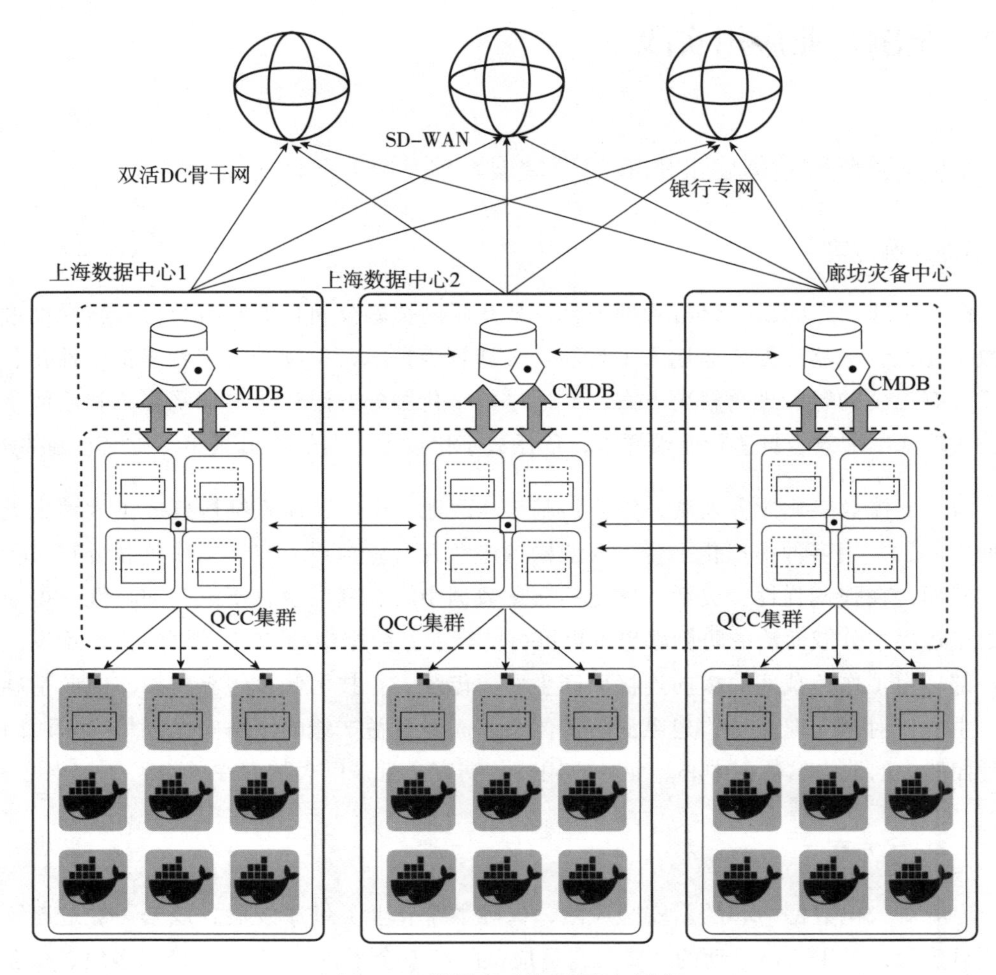

图 7-3　微隔离系统部署示意图

基于零信任理念及微隔离系统的设计逻辑，一切访问控制规则均需要基于工作负载的业务角色来定义，而业务角色则由工作负载的多维属性关联标定。微隔离系统基于 API 打通了与 CMDB（配置管理数据库）的数据通道，不但可从 CMDB 系统同步全部工作负载的主机名、网络配置、分组、环境、应用等资产信息，还一并获得了工作负载的东西向网络访问需求。QCC 基于上述信息实现了工作负载角色和访问控制策略的自动化配置，大幅提升了系统部署效率。

当前，微隔离系统已在该公司的各数据中心现网中稳定运行。通过工作负载标签化管理、业务连接可视化分析、东西向流量精细访问控制、全局策略自适应计算 4 项核心能力的运用，该公司对数据中心内部的东西向流量实现了可视化精细访问控制。

1）工作负载标签化管理：通过来自 CMDB 的工作负载资产信息，QCC 为每一个工作负载标定了位置、环境、应用、角色等多维属性标签，实现了数据中心场景下对非人实体的身份标定。工作负载标签化管理，不仅为该公司的管理者提供了一种便于业务资产梳理的管理设计方案，也为系统自身进一步实现业务互访流量可视化、面向业务的访问控制和自适应策略计算提供了基础能力。

2）业务连接可视化分析：基于 BEA 学习到的工作负载连接信息，QCC 结合其业务角色及身份进行统计分析，并利用可视化技术对分析结果进行抽象和梳理，为管理者提供了一套可综合呈现业务、工作组、工作负载间流量的可视化视图。业务连接可视化分析解决了管理者对数据中心东西向流量不可视、无感知的难题，同时是进一步确定流量基线、部署访问控制策略的依据。

3）东西向流量精细访问控制：利用微隔离系统的策略功能，基于最小特权访问原则，对工作负载间的东西向流量实现了基于标签的白名单访问控制。基于标签制定访问控制策略，一方面实现了安全策略面向业务、访问控制规则与基础设施解耦的零信任访问控制模式；另一方面则使得管理者能够使用更加接近自然语言的描述方式定制策略，并大幅减少了策略的数量规模，降低了系统运算量及性能开销。

4）全局策略自适应计算：为了适应云化数据中心应用迁移及拓展触发的环境变化，微隔离系统通过自适应策略计算引擎，根据工作负载的变化而自动调整符合其业务角色的安全策略。在工作负载规模庞大、资产变化高频且普遍的用户场景中，全局策略自适应计算能力保障了在业务上下线、扩缩容等情况下安全策略的高效更新及同步。

3. 运营方案

“零信任五步法”是行业公认的零信任理念落地方法，也是切实可行的微隔离实施方案，本项目通过“零信任五步法”实施，包括定义、分析、设计、防护和运维 5 个关键阶段。

- 定义阶段：完成 QCC 部署，并利用运维平台批量完成 BEA 在工作负载操作系统上的安装，实现微隔离系统对工作负载的纳管。
- 分析阶段：基于用户的资产管理数据，为工作负载设置可刻画其业务属性的多维标签，如位置、环境、应用、角色等，为后续进行业务连接分析和访问控制奠定基础。
- 设计阶段：学习工作负载的连接关系，并结合业务访问需求确定其合理性，构建业务连接基线和模型。

- 防护阶段：基于业务连接基线和模型，配置对应的访问控制策略，并执行测试模式的策略以对策略规则进行优化，最终将策略切换为防护模式并使其生效。
- 运维阶段：一方面通过微隔离系统产生的连接关系、阻断关系对策略持续优化维护；另一方面则面向新的业务需求及时进行策略配置和调整。

4. 客户价值

通过部署蔷薇灵动的产品，该公司实现了以下价值。

1）全局可视化能力提升：通过微隔离系统部署，并基于其标签化的资产管理及可视化连接分析能力，消除了该公司数据中心内部流量的监测盲区。伴随项目实施，数据中心内部的工作资产属性得以清晰梳理，业务间的互访关系被彻底厘清，使得该公司业务、系统、安全等部门均获得了管理能力和水平上的显著提升。

2）攻击暴露面大幅收敛：基于零信任理念，在数据中心内部实现了基于身份的最小特权动态控制，填补了该公司数据中心内部流量的防护空白。通过微分段访问控制策略的逐步细化、收紧，工作负载的攻击暴露面得以大幅收敛，面向定向攻击横向侧移、勒索病毒内部传播等威胁的防御能力得到显著提升。

3）支撑 DevSecOps 流程：通过超级集群模式部署，并与 ITSM、CMDB 等管理系统实现数据打通，实现了自动化的工作负载及安全策略配置。安全策略的防护自工作负载生成就开始生效，并贯穿应用开发、测试、运行的全生命周期。微隔离系统的运行完全适应了该公司的 DevSecOps 流程，使得用户在享有云原生技术弹性、灵活、敏捷等红利的同时，切实提升了安全性保障。

4）满足云的等保合规要求：基于微隔离系统的精细化访问控制能力，在实现安全能力补齐、防护水平提升的同时，还满足了监管合规要求。

5. 建设难点

微隔离属于计算密集型产品，随着纳管规模的增大，其计算复杂度呈指数级增长。该互联网金融公司作为国内早期进行微隔离实践的用户，有 30 000 点工作负载纳管需求，这首先对微隔离产品的性能稳定性提出了挑战。其次，该公司的数据中心采用“两地三中心”架构模式，各数据中心需独立管理本地工作负载，但由于大量业务运行基于跨数据中心的流量交互，各数据中心的管理者进行本地访问控制策略配置时，还需要能够调用其他数据中心工作负载的角色及相关对象。此外，微隔离要发挥实际效用需要充分适应所部署的环境，同时应充分满足用户实际业务管理及运维需求，故该公司复杂的数据中心架构及管理需求，给微隔离的部署、实施及运行又增加了难度。

为此，我们在方案设计及实施中专门为客户定制了“超级集群”模式，将分别部署于 3 个数据中心的 QCC 集群进一步打通成“超级集群”模式，在确保系统运行稳定性、满足算力扩展、适应复杂数据中心架构的同时，实现了工作负载角色标签、策略对象的同步，有效解决了该公司独立管理、全局管控的管理需求难题。

6. 不足和展望

在微隔离的技术发展进程中，由于基于主机代理的技术路线能够充分适应混合云、多云及各类云平台，同时凭借对容器环境的天然兼容性，因此在很长一段时间内它是面向虚拟机、容器并存的混合环境的最恰当、可行的方案。故本项目在起初实施时整体采用了基于主机代理的技术路线。

然而伴随云原生技术的发展，数据中心由“应用容器化”演进至“全面云原生化”后，基于主机代理的微隔离技术实现逐渐显露出与云原生思想相悖的弊端。在 Kubernetes 集群中，Pod 是最小的计算单元，Node（节点）是 Pod 的载体。基于主机代理模式的微隔离部署必须通过在 Node 安装代理的方式实现，而在 Node 按需部署时，代理无法随 Node 的建立而自动化部署，反而必须执行额外的安装操作，这在一定程度上限制了云原生敏捷、弹性性能优势的发挥。所以回顾本项目，基于主机代理的微隔离方案虽然在该项目实现中支持了容器环境并成功落地运行，但它也并非完全“为云而生”，距离云原生环境微隔离的理想实现仍有差距。

目前，该项目在基于主机代理的技术路线基础上，已经通过技术升级及创新实现了微隔离以 DaemonSet 原生化方式在容器平台的部署，使得微隔离平台可以将安全能力以原生化方式向云平台融合嵌入，充分适应云原生环境敏捷、灵活、弹性扩展、动态伸缩的特点。

云原生是云计算未来发展的重要方向，基于 DaemonSet 的原生化微隔离部署方式势必伴随云原生应用的不断深化及扩张得到更加广泛的应用。同时，伴随云计算技术的持续演进，作为创新安全技术，微隔离技术应用势必面临更多新发展及挑战，并由此引发新升级及突破。

7.2.2 某头部证券公司的零信任建设案例

1. 案例背景

某证券公司是经中国证监会批准设立的全国性大型综合证券公司，在 30 个省、自治区和直辖市设有 313 家分支机构，并设有期货、资本管理、金融控股、基金管理、投资等业务的全资子公司。

近年来，随着新一代信息技术的快速发展和广泛应用，我国的金融企业开始步入数字化转型的新时代。作为全国性的大型综合证券公司，公司的金融科技紧密围绕着公司主营业务展开，融合云计算、大数据、人工智能、区块链等技术手段，重点在技术架构重构、数据治理、开发管理、智能运维、信息安全、技术标准化等方面持续推动最佳实践，通过数字化手段不断优化业务流程，推进金融科技与业务场景的结合落地，在交易、清算、风控、合规、客户服务等方面持续地进行个性化服务开发，同时加强数据管理与数据价值挖掘，提升公司的数字化发展水平。

该公司对网络安全建设十分重视，在数字化转型规划中提出了按照安全开发生命周期管理的理念，结合 DevSecOps 平台建设，形成从开发、测试、部署到运维全生命周期的信息安全防护能力。为有效应对 DevSecOps 平台建设过程中的各类网络安全风险和威胁，该公司决定对其网络安全体系进行升级和优化，旨在通过零信任体系结构从根本上提升抵御安全风险的能力，为金融数字化转型提供新的网络安全保障建设思路。

该公司在北京和上海分别建设及部署了多套开发测试环境，基于 DevSecOps 理念将安全防御思维贯穿到软件开发、测试、运维和运营等各个阶段，但由于部分业务本身需要发布到互联网上，为保证开发测试环境与生产环境的高度一致，对应的环境也需要面向互联网开放，这给该公司的 DevSecOps 平台带来了极大的安全风险和挑战。

1）互联网暴露面过大。因业务需要，部分用于测试的业务系统直接映射到了互联网上，以便开发、测试人员通过互联网进行远程访问和测试。与此同时，这也给黑客带来了可乘之机，黑客可以轻易地利用这个开放在互联网上的“口子”发起攻击，一旦成功进入内网，将直接威胁整个开发测试环境的安全，这给该公司的网络安全建设带来了极大的挑战。

2）敏感数据泄露风险。除了上面提到的网络安全问题外，通过互联网直接访问开发测试环境还存在极大的数据泄露风险。开发测试环境涉及该公司的多个重要业务系统，其中包含了大量的源代码等企业的核心数据资产，通过互联网直接访问极易造成敏感数据泄露，这会给公司的知识产权和品牌形象带来巨大损害。

3）访问权限固化。为保证业务安全，该公司对业务系统的访问权限进行了一定的限制。用户的访问权限主要是基于角色、用户组、账号等维度进行分配，这在内网环境可基本满足日常安全管理的需要，但对于互联网远程访问的场景来说就显得捉襟见肘，一旦用户的访问凭证遭到窃取或泄露，黑客即可"大摇大摆"地通过合法身份进入内网。因此，公司需要从更高维度对用户的访问环境和访问行为进行分析，动态调整用户的访问权限。

2. 技术方案

为确保方案简单、有效地落地，并可基于现有网络架构平滑升级，该公司经过大量的市场调研和技术验证，最终选择深信服零信任安全解决方案。如图 7-4 所示，深信服零信任安全解决方案采用了软件定义边界的技术架构，构建了以身份为基石，贯穿用户、终端、应用、连接、访问和数据全流程的端到端的零信任安全体系。

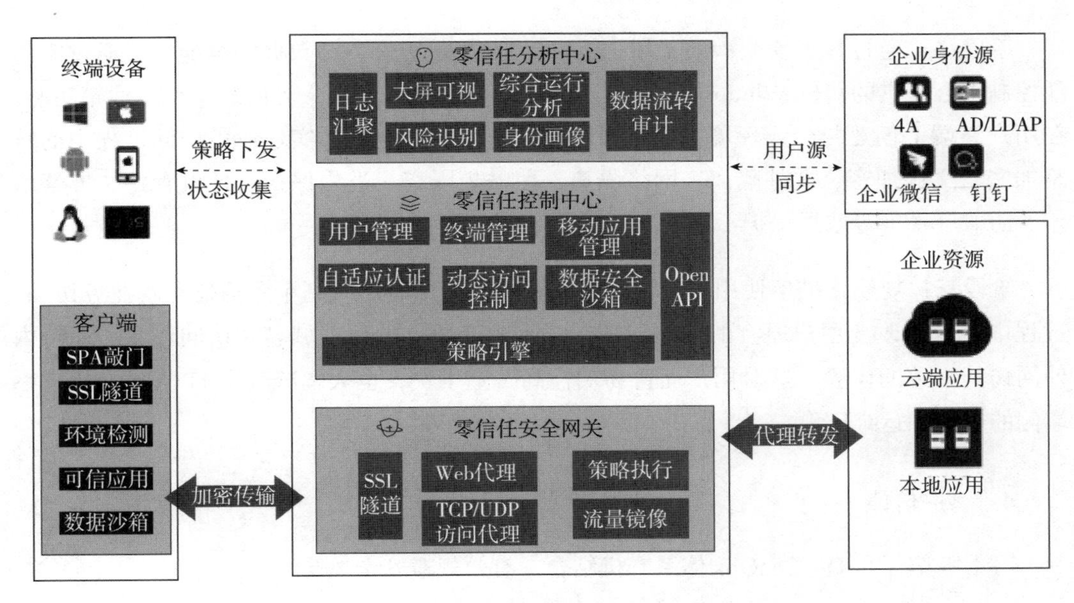

图 7-4　深信服零信任安全解决方案

结合公司的实际情况，深信服整合暴露面收敛、可信身份校验、持续信任评估和数据防泄露等能力，实现全网身份、权限与应用的统一管理和业务访问全流程的安全防护，构建了简单有效的零信任安全体系结构。在基础合规的前提下，通过持续运营、分步落地，方案的效果和价值能够持续迭代升级，让正确的人通过正确的终端，在任意网络位置基于正确的权限访问正确的业务和数据。

该公司的零信任安全建设重点关注 DevSecOps 和零信任的有机结合，提升测试系统的安全风险免疫能力。零信任控制中心与 CAS 认证平台对接，可实现单点登录，员工仅需要输入一次账号密码，即可进入测试业务系统，保障员工访问的安全性和便捷性。同时，通过安全沙箱和 UEM（综合端点管理）方案保护敏感数据不落地，实现轻量级数据防泄密效果。

3. 运营方案

阶段一：通过 SDP 技术围绕运维开发场景构建基于零信任的访问控制体系。通过 SDP 的网络隐身、动态自适应认证、终端动态环境检测、全周期业务准入、智能权限基线、动态访问控制、多源信任评估等核心能力，对运维开发场景的用户实现身份鉴别和基于属性的访问控制，实施最小访问权限。

阶段二：通过数据安全沙箱，增强在 DevSecOps 场景下的数据安全能力。通过零信任控制中心提供的覆盖 Windows、macOS、iOS、Android 等多平台的统一终端沙箱功能，在用户终端上创建与个人环境完全逻辑隔离的安全工作空间，实现业务访问过程中的链路加密、文件加密、文件隔离、网络隔离、剪贴板隔离、进程保护、外设管控、屏幕水印、防截屏录屏等数据保护。

阶段三：规模化推广使用。关闭原访问路径，使所有用户基于零信任实现业务访问，过程中尽量不改变用户原有的使用习惯，也不改变原有的访问域名和访问体验，保持内外网访问一致的体验，这对用户而言易用性高、上手快，也大幅减轻了 IT 人员在用户终端侧的管理和运维压力。

4. 客户价值

（1）零信任与 DevSecOps 体系有机结合，有效规避安全风险

DevSecOps 体系主要面临人员权限、第三方依赖、自研代码、DevOps 工具集、内部威胁等多种安全风险。而零信任基于“永不信任，持续验证”的思想，消除对内部员工、外协人员等各种角色的隐式信任，并通过多因素认证来鉴别用户的合法身份；能够基于行为和环境动态调整用户访问权限，实现权限最小化；通过沙箱技术保障代码安全，实现敏感数据保护；动态鉴别 DevOps 工具集的使用状态等。

（2）简化管理与运维，让安全管控更加简单有效

区别于通过制度和要求来约束员工的终端及账号的传统机制，零信任通过数字化手段在网络层面和应用层面进行限制，从而有效地增强了安全基线的检测和数据安全防护能力。同时，新业务、新应用发布更加轻松，上线即可使用；风险研判、故障诊断和异常恢复更加容易。

（3）改善员工体验，灵活释放办公生产力

零信任体系结构平滑接入现有的网络体系结构，保障业务不中断，保证员工利用 PC 端或移动端开展远程开发测试。

5. 行业影响

在零信任体系结构的具体应用上，需要选择合适的场景、合适的技术路线和能力。该公司选择在 DevSecOps 场景实施零信任体系结构，并构建适合远程接入的零信任路线和能力。

1）统一规划，分步实施。零信任作为一种安全理念，在落地上如果不能基于业务和需求现状圈定实施范围和阶段目标，就会产生很大的落地障碍。结合远程办公的现实需求，以及该公司的实践经验，可以优先从远程办公、远程开发等场景切入，然后逐步切换到内网、数据中心等场景的零信任建设。

2）选择合适的技术路线。零信任理念可以通过多种技术路线落地，该公司根据自身业务诉求和改造成本，选择使用 SDP 技术来取代传统的 SSL VPN，经过实践，对该技术路线在远程办公、远程开发场景中的应用已有了非常成熟的经验。

在零信任体系结构的应用与推广中，我们有如下建议。

1）坚持信息安全底线：坚持最小特权访问、分权制衡、安全隔离原则，平衡用户体验；核心数据的安全是底线，其优先级大于用户体验。

2）建设利益反馈机制：安全建设是长期利益和短期利益、全局利益和局部利益的平衡，业务主管是信息安全的第一责任人，业务主管通过安排安全责任和考核，以及采用适当的利益引导和补偿机制，保障安全资源的落地。

6. 建设难点

该公司对安全的较高要求导致零信任建设前期忽略了用户体验，影响了其规模扩大

的进程。零信任体系结构及数据安全沙箱接管原有访问流程后，员工在运维开发过程中需要通过零信任的认证和授权，且数据安全要求内部业务在沙箱环境内使用，但前期缺乏与最终用户的充分沟通，导致规模化推广中遇到较大的阻碍。通过与最终用户的充分沟通，并不断优化策略，平衡用户体验，最终保障了推广进程的顺利推进。

7. 不足和展望

当前项目在将零信任安全方案与 DevSecOps 平台结合时，已经通过暴露面收敛、可信身份校验、持续信任评估和数据防泄露等能力取得了一定的进展。实施中面临的一些挑战可以通过人员培训、意识普及、强化沟通来提前避免或者减弱。

零信任建设是一个不断升级迭代的过程，未来通过持续运营和逐步实施，能最终实现人员、终端、网络、权限、资源等各方面的整体安全。

7.3 能源行业应用实战：某能源集团数字化转型的零信任建设案例

1. 案例背景

某能源集团坚持科技创新引领发展，是国家创新型企业和国家高新技术企业。随着集团业务规模的逐渐发展壮大，在数字化浪潮的推动下，该集团也积极投入数字化建设。随着数字化转型的不断深化，在业务访问上，越来越多的业务系统需要实现随时随地的移动接入，其数字化建设面临诸多挑战。

结合上述背景，该集团的主要安全需求如下。

1）过去考虑便利性，一些移动接入的业务系统直接暴露在互联网上，且明文传输，存在极大的安全风险，需要收敛业务系统暴露面，实现数据安全传输。

2）员工可以通过办公 App、企业微信、浏览器等多种方式访问业务系统，该集团希望提供安全、快捷的认证方式，以及一致的访问权限。

3）该集团的组织架构上存在众多分支单位，需实现安全接入策略的分级分权管理。

4）为满足日志审计合规要求，需要提供完善的日志审计功能，能够对 6 个月以上的日志进行审计。

对于上述挑战，该能源集团希望找到一套合适的方案来解决。

2. 技术方案

通过前期的方案调研，该集团选择基于零信任理念构建业务安全访问的防护体系，结合自身需求及实际测试，最终选择了深信服零信任安全办公方案。该方案的要点如下。

1）通过集群部署零信任控制中心和零信任代理网关，实现统一管理和保障办公业务安全访问的高可靠性。

2）通过策略配置，将业务系统收缩进内网，避免直接暴露在互联网上，并通过 SSL 加密技术实现数据传输加密。

3）通过零信任控制中心与企业微信、统一认证平台、办公 App 进行对接，实现统一身份管理和无密码认证，PC 端采用企业微信扫码登录，手机端可实现指纹快捷认证。

4）通过管理员分级分权功能，将系统管理员、安全管理员、审计管理员角色分开，满足等保合规要求，并通过创建二级管理员，实现下级单位自助运维管理。

5）通过零信任的日志中心平台将所有的用户日志和管理员日志统一存储、查询，并提供用户访问行为、统计报表和风险分析功能，再将用户访问应用的行为明文镜像给态势感知模块，实现安全联动。

3. 客户价值

深信服的零信任解决方案极大地提升了该集团的办公业务访问的安全性，满足等保合规、审计合规的要求，产品兼容性好、日志审计详细，能很好地提升运维效率。

该能源集团通过采用深信服的零信任方案，整体办公效率提升 25%，同时业务系统风险暴露面收敛也使得整体安全防护能力大幅提高。该集团根据实际情况与厂商组织设计施工，推行流水作业模式，提高了工作效率，使实施成本降低了 25%，并根据零信任解决方案用单套系统设备实现了以往多设备部署才能实现的安全办公方案，减少了设备成本的浪费，提高了单位的资源利用率，还在保证零信任工程质量的情况下，通过合理的施工组织，尽可能地缩短了实施工期，得以让零信任安全办公方案尽早投入使用，从而提高了集团的经济效益，降低了建设成本。

该集团通过确定零信任安全办公项目的目标成本，开展了目标成本管理。根据调研，人员成本节省了14%以上。该集团根据零信任安全办公项目编制了切实可行的成本计划，定期进行成本核算和经济活动分析，加强项目的各项管理，避免返工、费时、费事等，降低了集团办公成本，让远程办公更高效、数据交互更安全。并且，集团充分利用新技术，让业务系统快速上线，通过办公App、统一认证平台、企业微信与零信任结合，实现了门户入口集约化和统一的身份管理，提高了办公效率与安全性。

4. 行业影响

近年来，外部安全态势愈演愈烈，攻防对抗已进入常态化。作为关键基础设施行业，该能源集团面临的安全形势尤为严峻，一方面要做好安全防护，另一方面要应对云化、移动化带来的业务开放性。零信任安全办公项目的落地，提供了一种既能适应当前业务开放背景，又能很好地满足安全、合规需求的创新解决方案，可帮助能源行业在数字化转型中更好地应对内外部威胁。

5. 建设难点

由于业务系统众多，相关的零信任设备要与办公App、企业微信、统一认证平台对接。要实现快速上线，除了产品能力外，实施经验也尤为重要。在整个业务上线过程中，深信服积极提供同类场景的经验参考，保障了业务顺利上线。

除此之外，还要保障业务的连续性。在零信任体系结构上线前，原本VPN的访问路径要保持不能中断，涉及现有应用、权限等策略的迁移和零信任体系结构上线前期的并存使用，既要考虑策略的平滑迁移，也要考虑并存场景下的冲突问题。深信服在实施中提供了VPN配置转化服务，保障了策略平滑迁移，且零信任方案采用与VPN不同的技术架构，避免了客户端的兼容冲突，在不中断业务的情况下实现了零信任体系结构的上线。

在项目推广初期，如何快速地将零信任客户端分发到员工终端进行安装使用，也是个棘手的问题。深信服零信任方案将客户端内嵌在了用户登录访问的入口，且可配置策略要求用户必须安装客户端才能访问应用，以引导用户安装零信任客户端，用户通过访问对应的登录入口即可下载零信任客户端。深信服零信任客户端还支持域控推送、静默安装，进一步加快了客户端推广速度，方便业务快速替换上线。同时，在移动端，深信服零信任App上架了iOS AppStore、华为应用商城、小米应用商城、应用宝等各大主流移动应用商城，用户可便捷地获取零信任客户端进行办公。

6. 不足和展望

能源行业传统的分区分域建设相对完善，采用零信任解决方案后，原有的权限管理由零信任体系结构接管，尽管在可维护性上相比传统 ACL 有很大提升，但真正实现基于用户的权限最小化，在日常运营中还是存在很大的挑战。人员岗位的调整、员工入职 / 离职等给管理员的权限管理带来不少调整工作，尽管厂商提供了完善的 API，但对接开发能力较弱的传统行业依然存在较大障碍。未来，依托无代码平台等新兴技术，结合零信任的开放性，运营管理的效率一定能够大大提升。

7.4 互联网行业应用实战

7.4.1 某全球综合性公司的零信任建设案例

1. 案例背景

如图 7-5 所示，这家全球综合性互联网公司存在较多的安全挑战，列举如下。

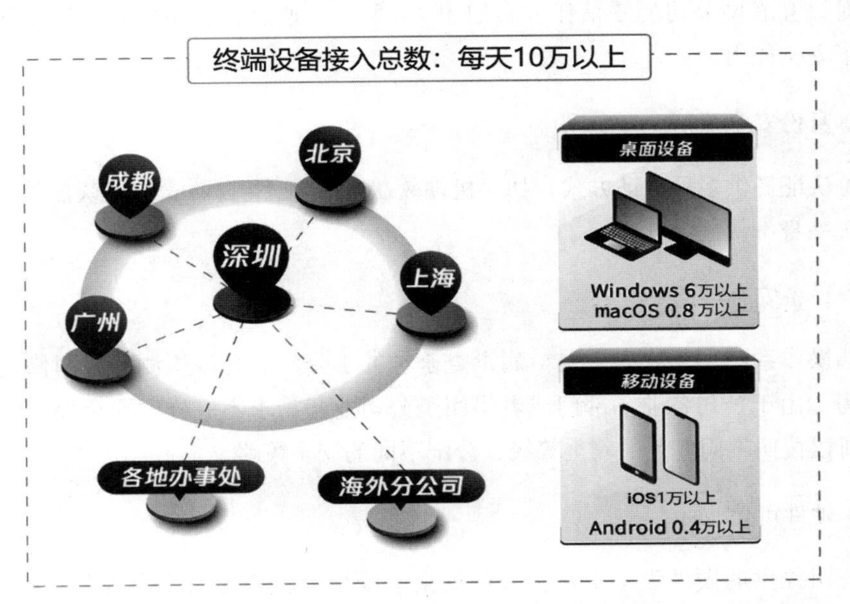

图 7-5 某全球综合性互联网公司的情况

- 企业规模大：有 60 000 名员工，有 100 000 多台办公设备，且设备类型多样化，涉及台式机、笔记本电脑（包括 macOS、Windows 等系统）、移动设备等。
- 业务类型多：有金融、社交、游戏、云服务等业务，各业务部门使用的办公工具不一样，不同业务对应的办公安全敏感程度也不同。
- 职场分部多：有遍布各地的办事处，有通过专线连接集团企业网络的职场，还有特殊外包职场、投后公司、切分公司等。
- 协作厂商多：供应商协作、研发运维协作等。
- 高级威胁：可能面对专业黑客组织，有数据的泄密风险。
- 员工体验：职员年轻化，对办公领域接入网络体验的要求高。
- 天灾或者其他应急场景：具有满足台风、疫情、过节等场景下突发业务高峰及远程办公等场景的诉求，涉及内部系统的使用、研发、运维等方面的要求。
- 业务特殊性：跨境收发邮件、登入办公系统，在家研发、运维……需要一种灵活的安全解决方案，在大量用户、海量业务、多分支职场、经常面临高级威胁攻击、远程办公、跨境办公等复杂环境下，保护访问企业内部资源的安全。

2. 技术方案

针对该互联网公司的零信任方案如图 7-6 所示。通过在公司建立零信任网络，可以建立以下安全能力。

（1）身份安全可信

身份认证提供多种认证方式，如手机端软 Token/ 硬件 Token/ 扫码认证等，对接公司内部的统一身份认证系统。

（2）设备安全可信

终端操作系统环境安全，包括病毒查杀、补丁分发、合规检测、漏洞修复、数据保护等能力。由于公司各业务部门或者集团子公司业务需求不一样，安全保护的诉求也不一样，所以按照不同业务的安全等级，分配不同的安全策略。

（3）硬件可信

非公司提供的硬件设备资产，采用安全基线检查，满足安全合规要求则可以接入。

在无法为所有人发送硬件设备时，可以采用安全基线合规、合法身份注册等方式保障设备可信。

（4）应用进程可信

指定终端可信应用进程白名单，终端应用执行程序的白名单特征包括发行商、签名、哈希值、签名使用的根证书等。只有满足安全要求的进程，才可以发起对企业内部资源的访问，降低未知恶意代码入侵风险。一般来说，一个企业的办公应用的数量是有限的，如果一家企业对安全有较高需求，并且潜在 APT、供应链攻击风险，采用这种方式比较简单且有效果。在进程安全上进行病毒检测，对未知灰进程进行二次检测，通过第三方威胁情报接口、沙箱检测等方式，由安全运营人员分析后再决策是否加白名单放行。

（5）持续风险评估和自动响应处理

支持对所有访问关键对象进行组合策略访问控制，能够支持针对不同的人员、角色、部门等应用白名单清单，通过可访问的业务系统的组合关系，下发不同的访问策略。将访问控制策略细化到终端应用进程级别，这样就大大降低了企业入侵后文件扫描的风险。

对不同用户、设备、应用程序、访问行为的风险进行监控分析，评估风险等级，根据评估结果和访问策略自动响应隔离访问、会话中断、发起身份挑战、调整敏感系统访问权限等操作。

（6）链路保护与加速优化

保护链路设计采用按需建立连接的方式，而不采用传统的安全隧道模式，以满足浏览器访问网页或者一些本地应用并发连接的类似访问场景，释放业务系统的访问并发能力。在零信任方案下，通过分离登录、与链路建立上下文、根据访问授权凭证上下文减少重新登录次数等方式，可以很好地提升访问连接稳定性和用户体验。

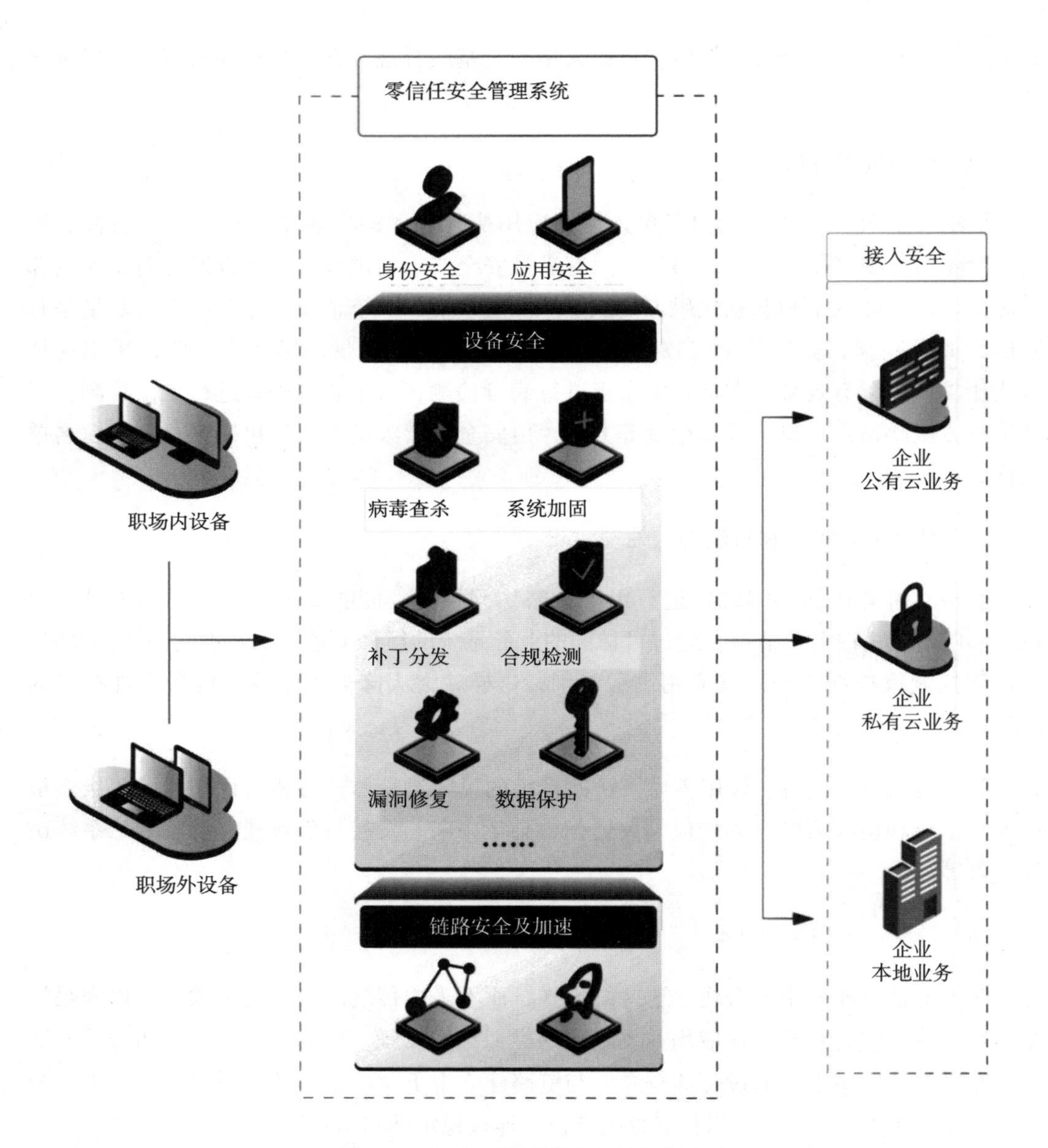

图 7-6 针对互联网公司的零信任方案

在实际的实施效果上，通过模拟不同网络环境下访问内网 Web 门户系统，对零信任网络接入和 VPN 网络接入方案在登录及访问内网 OA 站点的时耗的测试情况如表 7-1 所示。

表 7-1 时耗测试情况

网络类型	网络质量	零信任网络接入		VPN 接入	
		登录	访问内网 OA 站点	登录	访问内网 OA 站点
正常网络	上行时延：27ms 上行抖动：10ms 上行丢包率：0% 上行带宽：640kbit/s 下行时延：27ms 下行抖动：10ms 下行丢包率：0% 下行带宽：1200kbit/s	正常	正常	正常	正常
弱网络（带宽下降，丢包严重，达 30%～40%）	上行时延：52ms 上行抖动：25ms 上行丢包率：8% 上行带宽：512 kbit/s 下行附近正：52 ms 下行抖动：25ms 下行丢包率：8% 下行带宽：720 kbit/s	正常	8s左右	13s	20s左右

在企业内部，提供平行扩容的网关、链路加密等能力，避免攻击者通过内部沦陷节点进行流量分析。企业在做完传统的终端设备网络准入后，依然要通过身份校验和权限控制来访问具体的业务系统，并通过网关隔离用户和业务系统的直接连接。

在互联网端，提供链路加密与全球接入点部署加速，满足弱网络（如小运营商，丢包率高）、跨境（跨洋线路，延迟大）接入网络延迟等问题，解决频繁断线重连的问题，提升远程办公体验。全球链路加速效果如图 7-7 所示。

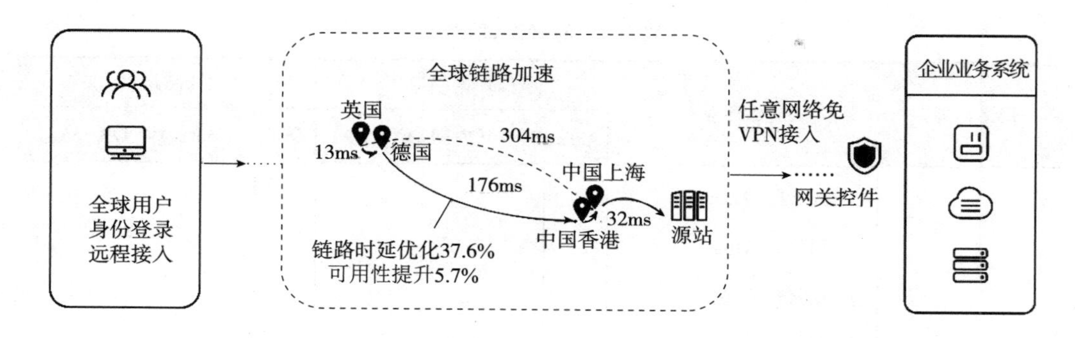

图 7-7 全球链路加速效果

（7）基线变化监测

通过持续监测基线变化和企业内部 SOC 联动实现动态访问控制。零信任方案中，从终端可以收集到对应的安全基线状态，根据企业运营需求，实现对应的动态访问控制，在发现基线安全状态存在风险的时候及时阻断访问。

另外由于内部的 SOC 平台集成了所有企业内部的安全设备 / 系统的日志和检测结果，并具备很强的安全分析能力。在检测到对用户身份、终端设备等关键对象存在非常明确的安全风险时，可借助检测结果的信息联动零信任系统进行阻断。对于 SOC 平台难以自动化判断的风险，由安全运营团队经过人工分析后，对确认的风险进行告警，联动零信任系统进行阻断。

（8）垂直业务流量联动登录，提升用户体验

对于 Web 类流量，在终端认证结果可以在跟着 Web 流量进入网关之后，零信任体系结构提供一键授权、统一登录的能力。

对于 SSH、RDP 等流量，可以通过 API 与服务器运维区域运维跳板机进行身份联动，做统一权限管理。终端使用 SSH 客户端工具的时候，如果处于零信任网络工作的环境中，则支持快速登录到跳板机，并进行服务器访问。登录跳板机之后，对应的运维访问的安全可以在跳板机入口上实施，比如命令限制、审计、阻断访问等。

（9）其他办公体验改进

通过 iOA 终端侧的软件，提供快速办公应用入口，让用户在登录后直接获取对应企业网络提供的应用资源或者 OA 系统入口资源，并提供常用的终端异常诊断修复、自助网络修复工具等能力，减少企业 IT 管理成本。

3. 运营方案

首先，联动公司安全基础设施进行改造建设运营，包括公司网关安全、设备安全、身份安全、网络安全、漏洞扫描平台等设施，以及收集各类安全事件日志，在 SOC 进行安全分析、风险检测，使用 SOAR 方式进行自动快速响应和安全策略处置。

其次，使用公司网络节点基础设施进行用户体验优化。

4. 客户价值

首先，全公司有 60 000 名员工，100 000 台终端使用零信任网络通道。远程办公安全网络通道机器从 6 台快速扩容到 140 台，增长了 23 倍，承载流量从不到 1GB 增长至最高 20GB，增长 20 多倍，完整支持各类办公场景，包括远程直接访问 OA 系统办公、研发、运维等。

其次，除了企业自身使用，目前此方案同时复用支撑 9 大行业、多个超 100 000 终端的大型企业，实现了高效、安全的新型远程办公模式，获得通信院颁发的中国首个零信任测评认证，成为中国唯一入选 Forrester 全球零信任发展趋势报告的产品。

5. 行业影响

这是国内首个大型零信任落地实践项目，为国内大规模落地应用零信任体系结构提供了信心和参考。

6. 建设难点

在用户推广工作上需要投入大量时间。并且，需要考虑兼容传统系统的访问，尤其是对于传统软件，这可能需要一定的改造和建设成本。

7. 不足和展望

丰富风险评估维度，通过智能机器学习提高风险分析能力和响应处理的准确性。

7.4.2 某大型智能科技集团的零信任建设案例

1. 案例背景

该集团是亚太地区知名的智能语音和人工智能上市企业，在安全建设上，集团坚持

“合规为先、纵深防御、持续改进”的发展思路，以可用、可信、可靠的安全技术，形成安全能力的坚实基础，将产品安全活动内建于产研管理流程，从源头降低安全风险。在个人信息保护体系上，集团已形成全面覆盖业务场景的隐私保护机制，保障个人隐私信息数据生命周期的安全。

经分析，在接入零信任方案前，集团存在以下安全难题。

- 数据资产梳理：自带设备、过期资产、设备信息篡改等情况泛滥，导致管理人员难以知道企业数据资产真实情况，甚至可能在系统被攻击后得不到响应，可能成为攻击者长期的渗透入口。
- 业务暴露：如失效的防火墙策略、内部系统对全公司开放、违规申请规则、规则过期等，均可导致系统暴露在外，进而被黑客攻击渗透。
- 账号权限管理：公司包含成百上千个系统，由于系统的权限分散、账号不统一，还有部分员工离职后账号没有及时回收，同时存在弱口令等问题，导致这些账号成为攻击跳板。
- 多数据中心办公接入安全：分散的数据中心、分公司等，在满足互访等办公需求的同时，可能导致权限管控失效出现安全问题，黑客可以通过分支机构渗透至核心区域。
- 安全落地推进：由于安装客户端需要安全部门大力推广，极耗费人力物力，所以除了安装客户端来保证访问业务的安全性，还希望能提供无端的安全访问方案。
- 防护 0day 漏洞等各类未知风险：因为对攻击缺乏了解，不知道攻击会从什么地方发起、以什么方式发起，进而难以防御。

2. 技术方案

该方案使用的核心产品为持安远望办公安全平台，是持安科技为了解决企业复杂网络环境下的办公安全难题、提高组织效率，结合自身 8 年的甲方零信任实践落地及运营经验，自主研发打造的产品。

平台将零信任架构融入企业信息化基础设施当中，在传统网络之上，构建了一个基于身份的零信任网络，并深入至企业应用层。零信任平台承载业务，所有的安全能力均由平台化的零信任产品提供，而业务无须关注安全，也无须做二次开发，普通员工不用关心自己所处位置，实现了无感知安全办公，兼顾安全与效率。

平台使用独立部署模式，支持本地化部署、云端部署，或是与企业的 Kubernetes 容器环境融合，实现全场景的部署和使用。持安自主研发的高可用架构，可收敛所有访问入口，分布式就近访问，实现低延时、高传输性能。

该方案如图 7-8 所示，其主要能力模块如下。

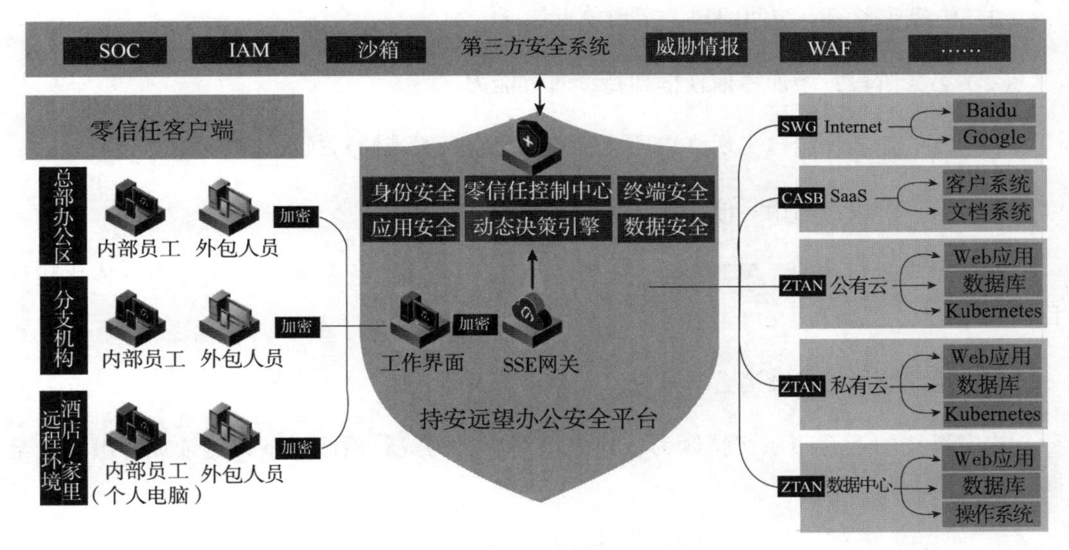

图 7-8　持安科技零信任方案

1）持安智信统一身份认证系统。融合企业 SSO，同步多个源身份数据，接入多种认证方式，授信企业资产，对不同应用设定分层、分级认证，通过整个企业内外所有的身份体系，形成完整的企业级零信任身份安全中心。

2）持安智联应用安全系统。通过零信任“先验证、再访问”原则，将企业业务在互联网端隐身，将零信任能力深入至应用层，基于零信任可信认证，以身份为中心，进行持续动态的细粒度访问控制。

3）持安烽火决策中心。决策中心负责对用户身份、权限、终端设备等进行可视化集中管理，对接和集成企业原有的安全系统，使其与零信任平台无缝融合，实现安全一体化，实时收集用户访问过程中的各类数据，确保用户行为合理、合法、合规。

3. 运营方案

协助用户选择落地场景，结合实际业务场景制定零信任建设规划，并在零信任的持续运营过程中，不断提高零信任与企业业务模式的契合度，持续保障安全。

（1）第一阶段：建设可用零信任框架

- 与企业身份系统打通，实现员工身份统一认证。
- 梳理业务系统，部署零信任网关，收敛业务系统暴露面。
- 构建业务统一访问门户，实现单点认证。

（2）第二阶段：增加零信任框架持续对抗能力

推广零信任客户端，实现终端环境感知能力与高级威胁对抗能力建设。

（3）第三阶段：利用零信任框架实现安全一体化建设

根据建设运行情况，实现与企业已有安全能力融合，逐步实现安全能力一体化建设目标。

（4）第四阶段：持续运营提升组织安全水平

持安科技的运营团队将持续为客户提供高质量的威胁检测规则，持续提升组织安全防护能力。

4. 客户价值

持安零信任产品实现了将零信任策略融入企业基础架构承载业务的目的，兼顾了效率和安全，实现了全员无感知接入零信任的目标，使业务访问不区分内外网，达成了以下目标。

- 统一身份管理：平台提供第三方 IAM 融合能力，与集团原有的 IAM 产品紧密融合，无改造、无感知接入业务系统，打造集团协同办公与业务访问单点认证能力，使其 100 多个业务应用统一账号、统一认证、统一鉴权，通过集中的身份管理快速实现员工权限的回收。
- 权限智能管控：平台提供持续的动态访问控制能力，通过零信任的最小特权访问原则，实现员工对资源的安全访问。此外，对于高级敏感应用，限制固定账号与设备的安全访问。
- 资产可见、可控：对企业现有的软硬件资产进行全量采集，只有合规和可信的企业账户身份，才可以访问企业应用。对每一台设备的使用者进行身份确认，对使用者行为进行实时监控，使设备状态可见、安全可控。
- 暴露面收敛：通过泛域名接入的方式，帮助集团做收敛互联网业务，实现企业业务资源的快速安全接入，使企业资产扫描不可达，抵御未知攻击。

- 无端安全访问：平台提供无端访问方案，实现内部重要部门及人员无端无感的安全访问业务系统，接入方式简单，降低普通员工的安全学习成本。
- 安全动态感知与联防联控：平台以身份为中心，打通企业“网络 + 应用 + 数据”，实现全链路身份管控与审计，精准跟踪到每个人的行为，实现突发事件的快速应急响应。
- 优化用户体验：持安为集团总部、分 / 子公司的员工提供了在混合环境中办公与总部办公同样的方式，提升用户接入内网访问业务系统的安全性和业务使用的便利性。

5. 行业影响

（1）攻防态势的转移

传统的防守方在和攻击者做对抗时，攻击者处于优势地位，攻击者可以随时伪造、构建数据包来展开攻击，攻击成本很低。零信任将攻防态势变为主动防御，所有请求先到零信任网关完成身份、设备等要素的可信验证，攻击者的攻击成本会非常高，所以会使攻击者处于劣势地位，而防御方处于优势地位。

（2）运营能力变化

传统安全更多是事中、事后分析，而零信任是主动防御的系统，对所有的请求默认拒绝，可以利用这种能力做主动对抗。

（3）业务价值体现

传统安全离业务很远，很难证明自身的业务价值，但是零信任是基于业务来构建的，可以帮助业务解决问题，使安全价值最大化。

6. 建设难点

仍需要教育客户，真正的零信任落地是完全不区分内外网，消除隐形信任，深入应用资源、数据的，在当前的市场认知情况中，我们会面临如何将零信任的真正价值传递给用户的挑战。

7. 不足和展望

客户业务环境较为复杂，在终端兼容性与融合问题上需要继续精进。未来，随着技术的不断发展，持安将通过人工智能、区块链等新技术来进一步提升安全性能和便利性，并解决上述问题。同时，随着云计算、移动办公等趋势的发展，我们相信零信任模型也将成为网络安全的主流模式。

7.5 央企/国企应用实战

7.5.1 某央企集团的零信任建设案例

1. 案例背景

某央企集团作为国家重要的信息系统和基础信息网络的运营者，影响着我国网络安全的命脉。随着集团业务的发展和数字化转型的落地，集团业务系统、业务数据逐渐增多，为了保证集团在外办公的员工能够正常访问业务资源，集团将部分业务数据上云，大规模远程办公的协作方式对集团的安全架构提出更高挑战。

该集团的业务系统包含 B\C、C\S，资源数量大约 100+，其中重要的办公系统和生产系统，部署在内网，近 80 个。为了保证业务的顺利推进，集团进行网络边界划分，大部分员工仍在公司办公，员工可直接访问内网资源，部分员工（约 2000 人）在外办公或居家办公，这些员工使用 VPN 访问内网资源。同时为了保证在外访问的资源安全，企业增加了终端安全管控产品。

尽管目前集团的方案可以解决业务系统使用过程的问题，但 VPN 的可靠性和性能不高，使用体验差。另外，员工长期在外访问大量业务数据，业务端口长期暴露在外，被攻击的风险大幅上升，受黑客攻击、入侵内部网络的概率大大提升。因此，以企业网络边界作为分界线进行防护的安全架构方式已不能满足集团的安全需求。为了提升企业安全，需针对资源端、访问的终端进行防护，共同确保访问链路安全。

2. 技术方案

本案例搭建了一套零信任网关、一套动态准入入口、一套身份管理体系，共同组成该集团的网络安全方案。其中，零信任网关管理企业内所有网络接口，隐藏企业内部资源端口，保护内部资源；动态准入入口管理所有的访问请求，动态授权资源访问；而身份管理体系管理所有的访问用户、账号权限。三者共同建立身份实名、资源隐藏、访问动态授权的一体化零信任安全体系。该方案如图 7-9 所示。

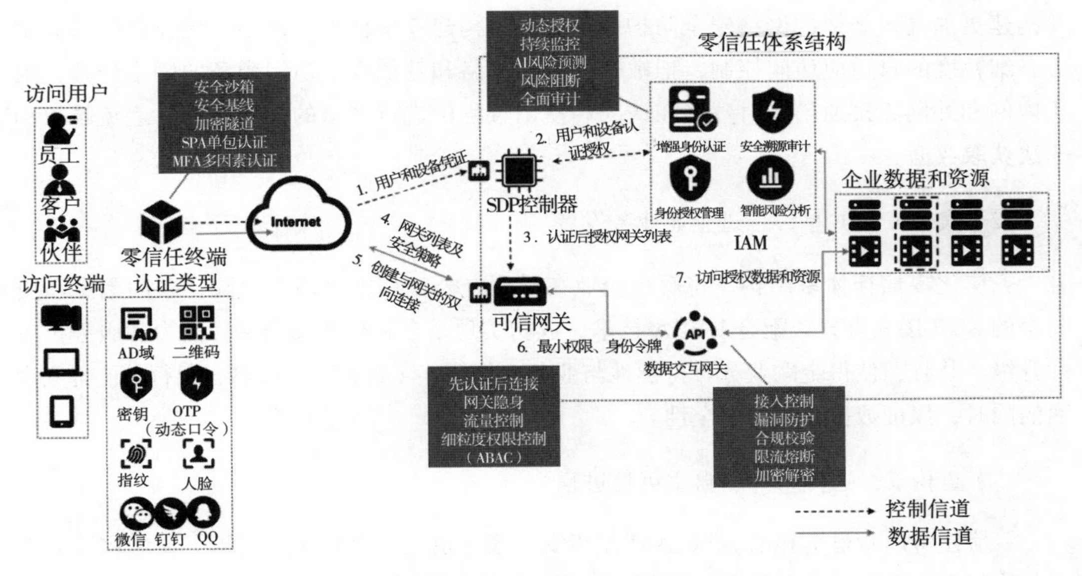

图 7-9　央企零信任方案

- 建立安全管控体系，严格管控网络请求，所有访问须经过验证，方可建立连接。访问验证包含访问环境、访问设备、访问的网络、访问时间、访问账号、访问的目标资源等。
- 细化网络规划，根据企业内不同业务的访问需求，划分不同网段，降低风险，避免网络中一处攻破全网沦陷。尤其对于服务器所在网段，更需要细化管理，使服务器之间的网络相互隔离，减少“城门失火，殃及池鱼”的情况。
- 建立安全的 API 网关，保护应用接口。所有对应用接口的访问请求由 API 网关转换，实现应用接口对外隐藏，降低应用接口被攻击的风险。通过该 API 网关，可以实现访问鉴权、流量控制、访问日志申记、应用接口管理等功能。
- 建立统一的身份认证平台，统一管理用户身份，统一分配用户权限，统一用户应用访问入口，统一用户应用访问账号，实现“人来账号开通，人走账号关闭”的目标。

3. 运营方案

派拉零信任方案是一个一体化安全解决方案，能针对客户复杂多样的网络环境、系统环境提供整体的零信任产品和服务。

（1）从访问控制开始，保障内外网安全

安全是企业的生命线，多方协作面临的数据泄露等网络安全风险也在持续增加，需

要构建更加高效敏捷的网络安全防护体系。通过构建零信任安全体系，建设以身份为中心、细粒度的自适应访问控制，把敏感的内部网络和其他提供访问服务的网络分开，阻止内网和外网直接通信，对数据在访问和使用过程中进行严格的隔离控制，避免越权和非法获取数据。

（2）实现安全共享，推进企业业务发展

一体化零信任体系结构，将解决企业在远程办公过程中的诸多风险，采用更灵活更安全的 SDP 接入方式，配合 UEBA 技术，成功实现了金融行业安全保障能力和服务扩展性升级。并且，使得金融业务可持续地与业务合作伙伴（如证券、用户、银行等）交流沟通的同时，保证数据共享的安全性。

（3）重构安全边界，加快自主可控进程

零信任将以身份为核心，以 IAM 作为安全第一道也是最后一道边界，通过将控制平面与执行点（设备、用户和应用程序）分离，集中管理和执行访问控制策略，遵循网络安全体系结构方法，使更多零信任体系结构功能包含在融合的统一访问管理模型中。

（4）加速企业数字化转型，构建安全生态链

将零信任体系结构定位为基础架构建设投入，并基于产品化、组件化、场景化等技术特点，通过将和业务收益的关联，提供集中统一、轻量级、动态感知的安全策略，不但能解决账号管理、认证管理、授权管理、应用管理和安全审计等相关问题，还持续完整地支撑业务服务线上的业务扩展，实现数字化转型过程中跨企业边界创新业务的安全风险管控，提高工作人员的协同效率和运营效率，有效保障企业内外部业务。

4. 客户价值

目前落地的零信任方案对集团所有内部重要资源进行保护，隐藏了内部资源端口近 100 个，大大降低了资源被端口扫描、直接攻击的风险。

账号统一管理使员工可以利用一个账号使用所有系统，避免员工工作时频繁切换账号，频繁登录、退出，提升了员工工作效率和业务系统使用的交互体验。

集团部署零信任方案后，也可实现外地员工远程便捷访问，能够直接替换原有 VPN，节省了集团网络成本。且零信任方案中的加密隧道与 VPN 相比性能更好、稳定性更高，可达 99.8%。

5. 行业影响

派拉一体化零信任方案整合企业内部应用、云应用、网络设备等资源，为客户构建了基于零信任理念的应用支撑平台，提供了统一网络防护、统一身份认证、统一用户管理、统一权限管理、统一审计管理、统一终端管理和统一风险感知等功能，实现了对 AD 域控的替代，满足多平台类型终端和服务器的统一管理，支持部署运行在国产化环境中，满足信创要求。

另外，派拉一体化零信任方案采用国外标准零信任体系结构设计，坚持技术标准和理论规范，可与国外的零信任安全方向接轨，并入选了 Gartner 报告，在零信任行业中具有一定影响力。

派拉一体化零信任方案在该集团顺利落地、正常使用，对国内其他企业的零信任安全方案落地起到了榜样作用，可促进国内安全行业的发展，提升我国的网络安全管控。

6. 建设难点

安全与便利（易用性）一直都是企业发展过程中并驾齐驱的两列火车，企业需得两手抓，既要便利企业业务、快速发展，又要持续地安全保障。但零信任安全方案提倡“零信任”，即严格安全管控；数据访问过程中的“严”，就会在一定程度上影响普通员工业务访问的便利。例如：多次访问可能需要二次认证，数据严格管控不能随意外发，操作路径更改等。这些变动在方案落地时，需要得到业务部门的支持。作为业务数据的直接使用部门，对于业务系统的改造、新操作的熟悉需要时间和精力学习，这对方案的落地形成了一定的阻力。后续连同安全管控部门与业务部门，共同制定了网络部署方案，将系统使用的一线员工交互变动降至最低，极力完成了项目最终的落地交付。

企业实际的部署环境中，网络环境、客户端类型、操作系统版本复杂繁多，实际部署面临的系统兼容性、网络兼容性要求更高，这些不能仅靠上线前的测试来覆盖，还需要通过部署之后的小范围试用来发现问题、解决问题。

7. 不足和展望

零信任方案尽管是安全管控方案，但为了保护企业内部资源，几乎涉及企业内全部业务资源，需结合项目实际网络环境和业务情况，逐步推广、实施，以提升项目落地效率。同时应该结合所有业务资源的现状，制定符合企业业务的部署方案，减少落地过程中的定制开发，缩短项目部署时间，快速上线。

7.5.2 某大型国企集团的零信任建设案例

1. 案例背景

该大型集团承载国家级、行业级科研工作，其下属分支机构遍布全国各省，集团在总部私有云内建设有OA系统、项目管理系统、财务系统、培训系统、会议签到系统等数十款应用，同时在公有云上存在客户关系管理系统、邮箱系统以及企业微信。另外，下属分公司还部署了各自的业务系统。除分公司需要访问总部应用的场景外，还存在着总部访问分公司以及分公司与分公司之间访问的情况。集团与子公司、子公司与子公司之间通过VPN连接，各节点VPN需要单独进行用户、资源的管理配置。新员工入职时进行的各种业务系统的账号建立、权限分配等管理操作相对烦琐。

目前为了供给下属分支机构进行访问，以及满足员工的远程、移动办公需求，有部分应用发布到外网，随着技术的更新，当应用系统所用的框架产生漏洞时，互联网上不法分子即可利用相关漏洞进行应用系统攻击和相关数据获取。在互联网、移动网络环境中的用户进行访问时，需通过安全的访问方式打开互联网到内网的安全访问链接，对应用系统的交互进行链路加密。在互联网可安全访问内网业务系统的同时，实现业务交互数据的过程不可被第三方获取，并且不可篡改。

在互联网远程办公时，部分用户使用个人电脑和不可控的网络。为保障用户操作的安全，需要对终端进行安全扫描，检查终端的网络、杀毒软件、防火墙状态等终端的环境，并根据检查的结果进行动态身份认证。同时，需要对终端安装使用的软件进行检测，实现合规化软件检查的目的。

组织机构人员调整后，需要到多套应用中调整组织机构和用户，进行了重复操作，对此，需要实现由网络接入设备到应用系统的组织架构、账号、权限策略的统一管理，实现由网络接入设备到应用系统的一站式登录。

2. 技术方案

信安世纪零信任解决方案将零信任理念与商用密码技术深度结合，依托自主的产品体系和丰富的行业经验，通过网络隐身、以身份为核心、动态访问控制、多源信任评估等方式帮助集团解决传统的网络安全边界理念与防护手段先天安全性不足的问题。方案中的零信任统一身份管理认证系统为IAM平台，主要负责身份管理、身份认证、单点登录、策略评估等功能，充当控制平面的策略决策点角色。零信任网关及零信任安全代理客户端实现访问代理、通信加密、集团与子公司、子公司与子公司之间的网络联通等功能，充当数据平面的策略执行点的角色。此外，该方案还提供数字证书认证系统、签名验签系统、数据加解密系统等密钥基础服务设施，为终端、用户、站点颁发数字证书，实现可信主体的认证以及通信加密、敏感数据加密等功能。该方案如图 7-10 所示。

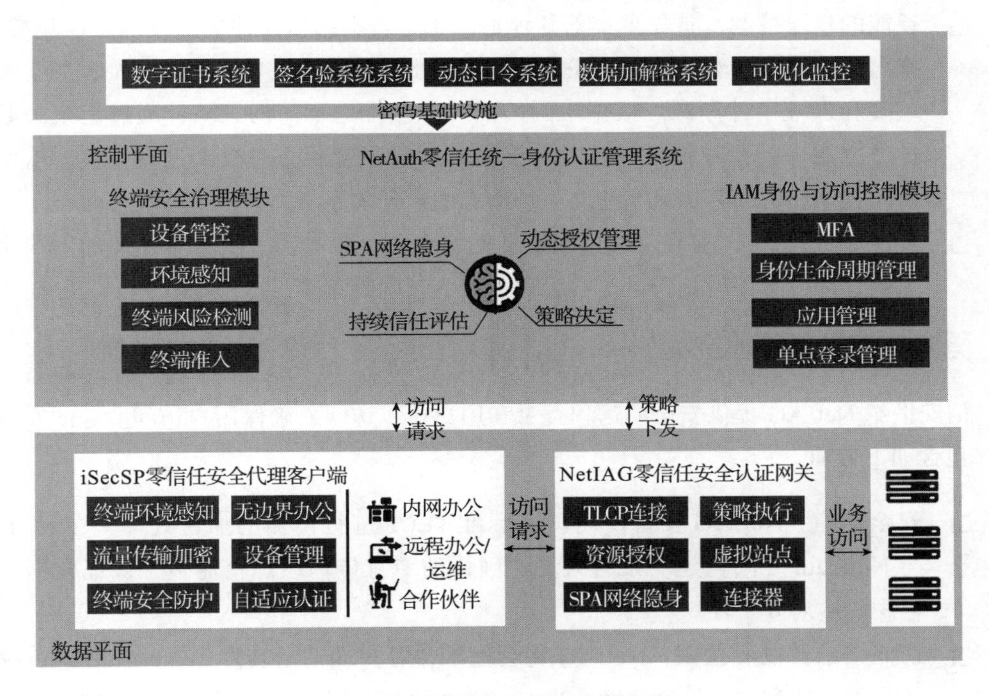

图 7-10　国家级企业零信任方案

其中，集团与分公司之间、分公司与分公司之间，存在相互访问的需求，用户在任何一个机构就近登录，即可访问全集团部署在任意节点的应用系统。这通过在每一个机构都部署零信任安全认证网关来实现，并通过在两个分公司的网关与网关之间建立安全隧道和信任关系来保证通信安全。

信安世纪零信任改造方案可分阶段部署实现，第一期建设主要包含以下内容。

（1）统一身份认证与访问控制管理系统 NetAuth

信安世纪 NetAuth 提供对用户、设备、应用的认证和授权管理以及持续访问控制的核心能力，是整个架构的控制大脑，可以为企业快速构建零信任架构，其主要功能如下。

- 由网络层身份鉴别到应用系统身份凭证的传递，实现网络到应用系统的统一认证。

- 自适应身份认证，根据可信状态信息动态下发认证策略，支持组合认证、可信设备绑定，避免单纯的粗粒度静态认证，实现认证安全增强，从根本上降低安全风险。
- 智能的权限控制，首先聚集信任评估因子，再根据信任评估因子判定风险类型，作出风险评级；然后根据信任评估因子做出风险告警并收集用户特征，用于降低风险和保证审计溯源。根据不同的信任等级推送不同的策略，通过汇聚关联各种数据源进行持续信任评估，并根据信任的程度动态对权限进行调整，从而在访问主体和访问客体之间建立一种动态的信任关系。
- 其他 IAM 功能，实现对应用系统、网络设备、服务器、服务等主体的用户生命周期管理、应用系统账号统一管理、权一权限管理等。

（2）安全认证网关 NetIAG

信安世纪 NetIAG 提供安全的远程登录和用户授权访问，确保用户访问业务的安全可信，包含如下方面。

- 安全信道：NetIAG 设备使用国家标准 TLCP 进行传输的加密处理，在 NetIAG 与 NetAuth 之间构建一条旁人无法破译的专有传输层加密通道，保证数据在传输中的绝对安全性。
- 访问请求转发和拦截：NetIAG 将会把来自客户端请求转发到 NetAuth 进行统一的身份认证和访问控制管理；当 NetAuth 检测到用户访问环境、访问请求、操作行为等存在风险时，就会通知 NetIAG 进行访问请求的拦截、终止连接或降低用户资源访问权限。
- 资源权限授予：当访问请求通过 NetAuth 进行统一身份认证时，如果认证成功，则将下发给 NetIAG 要建立 SDP 网关到应用程序之间的会话连接的消息，因此资源的访问权限被给请求主体。
- 站点与站点之间的网络连接：当其中一个公司需要访问另外一个公司的应用、数据时，通过安全认证网关之间建立起的安全网络通道进行相互访问、在网关之间实现联邦身份认证，只需要在其中任意公司的安全认证网关完成身份认证即可。

（3）零信任客户端 iSecSP

零信任客户端是面向用户的安全代理窗口，是确保业务安全访问的第一道关口。零信任客户端通过下发的数字证书保证自身的安全可信。客户端进行持续的安全检测，避免一次认证终身信任。信安零信任解决方案采用持续的风险检测与响应，客户端检测到终端环境发生变化时，即刻重新发起信任评估请求。

（4）密码基础服务

通过数字证书系统为服务和应用等发布证书，作为标识权威机构，提供标识管理；通过证书以及数字签名服务器，为主体、资源、核心组件提供身份鉴别服务；通过加解密系统，为主体、资源、核心组件提供加解密服务。

3. 运营方案

项目前期通过充分的沟通和摸底，分析梳理客户现有的 IT 建设基础，在已有的基础之上分阶段进行升级改造、补齐短板。第一阶段对客户现有的密码设施进行升级改造，进行密码国密化改造，使之支持国密证书、提供国密算法能力以及进行基于国密的 SSL 通信；根据现有移动端应用越来越普遍的现状，使密码安全覆盖到移动端，如移动端支持国密证书，支持国密 SSL 通信。第二阶段进行零信任改造，充分利用前期的密码基础设施，建设 IAM 平台、单点登录平台、零信任安全网关替换掉现有 SSL VPN，搭建策略评估中心，实现数据平面和控制平面的分离。本阶段实现对员工的终端安全环境的管控，通过 IAM 平台实现全员的统一身份认证，以及对所有业务系统进行统一账号管理，贯彻最小特权访问原则。第三阶段规划扩大主体和资源范围，把服务、网络设备、服务器统一纳入零信任体系；同时与外部安全设备（如用户行为分析、威胁情况分析、上网行为管理、终端安全管理等）进行联动，实现更加精准的安全评估、安全监测。

4. 客户价值

（1）打破传统物理逻辑边界思想，为企业用户提供安全、高效的数据访问

摒弃以内外网划分安全边界的理念，从身份、设备、行为等维度展开全方位防护，并运用大数据分析技术，对终端环境和用户行为进行风险分析，实现持续的信任评估，并将信任评估结果推送到动态授权模块，为用户提供动态、近实时、自动的权限调整，做到整体的安全闭环。

（2）基于身份的动态访问授权，为企业用户构建无感的安全接入

以身份治理为核心，实现对企业用户、设备、应用等主体的全面身份化，从零开始构建基于身份的信任关系，为所有对象赋予数字身份，基于身份而非网络位置来构建访

问控制体系，可帮助企业有效解决传统边界安全架构的安全隐患。

（3）提供一站式的虚拟门户和单点登录，为企业用户带来更好的访问体验。

用户只需登录一次就可访问其所有有权访问的系统。当用户持有 USB Key、数字证书或静态密码等并通过零信任统一身份认证与访问控制系统的认证后，即可访问其有权限访问的应用系统，用户无须再输入原有系统的登录密码，后台的各应用系统上的用户名和密码可以不相同。这简化了用户的登录过程，节省了他们在各系统间工作切换浪费的时间，还使其无须再记忆大量的密码，方便用户对系统的访问。

（4）全部产品基于信创平台，打造完全自主可控的安全解决方案

密码基础服务全部选用信安世纪“鼎安”系列产品，全部基于国产信创软硬件。软件产品运行在国产操作系统、中间件、数据库之上，结合国产密码技术，为客户提供了完全自主可控的、更加安全的解决方案。

5. 行业影响

（1）改善传统安全架构

- 重构企业网络安全边界架构，从根本上提升数据安全防护水平。
- 支持信创平台，兼容信创操作系统，共同促进信创产业发展。
- 实施多路径战略，满足企业多场景需求。
- 多例零信任标准化方案已落地，可以帮助企业快速迁移部署。

（2）增强企业安全能力

- 基于密评要求策划完成，在满足现有需求的基础上可协助客户完成国密合规检测。
- 以商用密码技术为基础，实现通信双方的可信鉴别和加密通信，保障数据传输安全。
- 以身份管理技术为核心，实现全面的用户身份、组织、账号管理。
- 以安全网关技术为支撑，实现大规模、复杂场景的灵活部署和应用交付。

（3）提供基于密码能力的特色鲜明的零信任方案

- 方案充分基于信安世纪的密码能力，整体体现了密码在安全中不可或缺的作用。
- 方案充分发挥了信安世纪在网络安全、身份安全方面的技术实力，实现了从网络层到应用层的统一身份认证、统一身份管理。
- 方案充分利用了信安世纪在安全网关的优势，实现了全网络高性能、大吞吐量的 SSL 加密特性。

6. 建设难点

当下，零信任理念被大多数企业接受，架构较为成熟。在零信任场景下，身份安全是其核心，注重从多个维度对身份整个生命周期做管理，对此，除了要求具备传统的 IAM 能力外，还需要具备持续身份验证的能力。目前市场上大部分产品缺乏时刻验证的警惕性，对于一段时间内无风险的行为，只会自动复制之前的身份信息，从某种角度来说，这是降低了原本零信任环境对身份验证的高要求，需要各方产品在持续身份验证和用户便捷性上找到更好的平衡点。

零信任的持续安全检测能力必须依赖客户端，导致其适配及兼容性上较困难，使用体验不如无客户端应用。当前终端类型、版本众多，除 Windows 系列外，还有移动终端、信创终端等，零信任客户端需要适配的终端类型多、工作量大，另外也不可避免地会出现与各种操作系统、安全软件等的兼容性问题。

安全产品间没有实现联调互通，用户系统里的各种安全软件就会出现冲突、重复检测等问题，这需要业界尽快达成共识，形成相关标准。

7. 不足和展望

在零信任厂商层面看，目前存在的问题主要是业界共识还未达成。厂商各自为营，不同厂家的安全产品、组件不能协同工作，但凭借某一个厂商的力量又难以完成整个零信任体系的建设。

从零信任用户方层面看，由于零信任体系范围大、边界模糊，用户容易把各种需求都加在零信任项目中，造成项目变形走样、难以结项。

零信任是一个系统工程，这个系统工程仅靠单一厂商的力量不足以支撑，需要业界厂商共同努力推动。只有秉持开放的精神，优势互补，才能完成零信任体系结构下各子系统、组件的互联互通。

后记 *Postscript*

随着数据时代的不断演进，安全领域的工作模式和攻击手段也在不断变化。传统的边界防护已经无法满足企业的安全需求，零信任安全框架逐渐崭露头角，成为主流的安全框架。

在完成本书的过程中，安全领域积累了大量的实践和应用经验，零信任框架也逐渐被广泛采用。国内外的行业和标准组织以及评估机构纷纷涌现出来，各种零信任联盟、实验室以及自行采用该框架的企业的报告都验证了这个方向的正确性。

本书详细阐述了零信任的业务背景、概念、标准、体系结构，以及在不同垂直场景（如用户访问服务和服务访问服务场景）下的技术实现。此外，书中还提供了建设指南、规划步骤和实际案例，从概念到实际落地，为安全从业人员、技术开发者和设计师提供了丰富的信息。

未来，零信任将在攻防领域发挥更大的作用，即通过细粒度的访问控制以及根据风险进行动态访问控制，将攻击面大大缩小，从而增加攻击的难度。未来的技术发展将聚焦于在更丰富的场景下实现细粒度的访问控制，以及实现更加精确的威胁检测和评估能力。

此外，各种企业访问资源场景和工具应用系统也将在零信任体系结构下得到更好的安全保障。例如，运维场景下的堡垒机（Bastion Host）、远程桌面管理的安全联动、对服务资源的网络入侵检测和数据泄露检测等，都将成为零信任体系结构的重要组成部分。

蔡东赟